数学思想 与 数学文化

刘华丽 高 楠 主编

西安交通大学出版社
XI'AN JIAOTONG UNIVERSITY PRESS

图书在版编目(CIP)数据

数学思想与数学文化/刘华丽,高楠主编.—西安:西安
交通大学出版社,2017.7(2022.7重印)
ISBN 978-7-5605-9928-1

Ⅰ.①数… Ⅱ.①刘… ②高… Ⅲ.①数学教学-
教学研究 Ⅳ.①O1-4

中国版本图书馆 CIP 数据核字(2017)第 187631 号

书　名	数学思想与数学文化
主　编	刘华丽　高　楠
责任编辑	郭鹏飞
出版发行	西安交通大学出版社
	(西安市兴庆南路 1 号　邮政编码 710048)
网　址	http://www.xjtupress.com
电　话	(029)82668357　82667874(市场营销中心)
	(029)82668315(总编办)
传　真	(029)82668280
印　刷	陕西金德佳印务有限公司

开　本　787mm×1092mm　1/16　印张 15.25　字数 368 千字
版次印次　2017 年 8 月第 1 版　2022 年 7 月第 6 次印刷
书　号　ISBN 978-7-5605-9928-1
定　价　42.00 元

读者购书、书店添货,如发现印装质量问题,请与本社市场营销中心联系、调换
订购热线:(029)82665248　(029)82667874
投稿热线:(029)82669097
读者信箱:lg_book@163.com

前　　言

目前,我们倡导素质教育,创新成了人类科学研究行为的基本内容,创新能力的培养是素质教育的目标。由于数学这门学科的特点,数学教育本质上就是一种素质教育,搞好数学教学就能体现素质教育。所以,数学文化与思想方法的教育在培养现代创新人才中的地位是任何学科都代替不了的。

数学学习贯穿着两条主线:数学基础知识和数学文化与思想方法。数学基础知识是一条明线,而数学文化与思想方法则是一条暗线。在学习时,我们应充分挖掘由数学基础知识所反映出来的数学文化与思想方法。本书通过几个相对独立的专题,从多个角度探讨数学文化、思想,既把学生多年来学习的数学知识上升到精神、方法、思想的层面上,又从文化和思想的角度反观数学发展中的规律,使学生提高思维品质,学会洞察本质,严谨准确,以简驭繁,运筹帷幄。

本书的数学基础以高中数学知识为起点,适当的高等数学理念为升华。通过该书的学习,要使学生了解:(1)数学与哲学之间的交互影响关系;(2)数学与人类文明的相互影响、数学发展史、未来数学的发展方向;(3)数学的思想、方法;(4)数学的精神;(5)数学在自我的学习、生活中将得到的启示。目的是让当代大学生懂得数学不仅仅是科学的工具和语言、同时它也是一种十分重要的思维方式和文化精神。而对于一个大学生,这种精神和思维方式不仅是十分基本的,而且是无法从其他途径获得的,学习"数学文化与思想"课,对于提高大学生综合素质有非常重要的实际意义。

本书的宗旨是以熟知的数学知识为背景,挖掘数学知识中所蕴含的数学文化,提炼数学思想和方法,体会数学精神。力争人人能听懂,人人有收获!让我们一起忘掉数学带来的困惑或荣耀的过往,以轻松愉悦的心境,了解它的前世今生,重拾对数学的兴趣,感悟数学的思想方法,改善思维品质,欣赏它的美,感受它的品格与精神吧!

本书共分九章,其中第一、三、四、五章由刘华丽老师编写,第二、六、七、八、九章由高楠老师编写。编写的过程中,得到西安石油大学数学教研室的各位老师的支持和帮助,在此表示衷心的感谢!

由于水平所限,书中疏漏之处在所难免,敬请广大读者多提宝贵意见。

编　者

2017 年 7 月

目　　录

第一章 绪 论

第一节 什么是数学

一、何为数学？

何为数学？这个问题是如此简洁，似乎每个学过教学的人都可以回答这个问题。但是，真正来回答这个问题的时候，我们又感觉到某种力不从心。小学生说："数学是加、减、乘、除运算"；中学生说："数学是方程，是图形"；高中学生说："数学是函数，是空间关系"；大学生说："数学是微积分"；……这些回答都与自己已有的数学知识相关，具有什么样的数学教育背景，就会对数学有不同的理解，但这些观点无疑只是说出了"数学是什么"这个问题的一部分答案。那么，数学到底是什么呢？

由于数学的内涵和形式在不断发展，数学的分支以及与其他学科的交叉越来越多，人们对数学知识的需求、掌握和理解不同，必然有不同的见解。美国数学家德福林在《数学的语言》一书中对数学的认识是：

1. 一切不只是数字

到公元前 500 年左右为止，数学的确是有关数字的一种学问。这是埃及和古巴比伦时期的数学。这时的数学所包括得几乎都以算数为主。它大部分属功利取向，充满模式的特色（譬如，对一个数字这样做，那样做，你将会得到答案。）

从大约公元前 500 年到公元 300 年这一时期，是希腊数学年代，他们关心的是几何。希腊人对数学不只存功取利，他们视数学为一种知性探索，其中包括美学和宗教成分。泰勒斯引进如下想法：数学上精确陈述的断言，都可以被一个形式的论证逻辑地证明出来。这一创新标志着"定理"这一数学的基石的诞生。

2. 运动中的数学

一直到 17 世纪中叶，英国的牛顿和德国的莱布尼茨各自独立发明微积分之前，数学的整体本质未曾有过根本的变革，或者说几乎没有任何显著的进展。实质上讲，微积分是研究运动和变化的一门学科。在此之前数学大都局限于计算、度量和形状描述的静态议题上。现在，引入了处理运动和变化的技巧之后，数学家终于可以研究行星的运行、地球上的自由落体运动、机械装置的运作、液体的流动、气体的扩散、飞行、动植物的生长、流行病的传染、利润的波动等等。在牛顿和莱布尼茨之后，数学成了研究数字、形状、运动、变化及空间的一门学问。

3. 模式的科学

基于数学活动如此迅速成长这一事实，对于"何为数学"这一问题，近三十年间，一个为大部分数学家同意的有关数学的定义,终于出现了:数学是研究模式的科学。数值模式、形式的模式、运动模式、行为模式、重复机会事件模式等。这些模式可以是真实存在或想象的、视觉性或心智性、静态或动态的、定性或定量的、纯粹功利或有点超乎娱乐趣味的。它可以是源自我们周围的世界、源自空间和时间的深度,或者源自人类心灵的内部运作。不同种类的模式当然引出不同的数学分支。如:算术与数论研究数字与计算模式、几何研究形状模式、微积分研究运动模式、逻辑学研究推理模式、概率论处理机会模式等。

4. 进步之符号

在数学史上,可辨识的代数记号初次有系统地使用,似乎是从丢番图开始。在今日的数学书籍总是到处充满着符号,但是数学记号并不等于数学。就像乐谱并不等于音乐一样。乐谱的一页呈现一段音乐,当乐谱上的音符被唱出来或被乐器演奏时,你才可以得到音乐的本身。也就是说,在它的表演中,音乐变得有了生命,并成为我们经验的一部分。对于数学来说也是一样,书页上的符号只不过是数学的一种表现,要让一位有素养的表演者(譬如,受过数学训练的人)来读的话,印刷页上的符号就拥有了生命,正如抽象的交响乐一样,数学在读者的心灵之中存活于呼吸。

从古希腊起,数学与音乐就被视为一体之两面,两者都被认为是对宇宙秩序提供洞见的学科。直到了 17 世纪科学方法兴起之后,这两者才分道扬镳。

5. 当看到即发现到

计算机图形学对于数学家,对于让门外汉一瞥数学的内在世界而言,可以发挥极大的功用。例如,复数的动力系统起源于 20 世纪 20 年代法国数学家皮埃尔·法图与加斯顿·朱利亚的研究。但是,一直到 20 世纪 70 年代晚期和 20 世纪 80 年代早期,计算机图形学的快速发展,贝努瓦·曼德勃罗及其他数学家才得以看到法图和朱利亚曾经研究过的结构。因缘于这个研究所得的这些美丽的图形,已经变成一种本身具有意义的艺术形式(分形几何)。

6. 让不可见变成可见

当你应用数学来研究某些现象时,数学真正带给你的是什么? 这一问题的答案是:"数学让不可见变成可见"。如:概率论让我们预测选举结果;微积分预测明日天气;市场分析师使用各种数学理论预测股票市场等。当时代引领我们展望未来时,数学允许我们将另外一些不可见,即尚未发生之事,变为可见。当然,我们的视界并不完美,我们的预测失准在所难免,不过要是没数学,我们甚至连差劲的展望未来都不可能。

7. 不可见的宇宙

正如工业革命时代的社会燃烧煤炭以启动引擎,在今日信息时代,我们燃烧的主要原料是数学。在过去半个世纪内,随着数学的角色变得越来越重要,数学也越来越隐身在我们的视界之外,构成一个支撑我们的不可见的宇宙。正如我们的一举一动都受自然的不可之力(譬如重力),我们现代生活在一个由数学创造,并且由不可见的数学定理支配的不可见宇宙。现在的科学家们普遍地越来越接受和使用数学的思维方式来思考、解决问题。现在衡量一个国家的实力也往往看她消耗数学的能力多少。

综上所述,我们可以这样认为:数学是一种普遍的语言,数学语言具有准确、严谨、简洁、规范、通用性,是一种宇宙间彼此能够看懂的语言;数学是一种普遍的方法;数学是一种普遍的思想原理;数学是一种思想工具、理性思维的框架。

二、数学的定义

给数学下定义是困难的,事实上对任何事物下定义都会遇到同样的困难,因为很难在一个定义中把事物的一切重要属性都概括进去。由于数学的发展和个人对数学的理解,便有了对数学的不同的"定义"。

1. 古今名家的说法

恩格斯:"数学是研究现实世界中的数量关系与空间形式的一门科学。"

(美)R·柯朗(《数学是什么》):"数学,作为人类智慧的一种表达形式,反映生动活泼的意念,深入细致的思考,以及完美和谐的愿望,它的基础是逻辑和直觉,分析和推理,共性和个性。"

(法)E·波莱尔:"数学是我们确切知道我们在说什么,并肯定我们说的是否对的唯一的一门科学。"

(英)罗素:"数学是所有形如 p 蕴含 q 的命题的类",而最前面的命题 p 是否对,却无法判断。因此"数学是我们永远不知道我们在说什么,也不知道我们说的是否对的一门学科。"

(中国)方延明:"数学是研究现实世界中数与形之间各种形式模型的结构的一门科学。"

(中国)徐利治:"数学是实在世界的最一般的量与空间形式的科学,同时又作为实在世界中最具有特殊性、实践性及多样性的量与空间形式的科学"。

2. 数学的几个"定义"

哲学说(亚里士多德):"新的思想家虽然说是为了其他事物而研究数学,但他们把数学和哲学看作是相同的。"

符号说(亚里士多德):"算术符号是文化的图形,而几何图形图像化的公式;没有一个数学家能缺少这些图像化的公式。"

科学说(高斯):"数学是精密的科学""数学是科学的皇后"。

工具说(笛卡尔):"数学是其他所有知识工具的源泉。"

逻辑说(库尔):"数学推理依靠逻辑,数学为其证明所具有的逻辑性而骄傲。"

创新说(汉克尔):"在大多数科学里,一代人要推翻另一代人所修筑的东西,一代人所树立的另一代要加以摧毁。数学是一种创新,每一代人都能在旧的建筑上增添一层。"

直觉说(布劳维尔):"数学的基础是人的直觉,数学主要是由那些直觉能力强的人们推进的。"

集合说(克里奇):"数学各个分支的内容都可以用集合论的语言表述。"

结构说(关系说)(法国布尔巴基学派):"强调数学语言、符号的结构方面及联系方面,数学是研究抽象结构的理论。"

模型说(怀特海):"数学就是研究各种形式的模型,如微积分是物体运动的模型,概率论是偶然与必然现象的模型,欧氏几何是现实空间的模型,非欧几何是非欧空间的模型。"

活动说(波普尔):"数学是人类最重要的活动之一。"

精神说(克莱因):"数学不仅是一种技巧,更是一种精神,特别是理性的精神,能够使人的思维得以运用到最完美的程度。"

审美说(普罗克拉斯):"哪里有数学,哪里就有美。"

艺术说(波莱尔):"数学是一门艺术。"

万物皆数说(毕达哥拉斯):"数的规律是世界的根本规律,一切都可以归结为整数与整数比。"

定义说(怀特):"数学是定义的科学。"

语言说(迪里满):"数学是语言的语言。"

玄学说(汤姆生):"数学是真实的玄学体系。"

文化说(维尔德):"数学是一种不断进步的文化。"

符号加逻辑说(罗素):"数学是符号加逻辑。"

这些表述是否准确,是否被人们普遍认可,这可是仁者见仁智者见智了。

三、数学的特点

1. 抽象性

抽象:从许多事物中,舍弃个别的、非本质的属性,抽出共同的、本质的属性,是形成概念的必要手段。(《现代汉语词典》)

数学的抽象性是逐步提高的,其抽象程度大大超过了其他学科中的抽象。例如:初等代数、线性代数、抽象代数、微积分、拓扑学、实变函数、泛函分析,解决实际问题都需要建模,就是典型的数学抽象的过程。

任何一门学科都具有抽象性,只是数学的抽象另有特点:

第一,数学的研究对象本身就保留了量的关系和空间的形式,而舍弃其他一切。即研究内容是抽象的。

第二,在数学的抽象是经过一系列阶段而产生的,它达到的抽象程度大大超过其他学科的一般抽象。

第三,不仅数学概念抽象,数学方法本身也是抽象的。

第四,核心数学主要处理抽象概念和它们的相互关系。

"抽象"是数学的武器,是数学的优势。

2. 推理的严谨性和结论的明确性

严谨性是数学科学的基本特点。它要求数学结论的叙述必须精练、准确,而对结论的推理论证和系统安排都要求既严格,又周密。数学定义的准确性,结论的确定性是无可争辩和无可置疑的。

数学的严格性不是绝对的,一成不变的,数学的原则不是一劳永逸的、僵立不动的,它是发展着。如欧几里得的《几何原本》曾作为逻辑严密的典范,是人类历史上科学的杰作。但后来发现《几何原本》也有不完美的地方,如有些概念定义得不明确,基本命题还缺乏严密的逻辑根据,从而导致了"非欧几何"的产生和更严密的希尔伯特公理体系的建立,这正体现了人类认识逐渐深化的过程。

即使是一些最基本、最常用,甚至不能用逻辑方法加以定义的原始概念,数学科学也不满足于直观描述,而要求用公理来加以确定。对公理的选择,还必须满足"独立性"、"相容性"和"完备性"的严格要求。在新的数学结论的推证过程中,则步步要有根据,处处应合乎逻辑理论的要求。要数学内容的系统安排上,也必须符合学科内在的逻辑顺序。数学科学的严谨性,还有日益加强的趋势。由于各种专门符号的广泛使用，大量命题的陈述和论证都日益符号化、形式化。

数学的严谨性并不是一下子形成的。在它达到当前高度严谨性以前，也有过一个相对来说不那么严谨的漫长历程。例如，作为全部数学的严格基础的数的系统理论，只是到了19世纪末期才达到当前的严谨程度。在此以前，它处于不太严谨、甚至是很不严谨的境况。

3. 应用的广泛性

数学是描述世界图式的强有力的工具，被誉为"科学的皇后"。数学规律不但自然界遵循，而且人类社会也遵循。数学不但在自然界中应用广泛，而且在人类社会中也应用广泛。无论哪里，都有数学活动的身影。我国著名数学家华罗庚曾说："宇宙之大，粒子之微，火箭之速，化工之巧，地球之变，生物之谜，日用之繁，数学无处不在。"历史上哈雷彗星的发现、海王星的发现、电磁波的发现等等都离不开数学。

数学与科学技术一直以来的密切联系，在20世纪中叶以后更是达到了新的高度。第二次世界大战期间，数学在高速飞行、核武器设计、火炮控制、物资调运、密码破译和军事运筹等方面发挥了重大的作用，并涌现了一批新的应用数学学科。其后，随着电子计算机的迅速发展和普及，特别是数字化的发展，使数学的应用范围更为广阔，在几乎所有的学科和部门中得到了应用。数学技术已成为高技术中的一个极为重要的组成部分和思想宝库。另一方面，数学在向外渗透的过程中，与其他学科交叉，形成了诸如计算机科学、系统科学、模糊数学、智能计算（其中相当部分也被称为软计算）、智能信息处理、金融数学、生物数学、经济数学、数学生态学等一批新的交叉学科。

第二节　数学文化概述

长期以来，中国的数学教材、数学教育都存在着脱离社会的孤立现象，认为数学是单纯的逻辑思维，使得数学几乎完全形式化，使人错误地认为数学发展无需社会的推动，数学的进步也无需社会文化的哺育，数学只是少数天才脑子里想象出来的"自由创造物"。

也许人们已经意识到这种缺陷，近年来人们注重数学文化，研究数学文化，推广数学文化。

一、文化的含义

文化问题是随着19世纪下半叶人类学、社会学、文化学等学科的兴起才受到人们的重视。1871年泰勒在《原始文化》一书中提出了文化的经典定义："所谓文化或文明，就是其广泛的民族学意义来说，乃是知识、信仰、艺术、道德、法律、习俗和任何人作为一名社会成员而获得的能力和习惯在内的复杂整体。"

现在的文化定义也上百种。《辞海》把"文化"界定为从广义上来说，是指人类社会历史实践过程中所创造的物质财富和精神财富的积淀，有相对的稳定性。从狭义上来说，指社会意识形态或观念形态，以及与之相适应的制度和组织机构，即人们的精神生活领域。

二、数学文化的含义

数学的内容、思想、方法和语言已成为文化的重要组成部分，而思想的观念，如推理、归纳、整体、抽象、审美等意识都具有精神领域的功效，它蕴涵着深厚的人文精神，具有特殊的文化内涵。

数学作为一种量化模式,显然是描述客观世界的,相对于认识的主体而言,数学具有明显的客观性,但数学对象终究不是物质世界的真实存在,而是抽象思维的产物,数学是一种人为约定的规则系统。为了描绘世界,数学家总是在发明新的描述形式。同时,数学家发明的量化模式,除了在科学技术方面的应用外,同样具有精神领域的效用。如平时所说的推理意识、规划意识、抽象意识、数学的审美意识。由此可见,数学是一种文化。

数学是一门自然科学,也是一种文化。但是数学文化不同于艺术、技术一类文化,数学属于科学文化的范畴。数学是人类文化系统中的一个子系统,是人类文化的一个有机组成部分,与其他各种成分密切相关,并在相互影响中共同发展。特别地,数学对象并非自然世界真实存在,而是抽象思维的产物,是一种人为约定的逻辑建构系统。因此,数学对象正是作为文化而存在,是一种文化,一种特殊的文化,称之为"数学文化"。

数学文化的提法与过去的"数学与文化"不同,"数学与文化"意味着数学和文化是两回事,数学是数学,文化是文化,重点是讨论他们的相互关系问题,而"数学文化"则强调的是数学与文化是一个有机整体,不能把他们分开来谈。

数学文化的解释也有广义和狭义之分。狭义的指数学的思想、精神、方法、观点、语言,以及它们的形成和发展。广义解释除上述内涵以外,还包含数学家、数学史、数学美、数学教育、数学发展中的人文成分、数学与社会的联系、数学与各种文化的关系,等等。

数学是人类的一种创造性活动的结果,是人类抽象思维的产物,是人类历史的一种高层次的文化。数学文化作为人类文化的重要组成部分,其根本特征是表达了一种探索精神。

三、数学文化的特点

数学文化不同于艺术、技术一类的文化,它属于科学的文化。数学文化的主要特点是:

1. 思维性

数学研究的任务,主要是应用人类关于现实世界的空间显示和数量关系的思维成果。因此,思维是数学的灵魂。数学研究的核心是思维的研究,思维研究应贯穿整个研究之中。

2. 数量化

数量化是数学文化区别于其他文化的显著特点之一,也是区别个人是否具有数学素养的标尺之一。任何人都应具备运用数学的素养,其中包括具有运用数学的意识,有良好的信息感、数据感,以及数量化的基础知识和基本技能。数学中所研究的数量关系,包括寻求一个个可序化、可运算、可测度和可运筹的相对封闭的系统。这样的系统往往成为解决繁难问题的钥匙。由于数学的数量化特征,使得解决数学问题的方法有别于其他学科。

3. 发展性

数学家始终处于"寻找完美——打破完美——寻求新的完美"的循环之中,而每一个这样的循环,都使得数学得到了拓宽、加深、添元、增维等效益,大量的新的数学分支由此涌现出来并得到应用。"发展"是数学的本能,是数学家和应用数学的人们的欲望。由于数学的不断发展,数学才有了越来越强大的生命力。

4. 实用性

数学文化的最大魅力,就是它的实用性。它是人人必需,人人会用的一种工具。学习它就是为了应用它。它具备着有效、简洁、相容、互补,以及或可精确或可近似等诸多优良的秉性。

使得任何领域与数学都有一种我中有你，你中有我的水乳交融的关系。

5. 育人性

数学在培养人的思维能力、良好的个性和世界观方面，与人文科学和自然科学起着相辅相成的作用。

四、数学文化的价值

1. 数学——打开科学大门的钥匙

科学史表明，一些划时代的科学理论成就的出现，无一不借助于数学的力量。早在古代，希腊的毕达哥拉斯学派就把数看作万物之本源。享有"近代科学之父"尊称的伽利略认为，展现在我们眼前的宇宙像一本用数学语言写成的大书，如不掌握数学的符号语言，就像在黑暗的迷宫里游荡，什么也认识不清。物理学家伦琴因发现了 X 射线而成为 1910 年开始的诺贝尔物理奖的第一位获得者。当有人问这位卓越的实验物理学家科学家需要什么样的修养时，他的回答是：第一是数学，第二是数学，第三还是数学。对计算机的发展做出过重大贡献的冯·诺依曼认为"数学处于人类智能的中心领域"。他还指出："数学方法渗透并支配着一切自然科学的理论分支，它已愈来愈成为衡量成就的主要标志。"科学家们如此重视教学，他们述说的这些切身经验和坚定的信念，如果从哲学的层次来理解，其实就是说，任何事物都是量和质的统一体，都有自身的量的方面的不掌握量的规律，就不可能对各种事物的质获得明确清晰的认识。而数学正是一门研究"量"的科学，它不断地在和积累各种量的规律性，因而必然会成为人们认识世界的有力工具。

马克思曾明确指出："一门科学只有当它达到了能够成功地运用数学时，才算真正发展了。"这是对数学作用的深刻理解，也是对科学化趋势的深刻预见。事实上，数学的应用越来越广泛，连一些过去认为与数学无缘的学科，如考古学、语言学、心理学等现在也都成为数学能够大显身手的领域。数学方法也在深刻地影响着历史学研究，能帮助历史学家做出更可靠、更令人信服的结论。这些情况使人们认为，人类智力活动中未受到数学的影响而大为改观的领域已寥寥无几了。

2. 数学——科学的语言

一般地说，就像对客观世界量的规律性的认识一样，人们对于其他各种自然规律的认识也并非是一种直接的、简单的反映，而是包括了一个在思想中"重新构造"相应研究对象的过程，以及由内在的思维构造向外部的"独立存在"的转化（在爱因斯坦看来，"构造性"和"思辨性"正是科学思想的本质的思想）；就现代的理论研究而言，这种相对独立的"研究对象"的构造则又往往是借助于数学语言得以完成的（数学与一般自然科学的认识活动的区别之一就在于：数学对象是一种"逻辑结构"，一般的"科学对象"则可以说是一种"数学建构"），显然，这也就更为清楚地表明了数学的语言性质。

数学作为一种符号语言，它可以摆脱自然语言的多义性。数学语言的简洁性有助于思维效率的提高；数学语言也便于量的比较和分析；可以探讨自然法则的更深层面，这是其他语言不可能做到的。还表现在它能以其特有的语言（概念、公式、法则、定理、方程、模型、理论等）对科学真理进行精确和简洁的表述。如著名物理学家、数学家麦克斯韦的麦克斯韦方程组，预见了电磁波的存在，推断出电磁波速度等于光速，并断言光就是一种电磁波。这样，麦克斯韦创立了系统的电磁理论,把光、电、磁统一起来,实现了物理学上重大的理论结合和飞跃。

随着社会的数学化程度日益提高,数学语言已成为人类社会中交流和贮存信息的重要手段。如果说,从前在人们的社会生活中,在商业交往中,运用初等数学就够了,而高等数学一般被认为是科学研究人员所使用的一种高深的科学语言,那么在今天的社会生活中,只懂得初等数学就会感到远远不够用了。事实上,高等数学(如微积分、线性代数)的一些概念、语言正在越来越多地渗透到现代社会生活各个方面的各种信息系统中,而现代数学的一些新的概念(如算子、泛函、拓扑、张量、流形等)则开始大量涌现在科学技术文献中,日渐发展成为现代的科学语言。

3. 数学——思维的工具

数学是任何人分析问题和解决问题的思想工具。这是因为:首先,数学具有运用抽象思维去把握实在的能力。数学概念是以极度抽象的形式出现的。在现代数学中,作为数学的研究对象,它们本身确是一种思想的创造物。与此同时,数学的研究方法也是抽象的,这就是说数学命题的真理性不能建立在经验之上,而必须依赖于演绎证明。而数学应用于实际问题的研究,其关键还在于能建立一个较好的数学模型。建立数学模型的过程,是一个科学抽象的过程,即善于把问题中的次要因素、次要关系、次要过程先撇在一边,抽出主要因素、主要关系、主要过程,经过一个合理的简化步骤,找出所要研究的问题与某种数学结构的对应关系,使这个实际问题转化为数学问题。在一个较好的数学模型上展开数学的推导和计算,以形成对问题的认识、判断和预测。这就是运用抽象思维去把握现实的力量所在。

其次,数学赋予科学知识以逻辑的严密性和结论的可靠性,是使认识从感性阶段发展到理性阶段,并使理性认识进一步深化的重要手段。在数学中,每一个公式、定理都要严格地从逻辑上加以证明以后才能够确立。数学的推理步骤严格地遵守形式逻辑法则,以保证从前提到结论的推导过程中,每一个步骤都在逻辑上准确无误。所以运用数学方法从已知的关系推求未知的关系时,所得结论有逻辑上的确定性和可靠性。

第三,数学也是辩证的辅助工具和表现方式。这是恩格斯对数学的认识功能的一个重要论断。在数学中充满着辩证法,而且有自己特殊的表现方式,即用特殊的符号语言,简明的数学公式,明确地表达出各种辩证的关系和转化。

最后,值得指出的是,数学还是思维的体操。这种思维操练,确实能够增强思维本领,提高科学抽象能力、逻辑推理能力和辩证思维能力。

4. 数学——一种思想方法

数学是研究量的科学。它研究客观对象量的变化、关系等,并在提炼量的规律性的基础上形成各种有关量的推导和演算的方法。数学的思想方法体现着它作为一般方法论的特征和性质,是物质世界质与量的统一、内容与形式的统一的最有效的表现方式。这些表现方式主要有:提供数量分析和计算工具、提供推理工具、建立数学模型。任何一种数学方法的具体运用,首先必须将研究对象数量化,进行数量分析、测量和计算。例如,太阳系第八大行星——海王星的发现,就是由亚当斯和勒维烈运用万有引力定律,通过复杂的数量分析和计算,在尚未观察到海王星的情况下推理并预见其存在的。

数学作为推理工具的作用是巨大的。特别是对由于技术条件限制暂时难以观测的感性经验以外的客观世界,推理更有其独到的功效,例如正电子的预言,就是由英国理论物理学家狄拉克根据逻辑推理而得出的。后来由宇宙射线观测实验证实了这一论断。

5. 数学——理性的艺术

通常人们认为,艺术与数学是人类所创造的风格与本质都迥然不同的两类文化产品。两者一个处于高度理性化的巅峰,另一个居于情感世界的中心;一个是科学(自然科学)的典范,另一个是美学构筑的杰作。然而,在种种表面无关甚至完全不同的现象背后,隐匿着艺术与数学极其丰富的普遍意义。

数学与艺术确实有许多相通和共同之处,例如数学和艺术,特别是音乐中的五线谱,绘画中的线条结构等,都是用抽象的符号语言来表达内容。难怪有人说,数学是理性的音乐,音乐是感性的数学。事实上,由于数学(特别是现代数学)的研究对象在很大程度上可以被看成"思维的自由想象和创造",因此,美学的因素在数学的研究中占有特别重要的地位,以致在一定程度上数学可被看成一种艺术。对此,我们还可做出如下进一步的分析。

艺术与数学都是描绘世界图式的有力工具。艺术与数学作为人类文明发展的产物,是人类认识世界的一种有力手段。在艺术创造与数学创造中凝聚着人类美好的理想和实现这种理想的孜孜追求。尽管艺术家与数学家使用着不同的工具,有着不同的方式,但他们工作的基本的目的都是为了描绘一幅尽可能简化的"世界图式"。艺术实践与数学活动的动机、过程、方法与结果,都是在其自身价值的弘扬中,不断地实现着对世界图式的有力刻画。这种价值就是在充分、完全地理解现实世界的基础上,审美地掌握世界。

艺术与数学都是通用的理想化的世界语言。艺术与数学在描绘世界图式的过程中,还同时发展并完善自身的表现形式,这种表现形式最基本的载体便是艺术与数学各自独特的语言体系。其共同特征有:

(1)跨文化性。艺术与数学所表达的是一种带有普遍意义的人类共同的心声,因而它们可以超越时间和地域界限,实现不同文化群体之间的广泛传播和交流。

(2)整体性。艺术语言的整体性来自于其艺术表现的普遍性和广泛性;数学语言的整体性来自于数学统一的符号体系、各个分支之间的有力联系、共同的逻辑规则和约定俗成的阐述方式。

(3)简约性。它首先表现为很高的抽象程度,其次是凝冻与浓缩。

(4)象征性。艺术与数学语言各自的象征性可以诱发某种强烈的情感体验,唤起某种美的感受,而意义则在于把注意力引向思维,升迁为理念,成为表现人类内心意图的方式。

(5)形式化。在艺术与数学各自进行的代码与信息的意义交换中,其共同的特征就是达到了实体与形式的分隔。这样提炼出来的形式可以进行形式化处理。

艺术与数学具有普适的精神价值。有人把精神价值划分为知识价值、道德价值和审美价值三种。艺术与数学同时具备这三种价值,这一事实赋予了艺术与数学精神价值以普适性。概括起来,其共同的特点有:

(1)自律性。数学价值的自律性是与数学价值的客观性相联系的;艺术的价值也是不能由民主选举和个人好恶来衡量的。艺术与数学的价值基本上是在自身框架内被鉴别、鉴赏和评价的。

(2)超越性。它们可以超越时空,显示出永恒。在艺术与数学的价值超越过程中,现实被扩张、被延伸。人被重新塑造,赋予理想。艺术与数学的超越性还表现为超前的价值。

(3)非功利性。艺术与数学的非功利性是其价值判断有别于其他种类文化与科学的显著特征之一。

(4)多样化、物化与泛化。在现代技术与商业化的冲击下,艺术与数学的价值也开始发生嬗变,出现了各自价值在许多领域内的散射、渗透、应用、交叉等现象。

在人类思维的全谱系中,艺术思维和数学思维的主要特征决定了其主导思维各居于谱系的两端。但两种思维又有很多交叉、重叠和复合。特别是真正的艺术品和数学创造,一般都不是某种单一思维形式的产物,而是多种思维形式综合作用的结果。人类思维之翼在艺术思维与数学思维形成的巨大张力之间展开了无穷的翱翔,并在人类思维的自然延拓和形式构造中被编织得浑然一体,呈现出整体多样性的统一。人类思维谱系不是线性的,而是主体的、网络式的、多层多维的复合体。当我们想要探索人类思维的奥秘时,艺术思维与数学思维能够提供最典型的范本。其中能够找到包括人类原始思维直至人工智能这样高级思维在内的全部思维素材。

6. 数学——充满理性精神

数学犹如一棵正在成长着的大树,它是不断发展和丰富着的理论知识体系。数学充满着理性精神,它不断为人们提供新概念、新方法。有的数学家说:"数学在人类历史中的地位绝不亚于语言、艺术和宗教,今天数学正对科学和社会产生着翻天覆地的影响。"数学对于人类理性精神发展有着特殊的意义,这也清楚地说明数学作为整个人类文化的一个有机组成成分的重要性。正如克莱因指出的:"在最广泛的意义上说,数学是一种精神,一种理性的精神。正是这种精神,试图决定性地影响人类的物质、道德和社会生产;试图回答有关人类自身存在提出的问题;努力去理解和控制自然;尽力去探求和确立已经获得知识的最深刻的和最完美的内涵。"

五、数学文化教育的作用

和所有的文化现象一样,数学文化直接支配着人们的行为、影响着人们的思想。

1. 数学文化教育可以还原数学的"本来面目"

数学具有三种形态:原始形态、学术形态和教育形态。前两者形态强调数学的思考、严密推理,把数学的"本来面目"淹没在形式化的海洋里。教育形态则是教师启发学生进行火热的思考,从而让学生容易理解并接受人类数千年积累的数学知识体系。数学课程多以学术形态出现,学生看到的是干巴、冰冷、孤立的定义、定理、公式等。很容易让学生失去学习的兴趣、丧失思考能力。其实每一个数学概念背后都有一部"活生生的历史",数学的原始形态。数学文化教育则是在数学的教育形态和原始形态之间寻求"中间地带",还原数学"本来面目"的内涵,包括数学知识的内在联系、数学规律的形成过程、数学思想方法的提炼、数学理性精神的体验等。

2. 数学文化教育能促使学生全面发展

教育的根本目的就是培养现代化的人,在常规的数学教育中只重视学生的智能,忽视学生的情意,而数学文化教育弥补了智能与情意的分离,有效地促进学生的全面发展。数学不仅仅是一种重要的"工具"或"方法",更是一种思维模式、素质、文化。若能让学生了解数学活动的"原过程",即数学的本来面目,清楚数学概念、原理、方法的发展势态,掌握数学中蕴涵的思想、观念、意识等内容,就可以培养他们利用数学的思想和方法去处理数学问题和现实问题的意识,培养他们实事求是的科学态度,勇于创新的科学精神和良好的学习习惯。

数学中解决难题的训练,会培养他们不怕失败,百折不挠的奋斗精神;数学家发现定理和理论的故事,会启发他们勇于探索的创新精神;所以这些都与他们从数学中获得的数学文化、数学素养息息相关,这些优良品质将会让他们受用终生。

另外通过数学文化教育呈现数学创造的曲折艰辛的过程,还可以让学生知道其中的可歌可泣的事件和人物,如中国古代的刘徽、无薪水的女数学家诺特、铁窗数学家彭色列等。这些揭示了人类为求数学的"真"而不断奋斗的曲折过程,从而充分体验数学家的优良的精神品质和数学内容中所折射出的一些社会优秀品德。

总之,数学文化从个体上来说,更应关心学习数学对人的发展以及人格的完善。

第三节　数学发展简史

乔治·萨顿曾说过:"科学史是人类认识自然的经验的历史回顾。"数学史是数学发展历史的回顾,它研究数学产生发展的历史过程,探求其发展的规律。研究数学史,可以通过历史留下的丰富材料,了解数学何时兴旺发达,何时停滞衰退,从中总结经验教训,以利于数学更进一步的发展。关于数学发展史的分期,一般来说,可以按照数学本身由低级到高级分阶段进行,也就是分成四个本质不同的发展时期,每一新时期的开始都以卓越的科学成就作标志,这些成就确定了数学向本质上崭新的状态过渡。这里我们主要介绍世界数学史的发展。

一、数学的萌芽时期

这一时期大体上从远古到公元前六世纪,根据目前考古学的成果,可以追溯到几十万年以前.这一时期可以分为两段,一是史前时期,从几十万年前到公元前大约五千年;二是从公元前五千年到公元前六世纪。

数学萌芽时期的特点,是人类在长期的生产实践中,逐步形成了数的概念,并初步掌握了数的运算方法,积累了一些数学知识。由于土地丈量和天文观测的需要,几何知识初步兴起,但是这些知识是片断和零碎的,缺乏逻辑因素,基本上看不到命题的证明。这个时期的数学还未形成演绎的科学。

历史学家常把兴起于埃及、美索不达米亚、中国和印度等地域的古代文明称为河谷文明。早期数学就是在尼罗河、底格里斯河与幼发拉底河、黄河与长江、印度河与恒河等河谷地带首先发展起来的。

1. 古代埃及的数学

古埃及是世界上文化发达最早的几个地区之一,位于尼罗河两岸,公元前 3200 年左右,形成一个统一的国家。尼罗河是埃及人生命的源泉,他们靠耕种河水泛滥后淤土覆盖的田地谋生。尼罗河定期泛滥,淹没全部谷地,水退后,要重新丈量居民的耕地面积。由于这种需要,多年积累起来的测地知识便逐渐发展成为几何学。由于他们也得准备好应付洪水的危害,因此就得预报洪水到来的日期。这就需要计算。

埃及人还把他们的天文知识和几何知识结合起来用于建造他们的神庙,使一年里某几天的阳光能以特定方式照射到庙宇里。公元前 2900 年以后,埃及人建造了许多金字塔,作为法老的坟墓。从金字塔的结构,可知当时埃及人已懂得不少天文和几何的知识。例如基底直角的误差与底面正方形两边同正北的偏差都非常小。

埃及人创造了连续 3000 多年的辉煌历史,建立了国家,有了相当发达的农业和手工业,发明了铜器、创造了文字、掌握了较高的天文学和几何学知识,建造了巍峨宏伟的神庙和金字塔。

吉萨金字塔(公元前 2600 年),它显示了埃及人极其精确的测量能力,其中它的边长和高度的比例约为圆周率的一半。

古埃及最重要的传世数学文献:纸草书,是来自现实生活的数学问题集。

莱茵德纸草书(1858 年为苏格兰收藏家莱茵德购得,现藏伦敦大英博物馆,主体部分由 84 个数学问题组成,其中还有历史上第一个尝试"化圆为方"的公式),如图 1-1 所示。

图 1-1　莱茵德纸草书(1650 B. C.)

莫斯科纸草书(1893 年由俄国贵族戈列尼雪夫购得,现藏莫斯科普希金精细艺术博物馆,包含了 25 个数学问题),如图 1-2 所示。

图 1-2　莫斯科纸草书

埃及纸草书(民主德国,1981),如图 1-3 所示。

图 1-3　埃及纸草书

这一时期的数学贡献:记数制;基本的算术运算;分数运算;一次方程;正方形;矩形;等腰梯形等图形的面积公式;近似的圆面积;锥体体积等。

公元前 4 世纪希腊人征服埃及以后,这一古老的数学完全被蒸蒸日上的希腊数学所取代。

2. 古代巴比伦的数学

古巴比伦是世界最早的文明——美索不达米亚(Mesopotamia,希腊语的意思是两河之间的土地)文明(又称两河文明)发源于底格里斯河(Tigris)和幼发拉底河(Euphrates)之间的流域——苏美尔(Sumer)地区(中下游地区),这个地区没有天然险阻可以抵挡入侵者,所以有着多样性的民族文化。美索不达亚是古巴比伦(Babylon)的所在,在今伊拉克(Iraq)共和国境内。

公元前 3500 年进入文明,公元前 4000 年到公元前 2250 年是两河文明的鼎盛时期,《旧约全书》称其为《希纳国》(Land of Shinar)。两河沿岸因河水泛滥而积淀成肥沃土壤,史称《肥沃的新月地带》(南美的那个和《金三角》齐名的地区堪称《罪恶的新月地带》)。由于两河不像尼罗河一样定期泛滥,所以确定时间就必须靠观测天象。住在下游的苏美人发明了太阴历,以月亮的阴晴圆缺作为计时标准,把一年划分为 12 个月,共 354 天,并发明闰月,放置与太阳历相差的 11 天。把一小时分成 60 分,以 7 天为一星期。还会分数、加减乘除四则运算和解一元二次方程,发明了 10 进位法和 16 进位法。他们把圆分为 360 度,并知道 π 近似于 3。甚至会计算不规则多边形的面积及一些锥体的体积。

两河流域(美索不达米亚)文明上溯到距今 6000 年之前,几乎和埃及人同时发明了文字"楔形文字"。

了解古代美索不达米亚文明的主要文献是泥版,迄今已有约 50 万块泥版出土。苏美尔计数泥版(文达,1982)。

现在泥版文书中大约有 300 多块是数学文献:以 60 进制为主的楔形文记数系统,长于计算,发展程序化算法的熟练技巧(开方根),能处理三项二次方程,有三次方程的例子,三角形、梯形的面积公式,棱柱、方锥的体积公式。

泥版楔形文,普林顿 322(现在美国哥伦比亚大学图书馆,年代在公元前 1600 年以前,数论意义:整勾股数)。

巴比伦泥板(不丹,1986)如图 1-4 所示。

图 1-4　巴比伦泥板

3.西汉以前的中国数学

《史记·夏本纪》大禹治水(公元前21世纪)中提到"左规矩,右准绳",表明使用了规、矩、准、绳等作图和测量工具,而且知道"勾三股四弦五"。

考古学的成就充分说明了中国数学的起源与早期发展。

1952年在陕西西安半坡村出土的,距今有六七千年的陶器上刻画的符号中,有一些符号就是表示数字的符号。如图1-5所示。

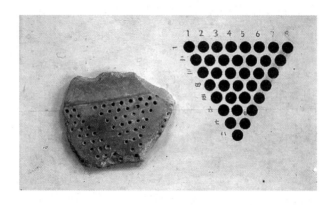

图1-5　半坡遗址陶器残片

在殷墟出土的商代甲骨文中,有一些是记录数字的文字,表明中国已经使用了完整的十进制记数,包括从一至十,以及百、千、万,最大的数字为三万。殷墟甲骨上数学(商代,公元前1400—前1100年,1983—1984年间河南安阳出土)。

算筹(1971年陕西千阳县西汉墓出土)是中国古代的计算工具,它的起源大约可上溯到公元前5世纪,后来写在纸上便成为算筹记数法。至迟到春秋战国时代,又开始出现严格的十进位制筹算记数(约公元前300年)。怎样用算筹记数呢?公元3—4世纪成书的《孙子算经》记载说:"凡算之法,先识其位,一纵十横,百立千僵,千十相望,万百相当。"

为了避免涂改,在唐代以后,我国又创用了一种商业大写数字,又叫会计体:壹、贰、叁、肆、伍、陆、柒、捌、玖、拾、佰、仟、万。

中国传统数学的最大特点是建立在筹算基础之上,是中国传统数学对人类文明的特殊贡献,这与西方及阿拉伯数学是明显不同的。

我国是世界上首先发现和认识负数的国家。战国时法家李悝(约公元前455—前395年)曾任魏文侯相,主持变法,我国第一部比较完整的法典《法经》(现已失传)中已应用了负数,"衣五人终岁用千百不足四百五十",意思是说,5个人一年开支1500钱,差450钱。甘肃居延海附近(今甘肃省张掖市管领)发现的汉简中有"负四筭(suàn,筹码,同算),得七筭,相除得三筭"的句子。

在2002年中国考古发现报告会上,介绍了继秦始皇陵兵马俑坑之后秦代考古的又一重大发现:湖南龙山里耶战国—秦汉时期城址及秦代简牍。2002年7月,考古人员在湖南龙山里耶战国—秦汉古城出土了36000余枚秦简,记录的是秦始皇二十六年至三十七年(即公元前221—前210年)的秦朝历史,其中有一份完整的"九九乘法口诀表"。在《管子》《荀子》《战国策》等先秦典籍中,都提到过"九九",但实物还是首次发现,这是我国有文字记录最早的乘法口诀表。

4. 古印度的数学

古印度在数学方面取得了辉煌的成就,在世界数学史上占有重要的地位。

自哈拉巴文化时期起,古印度人用的就是十进制记数法,大约到了7世纪以后,才有位值法记数,开始时还没有"零"的符号,只用空一格表示,直到9世纪后半叶才有"零"的符号。这时古印度的十进位值制记数法才算完备了。这项发明是古印度人对人类进步的一大贡献。科学史还表明:古印度的十进位值制记数法有可能源自中国。

现存最早的古印度数学著作是《准绳经》,这是一部讲述祭坛修筑的书,大约成书于公元前5世纪到公元前4世纪,书中讲到了一些几何学知识,如勾股定理,圆周率。梵藏于628年写年写成《赞明满悉擅多》,书中对许多数学问题进行了深入的探讨。梵藏是古印度最早引进负数概念的人,他提出了负数的运算方法。他对"零"作为一个数已有一定认识,但他错误地认为零除以零等于零。梵藏提出了解一般二次方程的规则。在几何学方面,他给出了以四边形的边长求四边形面积的正确公式。

零是印度人的卓越发明,没有零,就没有完整的位值创记数法,这种记数法能用简单的几个数码表示一切的数,尽管世界上也有不少民族懂得零的道理,然而系统地研究、处理和介绍零,还是以印度人的功劳最大。7世纪中叶,巴格达的印度天文学家,开始将古印度的天文学和数学书籍译成阿拉伯文,从而也把印度的数码介绍到中亚细亚。12世纪初,欧洲人开始将大量的阿拉伯文数学著作译成拉丁文。意大利人斐波那契用拉丁文将印度—阿拉伯数码和记数法介绍给欧洲人。阿拉伯数码虽早在13—14世纪就传入中国,但直到20世纪初,中国数学与世界数学合流后,国际通用的印度—阿拉伯数码才被中国采用。

在漫长的萌芽时期中,数学迈出了十分重要的一步,形成了最初的数学概念,如自然数、分数;最简单的几何图形,如正方形、矩形、三角形、圆形等。一些简单的数学计算知识也开始产生了,如数的符号、记数方法、计算方法等等。中小学数学中关于算术和几何的最简单的概念,就是在这个时期的日常生活实践基础上形成的。

总之,这一时期是最初的数学知识积累时期,是数学发展过程中的渐变阶段。

二、初等数学时期

从公元前6世纪到公元17世纪初,是数学发展的第二个时期,通常称为常量数学或初等数学时期。这一时期也可以分成两段,一是初等数学的开创时代,二是初等数学的交流和发展时代。

1. 初等数学的开创时代

这一时代主要是希腊数学,从泰勒斯(Thales,公元前636—前546)到公元641年亚历山大图书馆被焚,前后延续千余年之久,一般把它划分为以下几个阶段:

(1)爱奥尼亚阶段(公元前600—前480年);

(2)雅典阶段(公元前480—前330年);

(3)希腊化阶段(公元前330—前200年);

(4)罗马阶段(公元前200—公元600年)。

爱奥尼亚阶段的主要代表有米利都学派、毕达哥拉斯学派和巧辩学派。在这个阶段上数学取得了极为重要的成就,其中有:开始了命题的逻辑证明,发现了不可通约量,提出了几何作图的三大难题——三等分任意角、倍立方和化圆为方,并且试图用"穷竭法"去解决化圆为方的问题。所有这些成就,对数学后来的发展产生了深远的影响。

雅典阶段的主要代表有:柏拉图(Plato,公元前 427—前 347)学派、亚里斯多德(Aristotle,公元前 384—前 322)的吕园学派、埃利亚学派和原子学派。他们在数学上取得的成果十分令人赞叹,如柏拉图强调几何对培养逻辑思维能力的重要作用;亚里斯多德建立了形式逻辑,并且把它作为证明的工具。所有这些成就把数学向前推进了一大步。

上述两个阶段称为古典时期。这一时期的数学发展,在希腊化阶段上开花结果,取得了极其辉煌的成就,产生了三个名垂青史的大数学家欧几里得、阿基米德和阿波罗尼。欧几里得的《几何原本》第一次把几何学建立为演绎体系,从而成为数学史乃至思想史上一部划时代的著作。阿基米德善于将抽象的数学理论和具体的工程技术结合起来。他根据力学原理去探求几何图形的面积和体积,第一个播下了积分学的种子。阿波罗尼综合前人的成果,写出了有创见的《圆锥曲线》一书,它成为后来所有研究这一问题的基础和出发点。这三大数学家的丰功伟绩,把希腊数学推向光辉的顶点。

随着罗马成为地中海一带的统治者,希腊数学也就转入到罗马阶段。在这个阶段也出现了许多有成就的数学家,其中特别值得一提的是托勒密结合天文学对三角学的研究、尼可马修斯的《算术入门》和丢番图的《算术》。后两本著作把数学研究从形转向数,在希腊数学中独树一帜。尤其是《算术》一书,它对后来数学发展的影响,仅次于《几何原本》。

总之,这一时代的特点是:数学已经开始发展成为一门独立科学,建立了真正意义上的数学理论;数学的两个分支——算术和几何,已经作为演绎系统建立起来;数学发生了非常明显的变化,即从经验形态上升到理论形态。

特别要指出的是,关于数学研究的对象,当时已经比较明确地提了出来。古希腊数学家亚里斯多德在《形而上学》第十三篇第三章中说,数学的东西(例如点、线)是感性事物的抽象。他的这个思想直到现在仍然值得我们赞赏,因为它明确地、清楚地揭示出数学研究的特点,这就是把物体、现象、生活的一个方面抽象化。

2. 初等数学的交流和发展时代

从公元 6 世纪到 17 世纪初,是初等数学在各个地区之间交流,并且取得了重大进展的时期。

在亚洲地区,有中国数学、印度数学和日本数学。印度数学的特点是受婆罗门教的影响很大,此外,它还受到中国、希腊和近东数学的影响,特别是中国的影响。印度数学的成就主要在算术和代数方面,最为人称道的是位值记数法,现行的"阿拉伯数码"源于印度。

公元 7 世纪以后,建立了以巴格达为中心的阿拉伯数学。它主要受希腊数学和印度数学的影响。这一时期产生了阿尔·花拉子模等一大批数学家,为世界数学宝库增添了光彩。代数是阿拉伯数学中最先进的部分,"代数"这个名词出自花拉子模的著作,它的研究对象被规定为方程论;几何从属于代数,不重视证明;三角学是他们的最大贡献,他们引入正切、余切、正割、余割等三角函数,制作精密的三角函数表,发现平面三角与球面三角若干重要的公式,使三角学脱离天文学独立出来。

欧洲的数学家们基本上是引进、学习中国、印度、希腊和阿拉伯的数学,其中著名的数学家有意大利的斐波那契、法国的奥雷斯姆等。到了公元 15、16 世纪，意大利的数学家帕西奥里、塔塔利亚等人在代数方程论方面作出了一系列突破性的工作，并使用了虚数，欧洲人终于取得了超过前人的成就。法国的韦达改进了符号，使代数学大为改观。苏格兰的纳皮尔发明了对数，使计算方法向前推进了一大步。

3. 中国在这一时期对数学的贡献

我们伟大的祖国是世界上公认的四大文明古国之一，有悠久的历史和灿烂的文化。上下五千年的中国文化丰富多彩、为世界文明作出了不朽的贡献。中国数学的发展和成就，在世界数学史上占有非常重要的地位。在世界数学的宝库里，中国古代数学具有影响深远、风格独特的体系。

在初等数学时期，我国在数学领域取得了许多伟大成就，出现了许多闻名世界的数学家，如刘徽（公元 3 世纪）、祖冲之（429—500）、王孝通（公元六世纪—七世纪）、李冶（1192—1279）、秦九韶（1202—1261）、朱世杰（公元 13、14 世纪）等人。出现了许多专门的数学著作，特别是《九章算术》的完成，标志着我国的初等数学已形成了体系。这部书不但在中国数学史上，而且在世界数学史上都占有重要的地位，一直受到中外数学史家的重视。我国传统数学在线性方程组，同余式理论，有理数开方、开立方，高次方程数值解法，高阶等差级数以及圆周率计算等方面，都长期居世界领先地位。

例如，1802 年，一个意大利科学协会为了改进高次方程的解法，曾颁发一枚金质奖章，这枚奖章为意大利数学家鲁菲尼所获得，1819 年英国数学家霍纳完全独立地发展了一个相同的方法。不过他们谁也不知道，早在 13 世纪，秦九韶就已经发展了古代解数值高次方程的方法，他的方法与 1819 年霍纳重新发现的方法实质上是相同的。

我国公元 11 世纪杰出的数学家贾宪是最早得出关于二项式展开式的系数规律的（贾宪三角形），在欧洲称之为"巴斯卡"（B·Pascal，1623—1662）三角形，而巴斯卡是在 17 世纪才得出这一结果的。

由刘徽在公元 3 世纪根据《九章算术》推导的羡除公式，欧洲人却误认为是勒让德首创的。

祖冲之把圆周率 π 计算到范围为 3.1415926＜π＜3.1415927，以及密率，保持世界记录千年以上。

古代中国数学家的伟大成就，不仅是中国人民的财富，而且还是世界科学的瑰宝。

这个时期的特点是初等数学的主体部分（算术、代数与几何）已全部形成，并且发展成熟。例如在算术方面，除了继承原有的计算技术之外，还发明了对数。在三角学方面，雷琼蒙塔努斯著了《三角全书》，其中包括平面三角和球面三角。在几何方面，透视法满足了绘画的需要，投影法满足了绘制地图的需要等等。

三、近代数学时期

从公元 17 世纪—19 世纪末，是数学发展的第三个时期，通常称为变量数学时期或近代数学时期。其中从 17 世纪初—18 世纪末，是近代数学的创立与发展阶段；19 世纪是近代数学的成熟阶段。

这个时期的起点是笛卡尔的著作，他引入了变量的概念，恩格斯对此给予很高的评价："数学中的转折点是笛卡尔的变数。有了变数，运动进入了数学，有了变数，辩证法进入了数学，有了变数，微分和积分也就立刻成为必要的了，而它们也就立刻产生，并且是由牛顿和莱布尼兹大体上完成的,但不是由他们发明的"。

公元 17 世纪是数学发展史上一个开创性的世纪,创立了一系列影响很大的新领域:解析几何、微积分、概率论、射影几何和数论等。这一世纪的数学还出现了代数化的趋势,代数比几何占有重要的位置,它进一步向符号代数转化,几何问题常常反过来用代数方法解决。随着数学新分支的创立,新的概念层出不穷,如无理数、虚数、导数、积分等等,它们都不是经验事实的直接反映而是数学认识进一步抽象的结果。

18 世纪是数学蓬勃发展的时期,以微积分为基础发展出一门宽广的数学领域——数学分析(包括无穷级数论、微分方程、微分几何、变分法等学科),它后来成为数学发展的一个主流。数学方法也发生了完全的转变,主要是欧拉、拉格朗日和拉普拉斯完成了从几何方法向解析方法的转变。这个世纪数学发展的动力,除了来自物质生产之外,一个直接的动力来自物理学,特别是来自力学、天文学的需要。

19 世纪是数学发展史上一个伟大转折的世纪,它突出地表现在两个方面。一方面是近代数学的主体部分发展成熟了,经过一个多世纪数学家们的努力,它的三个组成部分取得了极为重要的成就:微积分发展成为数学分析,方程论发展成为高等代数,解析几何发展成为高等几何,这就为近代数学向现代数学转变准备了充分的条件。另一方面,近代数学的基本思想和基本概念,在这一时期中发生了根本的变化:在分析学中,傅立叶级数论的产生和建立,使得函数概念有了重大突破;在代数学中,伽罗瓦群论的产生,使得代数运算的概念发生了重大的突破;在几何学中,非欧几何的诞生在空间概念方面发生了重大突破,这三项突破促使近代数学迅速向现代数学转变。

19 世纪还有一个独特的贡献,就是数学基础的研究形成了三个理论:实数理论、集合论和数理逻辑。这三个理论的建立为即将到来的现代数学准备了更为深厚的基础。

四、现代数学时期

从 19 世纪末至现在的时期,是现代数学时期,其中主要是 20 世纪。这个时期是科学技术飞速发展的时期,不断出现震撼世界的重大创造与发明。本世纪前 80 年的历史表明,数学已经发生了空前巨大的飞跃,其规模之宏伟,影响之深远,都远非前几个世纪可比,目前发展还有加速的趋势,最后 20 年大概还要超过前 80 年。

20 世纪数学的主要特点,可简略概括如下:

1. 电子计算机进入数学领域,产生难以估量的影响

计算机 1945 年制造成功,到现在 70 多年,已经改变或正在改变整个数学的面貌。围绕着计算机,很快就形成了计算科学这门庞大的学科。离散数学的飞速发展,动摇了分析数学 17 世纪以来占有的统治地位,目前大有和分析数学分庭抗礼之势。

自古以来,数学证明都是数学家在纸上完成的。随着计算机的发明,出现了机器证明这一新课题。1976 年,两位美国数学家利用计算机终于证明了"四色定理"这个难题,轰动了数学界,它开辟了人机合作去解决理论问题的途径。

2. 数学渗透到几乎所有的科学领域里去,起着越来越大的作用

20 世纪 40 年代以后,涌现出大量新的应用数学科目,内容的丰富,名目的繁多,都是前所未有的。

今天,在人类的一切智力活动中,没有受到数学(包括电子计算机)的影响的领域,已经寥寥无几了。即使过去很少使用数学的生物学,现在也和数学结合形成了生物数学、生物统计学、数理生物学等等学科。

应用数学的新科目如雨后春笋般兴起,如对策论、规划论、排队论、最优化方法、运筹学等。20世纪60年代模糊数学产生以后,数学的对象更加扩大,应用的范围也就更广了。

3. 数学发展的整体化趋势日益加强

从19世纪起,数学分支越来越多,到本世纪初,可以数出上百个不同的分支。另一方面,这些学科又彼此融合,互相促进,错综复杂地交织在一起,产生出许多边缘性和综合性的学科。单科独进,孤立地发展的情况已不复存在。

4. 纯粹数学不断向纵深发展

集合论的观点渗透到各个领域里去,逐渐取得支配的地位。公理化方法日趋完善。数学一方面勇往直前,另一方面又重视基础的巩固。数理逻辑和数学基础已经成为数学大厦的基础,在它的上面矗立起泛函分析,抽象代数和拓扑学这三座宏伟的建筑。

数学在获得广泛应用的同时,新理论、新观点、新方法也不断产生,如代数拓扑、积分论、测度论、赋范环论、紧李群等许多重大的基础学科,都是本世纪产生和成熟的。现代数学在这些基地上又向更新的高度攀登。本世纪的许多古典难题,包括希尔伯特的23个问题,有些已经获得了解决,有些取得了可喜的成果,还有不少振奋人心的突破。

第二章　数学特点与思想方法的再认识

第一节　数学的抽象

一、什么是数学抽象

抽象性是数学的基本特点之一,抽象也是数学活动最基本的思维方法。作为方法的数学抽象抽取的是事物在数量关系和空间形式等方面的本质属性,进而提炼数学概念,构造数学模型,建立数学理论。通过抽象,人们把外部世界与数学有关的东西抽象到数学内部,形成数学研究的对象。

1. 数学抽象的内涵

数学源自古希腊语,实质是一门研究数量结构变化及空间模型等概念原理的一门科学,而"抽象"一词源于拉丁语"abstracio",其本意是排除、抽取。现在人们对抽象的理解一般有两种:一种是用来形容那种远离具体经验,因而不太容易理解的内容;另一种是指从具体事物中舍弃非本质属性而抽取本质属性的过程和方法。后者反映出抽象是一种思维活动。

英国哲学家怀特海曾说过:数学是从模式化的个体作抽象的过程中对模式进行的研究。抽象性是数学的基本特点之一,抽象也是数学活动展开的最基本思维方法。作为方法的数学抽象抽取的是事物在数量关系和空间形式等方面本质属性,进而提炼数学概念,构造数学模型,建立数学理论。

2. 数学抽象性的表现形式

从数学的内容与对象这一数学哲学层面上分析,数学具有抽象性特点的主要表现形式有:层次性、模型化、理想化、形式化和符号化等,数学抽象的合理性表现在:仅抽取事物对象量的关系和空间形式以及抽象的确定性。数学的抽象性表现在:

(1)数学概念的抽象性。数学概念没有直接的现实原型,这是由数学的对象决定的。数学概念反映了数学的抽象,数学的对象是现实世界的空间形式和量的关系,并不是某种具体的物或场,所以说数学概念不可能有直接的现实原型。

(2)数学理论的抽象性。数学理论可以有多种解释。某些自然科学和社会科学等理论的解释可能是唯一的,但是数学理论的解释则是不唯一的,而且每个解释可能是某种自然科学,社会科学或其他科学的理论的体现,所以数学理论一般比其他科学理论更少规范性,因而也更抽象。数学抽象由于抽象的对象(概念、模型、理论体系等)和过程的不同,体现出不同的层次性,例如自然数、整数、有理数、实数、复数几乎是逐步提高的。一般来说,数学理论的抽象性,反映了人类抽象思维水平的程度。

（3）数学方法的抽象性。在用数学思想解决具体问题的时候,会逐渐形成程序化的操作,这就构成了数学方法。数学方法也是有层次的,处于较高层次的可以称为数学的基本方法,如演绎推理的方法、合情推理的方法、变量替换的方法、等价变形的方法、分情况讨论的方法等。处于下一个层次的数学方法有分析法、综合法、穷举法、反证法、构造法、待定系数法、数学归纳法、递推法、消元法、降幂法、换元法、配方法、列表法、图像法等。

3. 数学抽象的特点

（1）数学抽象的特殊内容决定了数学抽象具有量化特征和形式化特征。从内容上讲,数学抽象仅抽取事物或现象的量关系和空间关系而舍弃了事物质的内容。在现实世界中,存在 2 个苹果、2 个橘子等,但是,是不存在 2 的,2 是人们抽象出来的。所谓"质"是指一事物区别于他事物的内在规定性,"量"则是指事物存在的规模、方式以及发展的程度等。质的问题构成了各门自然科学的特定研究对象,如物理性质是物理学的研究对象,化学性质是化学的研究对象。数学抽象的特殊内容决定了数学抽象具有量化特征和形式化特征。随着数学的不断发展,"量"的概念也在不断的演变着。现代数学发展的一个决定性特点,是其研究对象已经由具有明显直观意义的现实的量化模式过渡到了可能的量化模式。

（2）数学抽象是一种构造性的活动。从方法上讲,数学抽象是借助定义、公理、推理进行的逻辑结构,是一种构造性的活动。如点、线、面可借助几何公理体系抽象得到,而"三角形"的概念则是由点、线、面的概念抽象,采用逻辑定义方法而得。我们还可以在此基础上,抽象出等腰三角形、等边三角形、直角三角形的概念。现代数学严格区分"原始概念"和"派生概念"。原始概念是借助与相应的公理得到定义,派生概念则是借助于已有的概念得到定义。数学抽象的这种构造性特点就决定了数学抽象具有层次性的特点。在严格的数学研究中,无论所涉及的对象是否具有明显的直观意义,我们都只能按照相应的推理规则去进行推理。从而,在数学研究中,我们以抽象思维的产物作为直接研究的对象。

（3）数学抽象可以多次递推。从程度上讲,数学抽象达到的程度远远超过了自然科学中的一般抽象。一方面表现在数学中大部分研究对象并非建立在对于真实事物的直接抽象上,而是在抽象对象上的抽象的结果。即在相对初级或定义概念逻辑地抽象出新的抽象度更高的概念或定义,由此使得数学抽象的程度远远超出了其他学科中的一般抽象。另一方面还表现在数学抽象发展的自由性上,完全可以自由地"虚构"一些概念,以便在此基础上逻辑构建其理论,而这些虚构的概念只是满足"是无矛盾的并且和先前由确切定义引进的概念相协调"就行了。

在以前的数学发展中,抽象化的进度是比较缓慢的,只是在它对原来层次的研究已充分详尽的展开,客观上实在有必要时才进入更高层次的研究。现代数学的发展状况则完全不同,抽象化的进度大大加快了。正如美国数学家卢米斯所说:现代数学的特点之一,就是当一种新的数学对象刚刚定义和讨论不多时,就立即考察全体这样对象的集合。现代数学研究的对象、研究内容、研究方法,都呈现出高度的抽象和统一。这里"高度"二字的含义包括它不断地和积极主动地向更高层次作抽象,数学家自觉地、运用自如地发挥着抽象化的特点和威力。正因为现代数学的抽象化程度越来越高,其内容和方法日趋综合和统一,使数学的应用越来越广泛,现代数学已成为现代科技发展的强大动力。正是数学的高度抽象使得必须有一套统一的数学符号和符号的简化,能够用一些简单基本的词汇、符号,尽量包含更多的信息,刻画复杂的数学规律。现如今,全世界已基本形成了一套数学符号系统,抽象、简明、准确、有效,这是现代数学发展的必要条件之一,也更显示出数学的美感。

4. 数学抽象的分类

数学的一切活动,从概念到方法,实质上都是抽象的,大到组织一个数学体系所用的公理化方法,在实际应用中的数学模型方法,小到一个概念的给出,一个计算过程的建立,一个证明技巧的发现,甚至于一个问题的表征都需要用到数学抽象。

根据抽象对象的特点,数学抽象可以分为:表征型抽象、原理型抽象和建构型抽象。所谓表征型抽象是以可观察的事物现象为直接起点的一种初始抽象,它是对物体所表现出来的特征的抽象。表征型抽象同生动直观是有区别的。生动直观所把握的是事物的个性,是特定的"这一个",而表征型抽象却不然,它概括的虽是事物的某些表面特征,属于抽象概括的认识,因为它撇开了事物的个性,它所把握的是事物的共性。比如古代人认为,"两足直立"是人的一种特性。"两足直立"这种对人的抽象,就是一种典型的表征型抽象。表征型抽象的成果也为科学想象、科学联想和建立模型创造了可表达性要素。在数学发展的过程中,一些基本的表征型概念已经规范为术语和参量,比如圆心的概念,传递性、三角形的全等、三角形的相似的定义等,为人们在发明创造活动中运用表征抽象法奠定了一定的基础。对事物本质规律、因果进行剖析的抽象,称为原理型抽象。例如勾股定理、三角形内角和为180°等基本数学关系都是原理型抽象的结果。在表征型抽象和原理型抽象的基础上,进行数学活动的概念定义就又称为建构型抽象。

5. 数学抽象的基本方法

(1)性质抽象与关系抽象。性质抽象就是考察被研究对象某一方面的性质或属性,而抽取符合我们认识的量性方面的性质或属性的抽象。性质抽象一般包括分离和概括两个步骤。性质抽象也是形成概念的重要途径。关系抽象,是指根据认识目的,从研究对象中抽取或建构若干构成要素之间的数量关系或空间位置关系,而舍弃其物理现实意义或其他无关特征的抽象。它一般也分两步:第一步,分析影响问题的因素、确定问题的范围;第二步,对于问题直接或间接相关的因素之间的相互制约关系进行专门的研究,以抽取、确定其中的关系。关系抽象在处理问题的过程中是经常用到的。

(2)弱抽象与强抽象。所谓弱抽象,也就是扩张式抽象,逐渐减弱对象(这里的对象包括概念和原理)的特殊性,即舍去对象的一些特征而仅抽取其一特征或某个属性加以概括,形成比原对象更为普通、更为一般的对象的一种抽象,从而获得比原结构更广的结构,使原结构成为后者的特例。所谓强抽象,也叫做强化式抽象,就是指通过强化对象的特征,即增加新特征来完成抽象建构,以形成新概念或模式的抽象过程。

我们从正方形出发,正方形是一个概念。如果说一个四边形是正方形,那么它必同时满足两个条件:四条边相等,有一个内角是直角。那么,不同时满足这两条性质的四边形不是正方形。现将上述的内涵减少,去掉"有一个内角是直角"的要求,而只留下"四条边相等的四边形"这个条件,我们把这种图形称为菱形。(去掉"四条边相等"这个条件,我们把这种满足有一个内角是直角的四边形称为矩形)显然,正方形一定是菱形,菱形不一定是正方形。可见菱形的"范围"要宽一些,即外延要大一些。菱形是每条边都相等的四边形,我们可以把这个分解为两对边相等且邻边相等。我们再把"邻边相等"的条件去掉,只留下"两对边分别相等的四边形",这就是平行四边形的定义。平行四边形的外延又要比菱形大了一些。当内涵减少,外延扩大。

我们再把对边相等的条件分解为对边平行且相等。只保留一对边平行,我们得到了梯形。若连"平行也去掉",实际上还留下一个任意一个内角小于 $180°$,这就是一般的凸四边形;连"凸"也去掉,就成了更一般的四边形;实际上,我们所说的边都是直边,若连"直"也去掉,就是更一般的曲边四边形,若再把"四"去掉,就得到了一条闭曲线。现将各概念列述如下:

正方形→菱形(矩形)→平行四边形→梯形→凸四边形→四边形→曲边四边形→曲边形→闭曲线,这就是一个弱抽象的过程,内涵减少,外延扩大的过程。

强抽象,就过程而言,它与弱抽象正好相反。比如,由函数到连续函数,又到可微函数,再到高阶可微函数,到无穷阶可微函数,到可展成泰勒级数的函数,就是一个强抽象的过程。弱抽象和强抽象都能使我们的认识更深入,在数学中这两种抽象方法都是很典型的。所不同的是,一个是到越来越宽阔的范围里去研究,一个是到越来越狭小的范围里去研究。从哲学的角度,弱抽象可以看成是由个别到一般的过程,强抽象可以看成是由一般到个别的过程。

(3)理想化抽象。一个数学概念刚被抽象出来之始,一般都需要较长时间的纯化过程。纯化,也就是逐步实现理想化抽象的过程。自从 1665 年以来,牛顿开始用流量表示变量之间关系;1673 年莱布尼兹在他的一篇手稿中第一次提出了函数这个概念,并用函数来表示随着曲线上点的变动而变动的那些量;到 1714 年,莱布尼兹初次对函数这个概念做了简单阐述,他将函数解释为依赖于一个变量的量。经过多次演变,直到黎曼时期,才抽象出近代通用的函数定义:即作为一种规律,根据它可以由自变量的值来确定因变量的值。

基于数学概念逻辑发展的需要,数学家们也引入一些理想化元素,将其置于某个数学结构之中,即可使其运算和推理在该系统中得以畅通无阻。大数学家欧拉曾经说过:"我们得到一种数的概念,就其本性来说是不可能的,通常叫做虚数或想象中的数,因为它只存在于想象之中"。然而,我们只有在承认了虚数存在的情况下。才有可能完整的证明代数基本定理。理想化元素也是由理想化抽象而得来的,从本质上来讲它仍然是对真实事物的一种理想化抽象。

在数学中,为了研究最基本的规律,往往略去暂时与实际问题的讨论无关的各种因素。比如,几何学中的点是无大小、无形状、无体积,线是没有粗细的。欧几里德就曾在其巨著《原本》中明确定义:点是不可分的,线是无宽的。以球面而论,它的许多原型都是凹凸不平的,如果从那些凹凸不平的曲面出发,绝对求不出球体体积和球面面积的统一计算公式。只有进行理想化抽象,将所有的球面作等性抽象,才可能得到关于球面的一般性概念和统一计算公式,可见,理想化抽象对于整个数学的发展是非常必要的。

另外,理想化元素要符合逻辑相容性原则。德国大数学家希尔伯特把无限称为理想化元素,并把以实无限的存在为前提的命题称之为理想化命题,他的理由是:"只有不因之把矛盾带入于那原有的较狭窄的领域里,通过增加理想化元素的扩张才是可以允许的"。

(4)等置抽象。等置抽象是指依据某种等价关系抽取一类对象共同特征的抽象方法。例如:我们把自然数被 3 除之后余数相等归为一类,即

$$2,5,8,11,14,17,20,\cdots$$

它们被 3 除的余数都等于 2。现在把它们归为一类,记为[2]。同样地,把余数为 1 的数

$$1,4,7,10,13,16,19,\cdots$$

归为一类,记为[1]。再把

$$0,3,6,9,12,15,18,\cdots$$

归为一类,记为[0]。此时,除了[0]、[1]、[2]外,就没有其他自然数了。令

$$A = \{[0], [1], [2]\}$$

便是自然数经过等置抽象生成的集合。

另外,这三个元素组成的集合还是一个代数系统,即能够建立加法、乘法运算并满足代数运算的一些规律。例如,加法(这里使用普通的加法和乘法符号),

$$[0]+[1]=[1], [1]+[2]=[0], [2]+[1]=[0], \cdots$$

只有有限个结果,如表 2-1 所示。

表 2-1　加法的结果

+	[0]	[1]	[2]
[0]	[0]	[1]	[2]
[1]	[1]	[2]	[0]
[2]	[2]	[0]	[1]

乘法的结果,则是,

$$[0]\times[0]=[0], [0]\times[1]=[0], [2]\times[2]=[1], \cdots$$

只有有限个结果,如表 2-2 所列。

表 2-2　乘法的结果

×	[0]	[1]	[2]
[0]	[0]	[0]	[0]
[1]	[0]	[1]	[2]
[2]	[0]	[2]	[1]

经检验,这三个元素在加法、乘法运算下构成一个封闭体系,且满足交换律、结合律。

(5)广义抽象。它是指如定义概念 B 时用到了概念 A,或证明定理 B 中用到了定理 A 时,则说 B 比 A 抽象。记以 $A < B$。

例如定义函数极限时用到函数概念,我们说函数极限比函数抽象,记以函数<函数极限。类似地我们有函数极限<连续函数。凡数学中确立的各种基本概念、定义、公理、定理、模型、推理法则、证明方法等等都可叫做"数学抽象物"或"抽象物"。假设给定了一个数学抽象物 p,则所有与 p 在逻辑上等价的抽象物构成一个等价类。凡是属于同一等价类的元素我们一律不

加区分,视为同一元素。一般地说,若在某一分支的数学抽象物之间定义一种比较抽象性程度的方法,也就定义了一个顺序(记以<)。无论我们给出什么样的"抽象性"定义,介于抽象物之间的顺序关系必须满足下列两条件:

（ⅰ）若 $A<B$,$B<C$,则 $A<C$。即若 B 比 A 抽象,C 比 B 抽象,则 C 比 A 抽象。

（ⅱ）对于任何两个抽象物 A 和 B,或者 $A<B$,或者 $B<A$,或者 A 和 B 之间无法确定那个更抽象。这三种情况中必有一种且只有一种情况出现。

这样,在给定的"抽象"意义下(注意在一组抽象物系统中可以容许分别采用弱抽象、强抽象和广义抽象中的任何一种意义),一个数学分支或某一特定数学专题范围内的全部,抽象物的集合(有限集)M 便构 成一个严格偏序集$(M,<)$。

6. 数学抽象度

"数学抽象度"是反映"数学抽象物"所具有的抽象层次的。因为每一抽象物都是经历一个抽象过程而形成的概念结构,所以处于一条链上的诸抽象物的个数就代表着抽象层次数,而链的长度自然规定着抽象的程度,即"抽象度"。"抽象度"可用以下"三元"指标表示:

(1)相对抽象物。如果链(其中抽象物 P 称为起点,抽象物 P_m 称为末点)的中间不能增添新的环节,则此链称为"完全链",若相联的抽象物 P、Q 有一条完全链入,x 则入的长度 r 为 Q 对 P 的"相对抽象度",若 P、Q 的完全链不止一条,则取最长者的长度为 Q 对 P 的"抽象度"。

(2)入度。当一个概念 A 是至少两个不同的概念的末点,则称 A 为交汇点,汇点表示抽象物的"重要程度"。在交汇点处聚集的条数叫该交汇点的"入度"。

(3)出度。当概念 A 是至少两个不同概念的始点,此处称为"分叉点"。分叉点表明抽象物的"基本程度"。从分叉点引出的链的条数称为该点的"出度"。

"三元"指标给出了一个抽象物的较为全面的信息,下面通过个例子来说明其应用。

正方形的相对抽象度为4,入度为2,出度为0;平行四边形的相对抽象度为2,入度为1,出度为2。因此可分析如下:

(1)正方形的抽象度大于平行四边形的抽象度,说明正方形较抽象;

(2)平行四边形的出度大于正方形的出度,说明平行四边形是基本图形(基本性);

(3)正方形入度大于平行四边形入度,说明正形性质较重要(重要性)。可见在平面几何的学习中,平行四边形和正方形是两个非常重要的概念。

二、实际问题如何抽象成数学问题

数学抽象是一种构造性活动,是一种借助于实际案例和具体事物来进行定义和推理的逻辑结构。

1. 数学抽象的合理性

首先,数学抽象仅抽取实际问题中量和空间形式的关系。对研究对象由内在的思维活动脱离具体形式转化为可独立的存在,就是从具体到抽象的一个剥离过程。任何事物都具有质和量两个方面。其他自然科学研究的是事物对象的质,数学研究的更多的则是量。经济学的发展就曾一度进入低潮,就是因为经济学家们只注重了质的方面,而忽略了量的方面。在生产生活中,遇到的实际问题就是数学发展的动力。这些问题抽象成数学问题的解决,不仅促进了数学学科知识方面的发展,而且也很好地指导了生产实践。数学抽象的目的意向只是数量关系和空间形式。这种抽象构成了数学的特殊内容及认识客观世界的独特方式。从对象的形式结构和数量特征出发达到解决问题的目的。如欧拉解决哥尼斯堡七桥问题。其过程可概括为客观问题→(三步)抽象→数学问题→七桥问题的解决。

其次,数学抽象的合理性还表现为抽象的确定性,即从"确定"出发,以"确定"结束。数学的抽象是建立在明确无误的概念(原始概念与公理或自明的假设或确定的现实原形)之上的,服从明确无误的推理规则。也就是说,这种抽象是合理的,是不用怀疑的,比如公理化方法等。这种确定性还包括从已认知的对象关系中抽取或建构新的对象关系再抽象。只要新的结构是无矛盾的并且和先前由确切定义引进的关系结构相协调,如等置抽象、强抽象、弱抽象等。

另外,数学符号体系提供给人们科学思维的智力工具,使得人们的逻辑思维、数学思想方法的表述形式化,使得数学各分支之间能够建立起统一的内在联系,也使得数学抽象具备了独立性与完整性。

2. 如何把实际问题抽象成数学问题

数学抽象是千差万别的,没有千篇一律的模式。合理抽象的过程大体都是从要解决的问题出发,通过对各种经验事件的比较、分析、排除那些无关紧要的因素,抽取出研究对象利于问题解决的重要特征加以研究分析,能为问题的解答提供出某种科学的定律或一般性的规律。一切抽象的过程都具有以下环节,分离—提纯—简略。

所谓分离,就是暂时不考虑所研究对象与其他各个对象之间总体联系。现实中,没有事物能单独存在,总是与其他事物之间有着千丝万缕的联系。但是任何一项研究都不应该是对现象内部各种各样的关系全都加以考察,所以必须进行分离。比如说,要研究落体运动并揭示其规律,就必须撇开一些无关的现象,仅抽取出什么是落体运动。所谓提纯,就是排除干扰因素,只考虑纯粹状态,或排除具体内容只考虑纯粹形式。现实中的具体现象总是错综复杂的,多方面的因素往往是交织在一起的,而却对问题的解决起到或大或微不足道的作用。为了揭示事物的基本性质和内部规律,就需要在纯粹的意义下进行思考。所谓简略,就是对纯态研究的结果必须进行一个处理,作一种化简,使表述方式更简洁,更能体现事实的本质。

数学是高度抽象的学科。抽象加上分析就构成数学中一种常用的创造性的重要方法—抽象分析法。数学中的所谓抽象分析法,就是通过对实际问题的分析,排除次要因素,抓住主要因素,以使问题获得解决的一个方法。这种方法是解决实际问题非常有力的工具,它的关键是把实际问题转化为数学问题,要点是:

(1)把实际问题中的普通语言化为数学语言,用数学的符号和记号,去刻画事物的特征;

(2)从数学语言中寻找数学关系,并用数学语言把它们表现出来;

(3)研究数学问题中的数量、空间关系,找出问题的解答从而得到对应的实际问题的解。

3. 数学抽象与实际问题之间的关系

作为一门基础学科,一种精确的科学语言,数学是以抽象的形式出现的,也正是抽象让人们更理性的把握本质。而事物常常是相当复杂的,其内部过程也不是纯粹和单一的。为了认识事物的本质联系和过程,必须暂时地、有条件地撇开与当前考察无关的内容,撇开次要过程和干扰因素,把事物的自然状态变成比较纯粹的形态,让其主要的基本的过程充分地暴露出来。要用数学方法解决实际问题,就必须有一双锐利的眼睛,能从复杂的现实事物里"抽离"出量和空间的关系。

当代世界著名数学奖菲尔兹(Fields)奖的获得者阿蒂亚曾经提出:要处理复杂性骤增的数学问题,就必须建立和发展相应的抽象数学概念。事实上,若没有抽象概念,那么现代数学就会被一大堆复杂的数学事件压得透不过气来,并且将会分裂成为无数互不结合的特殊情况。现代数学家之所以能够着手解决他们前辈认为无望的复杂问题,就在于他们掌握了高度概括性的能作为数学统一性基础的科学抽象概念。数学研究的是普遍存在的东西,而不是某个具体存在的东西。正是由于这种普遍性,数学才可以得到广泛的应用。数学就是研究那些抽象了的存在的东西。能把具体的实际问题抽象成数学问题并不是说问题解决了,但是合理的抽象无疑对实际问题的解决是相当重要的。

三、几个实例分析

1. 哥尼斯堡七桥问题

1991 年,前苏联解体,波罗的海周边三国立陶宛、拉脱维亚和爱沙尼亚独立,加里宁格勒划入俄罗斯联邦。哥尼斯堡就是现在的加里宁格勒。普莱格尔河(Pregel)穿过美丽的哥尼斯堡城。普莱格尔河有两个支流,在城中心汇成大河,中间是岛区,因此,人们在河上建起了七座桥,地图如图 2-1 所示。

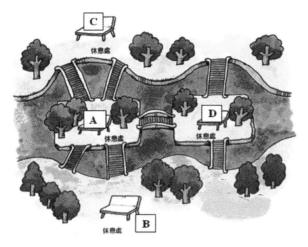

图 2-1　当时哥尼斯堡的地图

由于岛上有古老的哥尼斯堡大学,有知名的教堂,有大哲学家康德的墓地和雕塑,景色美丽。城中的居民,尤其是大学生们经常在岸上和桥上散步。于是,有人突发奇想:有没有一种走法:使得从某地出发,把每座桥都只走一次,却能不重复地走遍七座桥后又回到出发地?问题看起来似乎很简单,但经过很多次尝试,却始终没有人能给出一种走法。

当看到这个问题,欧拉首先想到穷举法。那么对一般的七座桥的不同走法最多有 7! = 5040 种,要找到符合要求的走法,就需要逐一检验。然而逐一检验,不但耗时长,而且如果桥的数量发生变化或者桥之间的连接关系发生变化,又得重新检验,不具有普适性。尤其是当桥的数目更多时,这种穷举法可以便毫无实用价值。

(1)地图的抽象。经过反复的思考，欧拉把地图抽象成点线图，如图 2-2 所示。

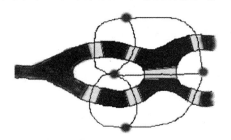

图 2-2　抽象出点线图

欧拉发现这个问题和岛是什么形状、岛的大小、岸的形状位置关系。于是他联想到了莱布尼茨的位置几何学。既然，桥连接了岛屿与陆地，于是欧拉把陆地(岸和岛屿)抽象成点，把桥抽象成线。用点 A、C 表示两岸，点 B、D 表示岛屿，用图中的七条线来描述陆地与桥的到达关系。这样，既成功有效的简化了问题的条件，又突出了问题的本质。于是，给出了数学化的点线图如图 2-3 所示。

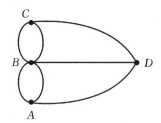

图 2-3　数学化的点线图

(2)问题的抽象。这对解决哥尼斯堡七桥问题有什么帮助？我们回过头看看实际问题，它究竟在我们所画的点线图里如何得以体现。先把点线图画在纸上，然后笔不离开纸面，一笔画出这个点线图。在这个过程中，既不能少画一条线，也不能重复。就这样，哥尼斯堡七桥问题就是抽象成了一笔画问题。通过抽象，我们就把哥尼斯堡七桥问题抽象成了一笔画问题这样的一个数学问题。

(3)将实际问题转化成数学方式的叙述。基于常识，我们知道汉字"品"是不能一笔画的。因为它的三个"口"都不连在一块。欧拉认为要想能一笔画，有个必要条件就是点线图得是连通的。要想走遍这七座桥又回到原点，那么，这个点线图必须得是封闭的。一笔画问题的彻底解决就是要找到一个封闭连通的点线图可以一笔画的充分必要条件。并对可以一笔画的图形，给出一笔画的方法。

这时欧拉注意到，如果一个点线图能一笔画成，那么除去起始点和终点外，其他的点都是经过点。而经过点都是有进有出的，即有一条线进入这个点，就必定有一条线是从这个点出来的。经过点是有进有出的，而只进不出的称为终点，只出不进的点称为起点。从点线图上来看，经过点的进出线的总数应该是个偶数，我们把这样的点称为偶点，把总数为奇数的点称为奇点。这样，经过点都应该是偶点。当起点和终点是同一个点时，那么这个点也是有进有出的，它就是偶点；当起点和终点不是一个点时，那它们都应该是奇点。因此连通的能一笔画的点线图要么只有两个奇点,要么没有奇点。

反观七桥问题。七桥问题中的四个点全是奇点,因此不能一笔画,即不可能找到一种走法,不重复的走遍七座桥。一般来说,如果图中有两个奇点,任意选择一个奇点作为起点,另一个作为终点,就可以一笔画了。当图中全是偶点时,任意选择一个点作为起点,就可以一笔画。

七桥问题的意义。在解决七桥问题时,经过地图的抽象、问题的抽象、把实际问题转化成数学方式的叙述这样三步,欧拉最终解决了哥尼斯堡七桥问题,也由此开创了图论与拓扑学这两门新的学科。这对于计算机科学的快速发展有着重要的意义。随即,他发表了一笔画定理:如果一个点线图能一笔画,必须符合以下两个条件:

(1)图形是封闭连通的;

(2)图形中的奇点个数为 0 或 2。

由此,产生了两门新兴数学分支拓扑学和图论。

2. 算 24

将下面两组四个数经过加、减、乘、除得到 24。

(1)5,5,5,1;(2)3,3,8,8。

解　(1)$5 \times 5 - 1 = 24 \rightarrow 5 \times \left(5 - \dfrac{1}{5}\right) = 24$

运算律的应用!

(2)$\dfrac{3 \times 8}{3 \times 3 - 8} = 24$ 分子分母同除以 3

$$\dfrac{8}{3 - \dfrac{8}{3}} = 24$$

感悟:运算规律点石成金,运算规律的逆用,成就抽象的切入点。

3. 百人百馒头问题

大人每人吃 3 个,小孩每 3 人吃 1 个,大人小孩各多少人?

代数解法,列方程组,解方程组

$$\begin{cases} x + y = 100 \\ 3x + \dfrac{1}{3}y = 100 \end{cases}$$

已知数字抽象为未知字母,运算律完全相同,扩大了应用范围。

算术解思想:不求 100,先求相等。

每桌:1 大人 3 小孩共 4 人,3+1=4 馒头,100 人多少桌?

1 大人 3 小孩则 25 大人 72 小孩。抓住相等关系,构成抽象突破口。

4. 求证:$(a-b)^2 = a^2 - 2ab + b^2$

证明:

$$\begin{aligned}
(a-b)^2 &= (a-b)(a-b) & \text{(定义)} \\
&= a(a-b) - b(a-b) & \text{(分配律)} \\
&= (aa - ab) + (-ba + bb) & \text{(分配律)}
\end{aligned}$$

$$= a^2 - ab - ab + b^2 \qquad \text{（乘法交换律）}$$
$$= a^2 - 2ab + b^2 \qquad \text{（加法结合律）}$$

证明过程只用到运算律，没有强调"是数"

再将字母 a,b 换成向量

$$\mathbf{AB}^2 = \mathbf{CA}^2 + \mathbf{CB}^2 - 2\mathbf{CA} \cdot \mathbf{CB} \cdot \cos C$$

当角 $C = 90°$ 时，得 $\mathbf{AB}^2 \stackrel{\textstyle =}{} \mathbf{CA}^2 + \mathbf{CB}^2$，即为勾股定理。

混淆数与向量，运算律相同。收获：余弦定理＋勾股定理。

心理学的研究发现，大脑思维方式是从具体的形象思维然后升华到抽象的逻辑思维。因此，要让适于具体形象思维的学生学习抽象的数学知识就必须把高度抽象的数学知识，先用具体形象的方法呈现给学生，然后让学生通过由"具体—形象—抽象"的思维规律来认识掌握数学知识，并通过多次的这种思维方法训练，培养发展学生的抽象思维能力。

第二节　有限与无限的问题

有限和无限是相互对立的两个概念。认为一个集合元素是有限的，表明该集合元素个数可以用一个自然数表示，否则就认为这个集合元素是无限的。人们直觉上认为无限是数不完的，普通大众都有"无限的意识"，可以随心想无限，凡自己不能把握的量，即"数不清"的东西都认为是无限多。"空气是无限的"、"河水是无限的"等等。另外，"无限"是普通大众的一种愿望，如"夕阳无限好，只是近黄昏"，"生命是有限的，为人们服务是无限的"。在数学中不能没有无限这个概念，它是极限理论的基础。我们很难想象没有无限，数学将会是什么样？

一、数学中的"奇怪问题"

1. 芝诺悖论

芝诺(约公元前490—约公元前430)是(南意大利的)爱利亚学派创始人巴门尼德的学生。他企图证明该学派的学说："多"和"变"是虚幻的，不可分的"一"及"静止的存在"才是唯一真实的；运动只是假象。于是他设计了四个例证，人称"芝诺悖论"。这些悖论是从哲学角度提出的。我们从数学角度看其中的一个悖论。

四个芝诺悖论之一：阿基里斯追不上乌龟，如图 2-4 所示。

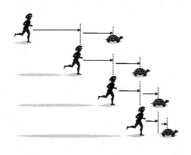

图 2-4　芝诺悖论

阿基里斯是古希腊神话中善跑的英雄。在他和乌龟的竞赛中,他速度为乌龟十倍,乌龟在前面 100 米跑,他在后面追,但他不可能追上乌龟。

芝诺是这样证明的:因为在竞赛中,追者首先必须到达被追者的出发点,当阿基里斯追到 100 米时,乌龟已经又向前爬了 10 米,于是,一个新的起点产生了;阿基里斯必须继续追,而当他追到乌龟爬的这 10 米时,乌龟又已经向前爬了 1 米,阿基里斯只能再追向那个 1 米。就这样,乌龟会制造出无穷多个起点,它总能在起点与自己之间制造出一个距离,不管这个距离有多小,但只要乌龟不停地奋力向前爬,阿基里斯就永远也追不上乌龟!

2. 伽利略悖论

伽利略悖论是在自然数集与平方数集之间建立了一一对应关系:

$$
\begin{array}{ccccccccccccc}
1 & 2 & 3 & 4 & 5 & 6 & 7 & 8 & 9 & 10 & 11 & \cdots & n & \cdots \\
\updownarrow & \updownarrow & \updownarrow & \updownarrow & \updownarrow & \updownarrow & \updownarrow & \updownarrow & \updownarrow & \updownarrow & \updownarrow & & \updownarrow & \\
1 & 4 & 9 & 16 & 25 & 36 & 49 & 64 & 81 & 100 & 121 & \cdots & n^2 & \cdots
\end{array}
$$

该两集合:有一一对应,于是推出两集合的元素个数相等;但由"部分小于全体",又推出两集合的元素个数不相等。这就形成悖论。这与人们的基本常识是违背的!

3. "有无限个房间"的旅馆(希尔伯特旅馆)

现实世界的旅馆都只有有限个房间,客人住满后再来客人就无法安排房间了。但"希尔伯特旅馆"与其他旅馆不同,它有无限个房间。一天,来了一个旅客要求住宿,而且已经客满,但是经理却说:"可以,我给你安排住宿"。于是这一位旅客住下了。接着又来了无数个客人,经理也让他们住下了。这是怎么了?

4. "同心圆"问题

中世纪的一些哲学家注意到,把两个同心圆圆周上的点用公共半径连接起来,就在两个圆周上的点建立了一一对应,从而两个圆周含有相同多个点。但是,这个结论与"两个圆周的周长不相等"相矛盾。

二、问题的解决

1. 芝诺悖论

虽然阿基里斯比乌龟跑得快,但他也只能按上述过程逐渐逼近乌龟,这样的过程可以无限次地出现,在每一阶段乌龟总在他前头。由于阿基里斯无法完成这无限个阶段,于是他永远也追不上乌龟,从而两个物体的相对连续运动也是不可能的。

其次,芝诺假定时间和空间是分立的,即假定运动是间断的。为了证明这种间断运动也是不可能的,芝诺同样考察了两种情况,即孤立物体的间断运动情况和两个物体的相对间断运动情况。

假如,阿基里斯速度是 10m/s,乌龟速度是 1m/s,乌龟在前面 100m。第一次追赶:阿基里斯用时,$T_1=\dfrac{100}{10}$s,此时乌龟已到 $a_2=\dfrac{100}{10}$m 处。第二次追赶:阿基里斯用时,$T_2=\dfrac{a_2}{10}=1$s,乌龟到达,$a_3=T_2\cdot 1=1$m。第三年追赶,阿基里斯用时,$T_3=\dfrac{a_3}{10}=\dfrac{1}{10}$s,乌龟到达,$a_4=T_3\cdot 1=$

$\dfrac{1}{10}$ m。……,第 n 次追赶:阿基里斯用时,$T_n=\dfrac{1}{10^{n-2}}$ s。阿基里斯必然会在

$$T=T_1+T_2+T_3+\cdots T_n+\cdots=10+1+\dfrac{1}{10}+\cdots+\dfrac{1}{10^{n-2}}+\cdots=\dfrac{10}{1-\dfrac{1}{10}}=\dfrac{100}{9}\text{s}$$

之后追上乌龟。所以说,芝诺的悖论是不存在的。

问题的症结:无限段长度的和,可能是有限的;无限段时间的和,也可能是有限的。

2. 伽利略悖论

虽然平方数集是自然数集的一部分,但在无限的范畴里,部分是可以"等于"整体的。在集合论中有一个重要结论:无限集必与它的一个子集对等。这是无限集合的一个重要特征,是无限集与有限集的重要区别。

3. "有无限个房间"的旅馆(希尔伯特旅馆)

(1)"客满"后又来1位客人("客满"):

1	2	3	4	···	k	···
↓	↓	↓	↓	···	↓	
2	3	4	5···		$k+1$	···

空出了1号房间。

(2)客满后又来了一个旅游团,旅游团中有无穷个客人:

1	2	3	4	···	k	···
↓	↓	↓	↓	···	↓	
2	4	6	8	···	$2k$	···

空下了奇数号房间。

(3)客满后又来了一万个旅游团,每个团中都有无穷个客人:

1	2	3	4	···	k	···
↓	↓	↓	↓	···	↓	···
10001	20002	30003	40004	···	$10001\times k$	···

给出了一万个、又一万个的空房间。

(4)思考:该旅馆客满后又来了无穷个旅游团,每个团中都有无穷个客人,还能否安排?

答:能。

将所有旅游团的客人统一编号排成下表,依次进入 1.1,1.2,1.3,1.4,1.5,…;2.1,2.2,2.3,…;3.1,3.2,3.3,…。各号房间顺序入住,则所有人都有房间住。

一团: 1.1　1.2　1.3　1.4　…
二团: 2.1　2.2　2.3　2.4　…
三团: 3.1　3.2　3.3　3.4　…
　⋮　　⋮　　⋮　　⋮　　⋮

4. "同心圆"问题

从图 2-5 可以看出,两个同心圆周上的点用公共半径连接起来,就是两个圆周上的点之间建立了一一对应,所以,同样认为两个同心圆周上的点的"个数"一样多。当然,我们在后面

可以看到圆周上的点的个数比自然数的个数要"多得多"。

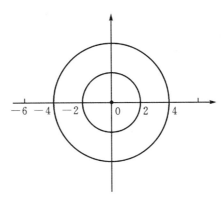

图 2-5 "同心圆"问题

三、无限与有限的区别和联系

1. 区别

从有限到无限,无论从人们的感觉上讲还是从数学上看都有区别,其本质区别主要有如下两方面。

第一、在无限集中,"部分可以等于全体"(这是无限的本质)。无限集中的部分可以"等于"整体是按对等的观点来理解的,其"等于"是在一一对应的概念下解释的。无限集必定与它的一个真子集对等是集合理论中的一个重要结论,反映了无限集的本质。而有限集中,部分总是小于整体,有限集中的部分是永远不能与其整体对等,这也是有限集的一个特征。

在前面解决的伽利略问题、同心圆问题都说明了这一点。

第二、"有限"时成立的许多命题,对"无限"不再成立。为了简单起见,我们仅以无穷级数为例给予说明。有限项相加满足三条基本规律:交换律、结合律和分配律。那么这三条运算规律在无穷级数里成立吗? 一般来说,它们不再成立。

(1)实数加法的结合律。在"有限"的情况下,加法结合律成立:

$$(a+b)+c=a+(b+c)$$

在"无限"的情况下,加法结合律不再成立。如级数

$$1+(-1)+1+(-1)+1+(-1)+\cdots$$

是发散的。现在我们加括号

$$[1+(-1)]+[1+(-1)]+[1+(-1)]+\cdots=0$$

$$1+[(-1)+1]+[(-1)+1]+[(-1)+1]+\cdots=1$$

可以看出,两种不同方式添加括号,得到不同的和,而不添加括号时,级数没有和。所以无穷级数和是不能随意添加括号,也就是说,对于无穷级数,其结合律不成立。

(2)有限情况下,加法的交换律成立:

$$a+b=b+a$$

在无限情况下则会出现这样的情况:

无穷级数 $1 - \dfrac{1}{2} + \dfrac{1}{3} - \dfrac{1}{4} + \cdots + (-1)^{n-1} \dfrac{1}{n} + \cdots = \ln 2$

给式子两边同乘以 $\dfrac{1}{2}$，得

$$\dfrac{1}{2} - \dfrac{1}{4} + \dfrac{1}{3} + \cdots + (-1)^{n-1} \dfrac{1}{2n} + \cdots = \dfrac{1}{2} \ln 2$$

改写为

$$0 + \dfrac{1}{2} + 0 - \dfrac{1}{4} + 0 + \dfrac{1}{3} + \cdots + 0 + (-1)^{n-1} \dfrac{1}{2n} + \cdots = \dfrac{1}{2} \ln 2$$

将两式相加得

$$1 + \dfrac{1}{3} - \dfrac{1}{2} + \dfrac{1}{5} + \dfrac{1}{7} - \dfrac{1}{4} + \cdots = \dfrac{3}{2} \ln 2$$

可见交换项后和不一样了。故加法交换律在无穷级数和中不成立。

加法的分配律在无穷级数里也不成立，这里涉及两个级数如何相乘的问题，有兴趣的读者可以参阅相关内容了解。

2. 联系

虽然"有限"与"无限"在本质上是有区别，但它们之间还是有一定联系。为了讨论和处理"无限"问题，数学家们在"有限"与"无限"间建立了若干联系的手段，这些方法往往很重要。

（1）数学归纳法。数学归纳法的原理为：给的一系列命题，$A_1, A_2, \cdots, A_n, \cdots$，如果对 A_1 命题成立，若对每个 $n \geqslant 1$，A_n 成立，则 A_{n+1} 也成立。那么命题对所有 $A_1, A_2, \cdots, A_n, \cdots$ 成立。

数学归纳法通过有限的步骤，证明了命题对无限个自然数均成立，这是联系"有限"与"无限"最直观和有效的方法。数学归纳法是每一个具有一定数学素养的人都应会的一种数学方法。

（2）极限。变量数学研究的是函数，而极限是研究函数的基本工具。函数中的变量的变化过程往往是无限的，极限巧妙地通过有限情况的"趋势"分析，而获得无限过程的终极值，所以极限是研究变量无限变化过程的强有力的一种数学工具。

如：$\forall \varepsilon > 0, \exists N$，当 $n > N$ 时 $|x_n - a| < \varepsilon$ 成立，则 $\lim\limits_{n \to \infty} x_n = a$

（3）无穷级数。无穷多个数的和，可以通过有限数的和取极限得到。即通过有限的步骤，求出无限次运算的结果，如 $\sum\limits_{n=1}^{\infty} q^n = \lim\limits_{n \to \infty} \dfrac{1-q^n}{1-q} = \dfrac{1}{1-q}$，$|q| < 1$。

（4）递推公式。数列中，等差数列的通项公式，$a_n = a_1 + (n-1)d$。我们用一个有限的公式描述了一个无限项的事实。

（5）因子链条件（抽象代数中的术语）。

3. 数学中的无限在生活中的反映

（1）大烟囱是圆的：每一块砖都是直的。（整体看又是圆的）。

（2）锉刀锉一个光滑零件：每一锉锉下去都是直的，（许多刀合在一起的效果又是光滑的）。

（3）不规则图形的面积：正方形的面积，长方形的面积三角形的面积，多边形的面积，圆面积。规则图形的面积→不规则图形的面积？

法1：用方格套（想象成透明的）。方格越小，所得面积越准，如图 2-6 所示。

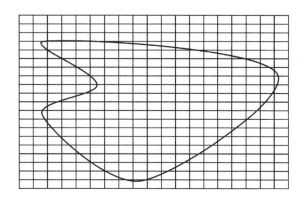

图 2-6　法 1

法 2:首先转化成求曲边梯形的面积,(不规则图形→若干个曲边梯形),再设法求曲边梯形的面积:划分,求和,

矩形面积之和 $S_n = s_1 + s_2 + \cdots + s_n$ 分割得越小,就越精确;再取极限 $S = \lim\limits_{n \to \infty} S_n$ 的曲边梯形面积,记为 $S = \int_a^b f(x)$。如图 2-7 所示。

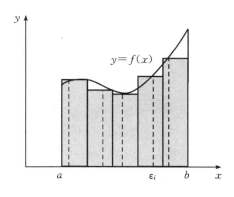

图 2-7　法 2

五、实无限与潜无限

1. 实无限与潜无限简史

对无限的理解存在着两种互相对立的观点:实无限与潜无限。欧几里得的几何学实际上含有这样的假定:直线上的点是无限的,直线可以在两个方向上无限延长。把直线上的所有点看成一个整体,这种对无限的理解称为实无限。把无限看成一种增加的过程,就像用一个口袋装自然数,装完一个,还有许多,永远装不完,这种对无限的理解称为潜无限。潜无限是指把无限看成一个永无终止的过程,认为无限只存在于人们的思维中,只是说话的一种方式,不是一个实体。从古希腊到康托以前的大多数哲学家和数学家都持这种潜无限的观点。他们认为"正整数集是无限的"来自我们不能穷举所有正整数。例如,可以想象一个个正整数写在一张张小纸条上,从 1,2,3,… 写起,每写一张,就把该纸条装进一个大袋子里,那么,这一过程将永

无终止。

因此,把全体正整数的袋子看作一个实体是不可能的,它只能存在于人们的思维里。但康托不同意这一观点,他很愿意把这个装有所有正整数袋子看作一个完整的实体。这就是实无限的观点。康托的工作是划时代的,对现代数学产生了巨大的影响,但当时,康托的老师克罗内克尔,却激烈反对康托的观点。所以康托当时的处境和待遇都不太好。

2. 对无限认识的三个阶段

为了求圆的面积或球的体积,引出了无限分割的概念和逼近的概念。这是人类在数学上认识与使用无限的第一步。微积分的诞生使人类开始了系统地使用无穷大和无穷小的概念,这是人类认识与理解无限的第二阶段。人们虽然使用无穷大和无穷小的概念,但对它并不理解。所以,当人们开始研究无穷级数的时候,悖论就大大增多起来。直到实数理论建立之后,人们对无限认识的第二阶段才告完成。这时人们才掌握了利用有限刻画无限的手段,解决了在微积分诞生后出现的关于无限的悖论。对无限认识的第三个阶段是康托尔的集合论。

3. 跨越断层

现在在无限面前遇到了一个大断层;面临的主要矛盾是,战胜"整体大于部分"的公理,谁能为断层架设桥梁? 这件事并不容易。要填补英雄时代留下的空白,却受到悖论、矛盾和更多的悖论的阻挠。如果想继续前进,就迫切需要一批具有大胆批判精神和富有想像力的思想家,他们能够不顾、甚至蔑视直觉、常识和偏见。

对无限作出实质性贡献的第一人是捷克数学家波尔查诺。他的遗著《无穷的悖论》在1850 年发表。在这部著作中,他建立了 $[0,5]$ 和 $[0,12]$ 间的一一对应,并给出了现在普遍使用的"等势"的概念。

第一位开始对无限问题进行深入研究并取得成功的数学家是康托尔。康托尔大胆地否认了前人的观点,勇敢地认为整体与部分建立一一对应不是矛盾,而是奇特。他建立了无穷数的数学理论,从而把以前委弃给神秘玄想和混沌一片的整个一个领域纳入了严密逻辑的范围。他意识到,他正在和他的前辈们彻底决裂。

让我们看看康托尔是如何处理无穷问题的。最为人们熟悉的无穷集合有整数集,有理数集和实数集。要得到这些集合中元素的个数,通过数数的办法是不行的,因为这个过程将没有终止。但是,只说它们含有无穷多个元素等于什么也没有说。因而必须给出新的方法以确定无穷集合中的元素个数。

4. 关键思想:一一对应

实无限的观点让我们知道,同样是无限集合,也可能有不同的"大小"。正整数集合是最"小"的无限集合。实数集合比正整数集"大"。实数集合上全体连续函数的集合又比实数集合更大。不存在最"大"的无限集合(即对于任何无限集合,都能找到更"大"的无限集合)。

定义 1:设 A 与 B 为两个集合,并设 Φ 是具有下述性质的映射:使 A 的任一元素 a,有 B 的唯一元素 b 与之对应,并且使 B 的任一元素 b,也有 A 的惟一元素 a 与之对应,此时我们称映射 Φ 建立了 A 与 B 的一对一的对应,或简称一一对应。

定义 2:若集合 A 与集合 B 间能建立一对一的对应,则称 A 与 B 是"对等"的,或者称它们的势是相同的。记作: $A \sim B$。

不难看出,对等性概念具有下列性质:

反身性:$A \sim A$;

对称性:若 $A \sim B$,则 $B \sim A$;

传递性:若 $A \sim B$,且 $B \sim C$,则 $A \sim C$

不难明白,两个有限集只有当它们的元素个数相同时才是对等的。由此可见,"其势相同"一语乃是在有限集中元素"个数相同"的直接扩充。对于无限集,我们把一切对等的集归为一类,说它们有相同的势,或基数,并用一个记号来表示它。因此,基数这一概念在有限集的场合就退化为集合中元素的个数,在无限集的场合就是后者的推广。

下面举几个对等集的例子。

例 1　设 A 与 B 是一个长方形的一对平行边上点的集,则 $A \sim B$

例 2　设 N 表示自然数全体的集,而 M 表示全体偶数的集合:

$$N = \{n\}, M = \{2n\}。$$

M 与 N 是对等的,即它们有相同的势,虽然 M 是 N 的真子集。因此我们得到结论:"自然数有多少,偶数也有多少"。这个现象似乎是奇怪的,因为它不可能在有限集合中发生。这说明有限集与无限集间存在着本质上的差别。这需要"一一对应"的观点。

五、哲学中的无限

1. 哲学对"无限"的兴趣

哲学是研究整个世界的科学。自从提出"无限"的概念,就引起了哲学家广泛的关注和研究。现在我们知道哲学中有下边一些命题:

物质是无限的;时间与空间是无限的;物质的运动形式是无限的。一个人的生命是有限的;一个人对客观世界的认识是有限的。在现实生活中,人们直观感觉到的几乎全是有限的对象,而能够靠近或把握无限且把握得越多,则生活越充实,意味越深长,越富于理想的色彩。

2. 数学对"无限"的兴趣

数学则更严密地研究有限与无限的关系,大大提高了人类认识无限的能力。在有限环境中生存的有限的人类,获得把握无限的能力和技巧,那是人类的智慧;在获得这些成果过程中体现出来的奋斗与热情,那是人类的情感;对无限的认识成果,则是人类智慧与热情的共同结晶。一个人,若把自己的智慧与热情融入数学学习和数学研究之中,就会产生一种特别的感受。如果这样,数学的学习不仅不是难事,而且会充满乐趣。

第三节　数学思想方法概述

一、数学思想方法

1. 数学思想的含义

现代汉语中,思想解释为客观存在反映在人的意识中经过思维活动而产生的结果。

《辞海》称思想为理性认识。

《中国大百科全书》认为思想是相对于感性认识的理性认识结果。

可见,思想是认识的高级阶段,是事物本质的、抽象的、概括的认识。

关于数学思想的含义颇多,仔细研究其实质,归纳起来数学思想是对数学知识的本质认识,是从某些具体的数学内容和对数学的认识中锻炼上升的数学观点,它在认识活动中被反复运用,带有普遍指导意义,是建立数学和用数学解决问题的指导思想,是对数学事实与理论经过概括后产生的本质认识。例如,字母代数思想、化归思想、极限思想、分类思想等。数学具有高度的抽象性和概括性,因而数学思想高于一般科学思想而低于哲学思想。

数学思想既可以"泛指某些有重大意义的、内容比较丰富、体系相当完整的数学成果",如微积分思想、概率统计思想等,又包括对数学的起源与发展、数学的本质和特征、数学内部各分支各体系之间对立统一关系、数学与现实世界的关系及地位作用的认识,如常量与变量之间的辩证关系的认识等。

由此推演,数学思想应是数学中的理性认识,是数学中高度抽象、概括的内容,是从具体的数学内容和对数学的认识过程中提炼上升的数学观点,它既蕴藏于数学知识内容之中,是数学知识的本质,又隐含于运用数学理论分析、处理和解决问题的过程之中。

2. 数学方法的含义

方法是指人们为了达到某种目的而采取的手段、途径和行为方式中所包含的可操作的规则或模式,具有程序性、规则性、可操作性、模式性、指向性等特征。方法因问题而生,因能解决问题而存。

数学方法是指在数学地提出问题,解决问题(包括数学内部问题和实际问题)过程中,所采用的各种方式、手段、途径等。如,变化数学形式、笛卡尔模式、递推模式、一般化、特殊化等。

3. 数学思想与方法的关系

数学思想与数学方法是紧密联系的,思想指导方法,方法体现思想。"同一数学成就,当用它去解决别的问题时,就称之为方法,当评价它在数学体系中的自身价值和意义时,称之为思想。"当强调指导思想,解题策略时,称之为数学思想;强调操作时,称为数学方法。往往不加区别,泛称数学思想方法。

数学思想具有概括性和普遍性,而数学方法则具有操作性和具体性;数学思想是内隐的,而数学方法是外显的;数学思想比数学方法更深刻、更抽象地反映数学对象间的内在关系,是数学方法的进一步的概括和升华;如果把数学思想看作建筑的一张蓝图,那么数学方法就相当于建筑施工的手段。数学思想方法是你数学的灵魂。它不仅是解释和把握数学的工具,更重要的是发现新成果推动数学前进的动力。就是说,学习数学,传授数学知识,开发数学智力要学习和研究数学思想方法,搞科学研究更需要研究数学思想方法。

二、数学思想方法简介

1. 数学思想方法的分类

依据不同的标准,数学思想方法可以有不同的分类。

数学思想方法按层次可分为:

第一层次是基本和重大的数学思想方法,如模型化方法、微积分方法、概率统计方法、拓扑方法、计算方法等。

第二层次是与一般科学方法相应的数学方法,如类比联想、分析综合、归纳演绎等。

第三层次是数学中的特有方法,如数学表示、数学等价、数形转换等。

第四层次是数学中的解题方法和技巧。

将数学方法容量可分为宏观的和微观的。

宏观的数学思想方法包括:模型方法、变换方法、对称方法、无穷小方法、公理化方法、结构方法、实验方法。

微观的且在数学中常用的基本数学方法大致可以分为以下三类:

(1)逻辑学中的方法。例如分析法(包括逆证法)、综合法、反证法、归纳法、穷举法(要求分类讨论)等。这些方法既要遵从逻辑学中的基本规律和法则,又因运用于数学之中而具有数学的特色。

(2)数学中的一般方法。例如建模法、消元法、降次法、代入法、图像法(也称坐标法)等。这些方法极为重要,应用也很广泛。

(3)数学中的特殊方法。例如配方法、待定系数法、加减法、公式法、换元法(也称之为中间变量法)、拆项补项法(含有添加辅助元素实现化归的数学思想)、因式分解诸方法以及平行移动法、翻折法等。这些方法在解决某些数学问题时起着重要作用,不可等闲视之。

不同的分类,各有特色,相互渗透,相互交叉并达到和谐统一。

2. 常见数学思想方法简介

数学思想方法是从数学内容中提炼出来的数学学科的精髓,是将数学知识转化为数学能力的桥梁。以下是一些数学中常用的数学思想方法。

(1)化归与转化的思想。将未知解法或难以解决的问题,通过观察、分析、类比、联想等思维过程,选择运用恰当的数学方法进行变换,化归为在已知知识范围内已经解决或容易解决的问题的思想叫做化归与转化的思想。化归与转化思想的实质是揭示联系,实现转化。

除极简单的数学问题外,每个数学问题的解决都是通过转化为已知的问题实现的。从这个意义上讲,解决数学问题就是从未知向已知转化的过程。化归与转化的思想是解决数学问题的根本思想,解题的过程实际上就是一步步转化的过程。数学中的转化比比皆是,如未知向已知转达化,复杂问题向简单问题转化,新知识向旧知识的转化,命题之间的转化,数与形的转化,空间向平面的转化,高维向低维转化,多元向一元转化,函数与方程的转化等,都是转化思想的体现。

转化与化归的思想方法是数学中最基本的思想方法。数学中的一切问题的解决都离不开转化与化归,数形结合思想体现了数与形的相互转化;函数与方程思想体现了函数、方程、不等式间的相互转化;分类讨论思想体现了局部与整体的相互转化,以上三种思想方法都是转化与化归思想的具体体现。各种变换方法、分析法、反证法、待定系数法、构造法等都是转化的手段。所以说,转化与化归是数学思想方法的灵魂。

转化有等价转化和非等价转化。等价转化前后是充要条件,所以尽可能使转化具有等价性;在不得已的情况下,进行不等价转化,应附加限制条件,以保持等价性,或对所得结论进行必要的验证。

熟练、扎实地掌握基础知识、基本技能和基本方法是转化的基础;丰富的联想、机敏细微的观察、比较、类比是实现转化的桥梁;培养训练自己自觉的化归与转化意识需要对定理、公式、法则有本质上的深刻理解和对典型习题的总结和提炼,要积极主动有意识地去发现事物之间的本质联系。

(2)数形结合的思想。数学研究的对象是数量关系和空间形式,即"数"与"形"两个方面。"数"与"形"两者之间并不是孤立的,而是有着密切的联系。数量关系的研究可以转化为图形性质的研究,反之,图形性质的研究可以转化为数量关系的研究,这种解决数学问题过程中"数"与"形"相互转化的研究策略,即是数形结合的思想。

数形结合的思想,在数学的几乎全部的知识中,处处以数学对象的直观表象及深刻精确的数量表达这两方面给人以启迪,为问题的解决提供简捷明快的途径。它的运用,往往展现出"柳暗花明又一村"般的数形和谐完美结合的境地。华罗庚先生曾作过精辟的论述:"数与形,本是相倚依,焉能分作两边飞。数缺形时少直觉,形少数时难人微,数形结合百般好,隔裂分家万事非。切莫忘,几何代数统一体,永远联系切莫离。"

数形结合既是一个重要的数学思想,也是一种常用的解题策略。一方面,许多数量关系的抽象概念和解析式,若赋予几何意义,往往变得非常直观形象;另一方面,一些图形的属性又可通过数量关系的研究,使得图形的性质更丰富、更精准、更深刻。这种"数"与"形"的相互转换,相互渗透,不仅可以使一些题目的解决简捷明快,同时还可大大开拓我们的解题思路。可以这样说,数形结合不仅是探求思路的"慧眼",而且是深化思维的有力"杠杆"。

由"形"到"数"的转化,往往比较明显,而由"数"到"形"的转化却需要转化的意识。因此,数形结合的思想的使用往往偏重于由"数"到"形"的转化。

(3)分类与整合的思想。分类讨论时解决问题的一种逻辑方法,也是一种数学思想,这种思想对于简化研究对象,发展人的思维有着重要帮助。

所谓分类讨论,就是当问题所给的对象不能进行统一研究时,就需要对研究对象按某个标准分类,然后对每一类分别研究得出每一类的结论,最后综合各类结果得到整个问题的解答。实质上,分类讨论时"化整为零,各个击破,再积零为整"的策略。其原则是:分类对象确定,标准统一,不重复,不遗漏,分层次,不越级讨论。分类方法:明确讨论对象,确定对象的全体,确定分类标准,正确进行分类;逐类进行讨论,获取阶段性成果;归纳小结,综合出结论。

解题时,我们常常遇到这样一种情况,解到某一步之后,不能再以统一方法,统一的式子继续进行了,因为这时被研究的问题包含了多种情况,这就必须在条件所给出的总区域内,正确划分若干个子区域,然后分别在各个子区域内进行解题,当分类解决完这个问题后,还必须把它们总合在一起,因为我们研究的毕竟是这个问题的全体,这就是分类与整合的思想。有分有合,先分后合,不仅是分类与整合的思想解决问题的主要过程,也是这种思想方法的本质属性。

(4)函数与方程的思想。著名数学家克莱因说"一般受教育者在数学课上应该学会的重要事情是用变量和函数来思考"。一个学生仅仅学习了函数的知识,他在解决问题时往往是被动的,而建立了函数思想,才能主动地去思考一些问题。

所谓方程的思想就是突出研究已知量与未知量之间的等量关系,通过设未知数、列方程或方程组,解方程或方程组等步骤,达到求值目的解题思路和策略,它是解决各类计算问题的基本思想,是运算能力的基础。

函数和方程、不等式是通过函数值等于零、大于零或小于零而相互关联的,它们之间既有区别又有联系。函数与方程的思想,既是函数思想与方程思想的体现,也是两种思想综合运用的体现,是研究变量与函数、相等与不等过程中的基本数学思想。

要学会思考这些问题:①是不是需要把字母看作变量?②是不是需要把代数式看作函数?如果是函数它具有哪些性质?③是不是需要构造一个函数把表面上不是函数的问题化归为函数问题?④能否把一个等式转化为一个方程?对这个方程的根有什么要求?……

(5)特殊与一般的思想。由特殊到一般,由一般到特殊,是人们认识世界的基本方法之一。数学研究也不例外,由特殊到一般,由一般到特殊的研究数学问题的基本认识过程,就是数学研究中的特殊与一般的思想。

我们对公式、定理、法则的学习往往都是从特殊开始,通过总结归纳得出来的,证明后,又使用它们来解决相关的数学问题。在数学中经常使用的归纳法,演绎法就是特殊与一般的思想的集中体现。

(6)有限与无限的思想。有限与无限并不是一新东西,虽然我们开始学习的数学都是有限的数学,但其中也包含有无限的成分,只不过没有进行深入的研究。在学习有关数,及其运算的过程中,对自然数、整数、有理数、实数、复数的学习都是有限个数的运算,但实际上各数集内元素的个数都是无限的。在解析几何中,还学习过抛物线的渐近线,已经开始有极限的思想体现在其中。数列的极限和函数的极限集中体现了有限与无限的思想。使用极限的思想解决数学问题,比较明显的是立体几何中求球的体积和表面积,采用无限分割的方法来解决,实际上是先进行有限次分割,然后再求和求极限,这是典型的有限与无限的思想的应用。

(7)或然与必然的思想。随机现象有两个最基本的特征,一是结果的随机性,即重复同样的试验,所得到的结果并不相同,以至于在试验之前不能预料试验的结果;二是频率的稳定性,即在大量重复试验中,每个试验结果发生的频率"稳定"在一个常数附近。了解一个随机现象就要知道这个随机现象中所有可能出现的结果,知道每个结果出现的概率,知道这两点就说对这个随机现象研究清楚了。概率研究的是随机现象,研究的过程是在"偶然"中寻找"必然",然后再用"必然"的规律去解决"偶然"的问题,这其中所体现的数学思想就是或然与必然的思想。

三、数学思想方法的意义

1. 数学与自然科学

在天文学领域里,开普勒提出了天体运动三定律:

(1)行星在椭圆轨道上绕太阳运动,太阳在此椭圆的一个焦点上。

(2)从太阳到行星的向径在相等的时间内扫过的面积是 F。

(3)行星绕太阳公转的周期的平方与椭圆轨道 C 的半长轴的立方成正比。

开普勒是世界上第一个用数学公式描述天体运动的人,他使天文学从古希腊的静态几何学转化为动力学。这一定律出色地证明了毕达哥拉斯主义核心的数学原理。的确是,现象的数学结构提供了理解现象的钥匙。

爱因斯坦的相对论是物理学中,乃至整个宇宙的一次伟大革命。其核心内容是时空观的改变。牛顿力学的时空观认为时间与空间不相干。爱因斯坦的时空观却认为时间和空间是相互联系的。促使爱因斯坦做出这一伟大贡献的仍是数学的思维方式。爱因斯坦的空间概念是相对论诞生 50 年前德国数学家黎曼为他准备好的概念。

在生物学中,数学使生物学从经验科学上升为理论科学,由定性科学转变为定量科学。它们的结合与相互促进已经产生并将继续产生许多奇妙的结果。生物学的问题促成了数学的一大分支——生物数学的诞生与发展,到今天生物数学已经成为一门完整的学科。它对生物学的新应用有以下三个方面:生命科学、生理学、脑科学。

2. 数学与社会科学

如果说在自然科学中,更多的是运用数学的计算公式及计算能力;那么在社会科学的领域中,就更能体现出数学思想的作用。

要借助数学的思想,首先,必须发明一些基本公理,然后通过严密的数学推导证明,从这些公理中得出人类行为的定理。而公理又是如何产生的呢?借助经验和思考。而在社会学的领域中,公理自身应该有足够的证据说明他们合乎人性,这样人们才会接受。说到社会科学,就不免提一下数学在政治领域中的作用。休谟曾说:"政治可以转化为一门科学"。而在政治学公理中,洛克的社会契约论具有非常重要的意义,它不仅仅是文艺复兴时期的代表,也推动了整个社会的进步。西方的资产阶级的文明比起封建社会的文明是进步了许多,但它必将被社会主义、共产主义文明所取代。

在政治中不能不提的便是民主,而民主最为直接的表现形式就是选举。而数学在选票分配问题上发挥着重要作用。选票分配首先就是要公平,而如何才能做到公平?1952 年数学家阿罗证明了一个令人吃惊的定理——阿罗不可能定理,即不可能找到一个公平合理的选举系统。这就是说,只有相对合理,没有绝对合理。原来世上本无"公平"!阿罗不可能定理是数学应用于社会科学的一个里程碑。

在经济学中,数学的广泛而深入的应用是当前经济学最为深刻的变革之一。现代经济学的发展对其自身的逻辑和严密性提出了更高的要求,这就使得经济学与数学的结合成为必然。首先,严密的数学方法可以保证经济学中推理的可靠性,提高讨论问题的效率。其次,具有客观性与严密性的数学方法可以抵制经济学研究中先入为主的偏见。第三,经济学中的数据分析需要数学工具,数学方法可以解决经济生活中的定量分析。

在人口学、伦理学、哲学等其他社会科学中也渗透着数学思想……

3. 在数学学科发展中的意义

美国著名经济学家弗里德曼曾经说过:数学的逻辑结构的一个特殊的和最重要的要素就是数学思想,整个数学科学就是建立在这些思想的基础上,并按照这些思想发展起来的(例如,数学公理体系的思想,集合论思想等等)。数学的各种方法是数学最重要的组成部分。

数学的发展绝不是一帆风顺的,在更多的情况下是充满忧郁、徘徊,要经历艰难曲折,甚至会面临危机。在每一个历练中,现有数学的思想和方法面对问题表现的是那么无能为力,有时竟能产生悖论。数学家们克服困难和战胜危机,在继承和发展原有理论的基础上,思想贯穿升华、方法更新,它们不仅不会推翻原有的理论,而且总是包容原先的理论。由此,创造新的数学理论和新的数学方向,它包含着并且正在继续生长出越来越多的分支。数学思想与方法极大地扩展了数学的应用范围和能力,在推动科学技术进展方面发挥着越来越重要的作用。

数学的思想和方法是数学学科发展的催化剂,是数学新方向的探索器,是数学家成长的助推剂。

4. 在数学教育中的意义

基本数学思想则是体现或应该体现于基础数学中的具有奠基性、总结性和最广泛的数学思想,它们含有传统数学思想的精华和现代数学思想的基本特征,并且是历史地发展着的。通过数学思想的培养,数学的能力才会有一个大幅度的提高。掌握数学思想,就是掌握数学的精髓。

(1)懂得基本数学思想使得学科更容易理解。数学思想具有足够的稳定性,有利于牢固地固定新学习的意义,即使新知识能够较顺利地纳入到已有的认知结构中去。学习了数学思想、方法就能够更好地理解和掌握数学内容。

(2)有利于记忆。美国教育心理学家布鲁纳认为,"除非把一件件事情放进构造得好的模型里面,否则很快就会忘记。"数学思想、方法作为数学学科的"一般原理",在数学学习中是至关重要的。无怪乎有人认为,对于学习者"不管他们将来从事什么业务工作,唯有深深地铭刻于头脑中的数学的精神、数学的思维方法、研究方法,却随时随地发生作用,使他们受益终生。"

(3)学习数学思想有利于"原理和态度的迁移"。布鲁纳认为,"这种类型的迁移应该是教育过程的核心——用基本的和一般的观念来不断扩大和加深知识。"北京师范大学曹才翰教授也认为,"如果学生认知结构中具有较高抽象、概括水平的观念,对于新学习是有利的"。"只有概括的、巩固的和清晰的知识才能实现迁移"。美国心理学家贾德通过实验证明,"学习迁移的发生应有一个先决条件,就是学生需先掌握原理,形成类比,才能迁移到具体的类似学习中"。学习数学思想、方法有利于实现学习迁移,特别是原理和态度的迁移,从而可以较快地提高学习质量和数学能力。

(4)强调结构和原理的学习,"能够缩小高级知识和初级知识之间的间隙"。一般地讲,初等数学与高等数学的界限还是比较清楚的,特别是中学数学的许多具体内容在高等数学中不再出现了,有些术语如方程、函数等在高等数学中要赋予它们以新的涵义。而在高等数学中几乎全部保留下来的只有中学数学思想和方法以及与其关系密切的内容,如集合、对应等。因此,数学思想、方法是联结中学数学与高等数学的一条红线。

四、数学精神

数学与其他科学一样,也具有两种价值:物质价值和精神价值。

1. 数学精神的内涵和特性

所谓数学精神,既指人类从事数学活动中的思维方式、行为规范、价值取向、理想追求等意向性心理的集中表征,又指人类对数学经验、数学知识、数学方法、数学思想、数学意识、数学观念等不断概括和内化的产物。数学精神是非常复杂的东西,包括了许许多多的方面,它是以概念、判断、推理等自觉的思维形式为特征的认识活动;数学创造、数学解题、数学教学等自觉的精神生产活动;数学思维的展开、设计、调控、决策等认知活动;感觉、知觉、表象等低层次的心理活动都可以囊括在数学精神范畴之内。

意向性是精神的本质属性,数学精神是数学的精神属性的体现。有两个显著特性:

(1)综合性。数学精神是一个极其宽泛的综合性范畴,不仅包含人在数学精神活动的主观性、目的性、内省性、选择性、价值性等,而且还可以进一步拓宽范畴。具体地说,以概念、判断、推理等自觉的思维形式为特征的认识活动;数学创造、数学解题、数学教学等自觉的精神生产活动;数学思维的展开、设计、调控、决策等认知活动;感觉、知觉、表象等低层次的心理活动都可以囊括在数学精神范畴之内。

(2)层次性。认识层次,主要表现为数学认识的客观性、逻辑性和实践的可检验性,它们直接体现了数学科学的本质特征,并且内化为数学精神的科学成分。

气质层次,美国科学社会学家默顿提出了六条公认的科学精神气质:普遍主义、公有主义、无私利性、有条理的怀疑主义、个体主义、情感中立。明确了科学工作者的行为规范和道德取向,表现为数学精神的人文成分。

价值层次,"数学不仅追求真,还追求美、追求善。"求真、求善、求美是数学精神的科学成分和人文成分的融合和升华,这是数学精神乃至科学精神的最高层次。

2. 数学精神的存在形态

(1)主观形态和客观形态。数学精神按存在形态可以分为主观精神和客观精神。主观精神指存在于人脑中,作为人脑机能和属性的感觉、知觉、表象、思维方法、思维规则、逻辑范畴以及情感、意志、兴趣等等。客观精神是主观精神的外化和物化,数学的客观精神形成了数学精神文化,主要由两个部分组成:一是主观精神的内容依附或储存在一定的物质材料上而物化为客观精神,如存在于论文、论著、教材、书籍中的数学理论、数学知识以及数学思想方法等等;二是呈现为主观精神的思维方式和心理状态等依附在一定的物质材料上而外化为客观精神,如集中反映人类的数学思维方式和意向性心理的数学意识、数学观念、数学传统等等。

(2)科学形态与人文形态。人类精神通常可以分为科学精神和人文精神两大类。科学精神即指认识自然、适应自然以及变更自然活动中的理想追求、行为规范和价值准则的集中表征;人文精神是指对人世探求和处理的一切活动中的理想追求、行为规范和价值准则的集中表征。正如钱学森所说,科学与人文是一个硬币的两面。

数学中的科学精神有:应用化精神;扩张化;一般化精神;组织化;系统化精神;统一建设精神;严密化精神;思想经济化精神。还有思考自由精神,数学化精神等等。

数学中的人文精神有:自我激励;自我完善的精神;求实探索;致力发现的精神;唯物辩证;创新进取的精神;无私奉献;团结协作的精神等等。

两者之间,没有截然分明的界线,差异在于人所关注的对象不同而形成的两种不同的形态:当人类认识自然对象或数学对象时,科学精神就发生了;当人类意识自身时,人文精神就发生了。而当人在反省自己时,科学精神和人文精神便融入了理智、心灵和情感交织在一起的深层背景之中,变得难以区分。数学精神是科学形态的数学精神和人文形态的数学精神相互渗透、有机融合的统一体。如果说科学形态的数学精神对思维活动取得成果具有深刻影响,那么人文形态的数学精神则对思维活动起着激发、监控和指导作用。

(3)个体形态和群体形态。从数学精神活动及其成果的主体或载体的角度看,数学精神又可以分成个体精神和群体精神。所谓个体(数学家或数学工作者或学生)精神是指作为个体的精神主体而存在的精神现象。包括个体的思维活动、认知活动、决策活动、无意识的心理活动,还包括思想体系、知识体系、气质心态等客观精神通过学习、教育等过程后而内化为个体的认知结构、思维方式、价值取向、行为规范、理想追求等等。所谓群体精神是指不依赖于个体精神而存在、为人们以自觉或不自觉的方式普遍接受的精神现象,包括由数学的思想体系和知识体系所反映出来的自觉的理性精神和由数学家、数学工作者、数学学习者所普遍认可的行为规范、价值取向、数学传统等。

个体精神和群体精神紧密相连,可以互相转化。任何个体精神总从属于一定的群体精神,并在其熏陶和影响下逐步形成。同样,群体精神也离不开个体精神,总是存在于个体精神之中,一旦某个人或某个学派的个体精神为群体所接受,并促进社会的进步和繁荣,它就成了全人类共同的精神财富。

3.日本著名数学教育家米山国藏总结的七种主要的数学精神活动

(1)应用化的精神。数学应用化的精神体现在两个方面,一是数学自身内部的应用,二是对数学外部的应用。

数学开始从少数几个公理出发,将它们符合逻辑地作各种各样的组合;然后,一个接着一个地推导、证明出定理、公式;进而又应用它们去导出另外的定理、公式;同时用它们去解决各种问题,这些都是数学本身的应用。没有这种自身的应用,数学是无法发展的,也正是由于这种自身的应用,才创造出数学学科特有的逻辑严谨的结构体系,因而"应用化的精神是数学的生命"。

数学在自然科学、社会科学等外部领域中的应用越来越广泛。在自然科学领域中,特别是在物理学、天文学这两个学科中的应用最为显著。

(2)扩张化、一般化的精神。数学工作者经常做的一个工作就是"推广",看看将一个定理的条件或结论改变一下会出现什么新的结果,这中间体现的就是扩张化、一般化的精神。数学教育中,由一组特例引导学生归纳猜想概括出一般结论,也体现着一般化精神。所以,数学研究工作者和数学教育工作者在工作中贯彻一般化的精神是非常重要的。

① 数学概念的一般化。数学中的许多重要概念,随着时间的推移,从它最初的原始状态,被一次一次地扩张、推广,结果成为像今天这样广泛而精确的概念。函数概念就是一个典型的例子。函数概念由基本概念经过多次扩张,逐步地扩大了函数的范围,而每一个新的函数概念又总是包括了以前的概念并逐步地有所推广,直到成为今天这样令人惊叹的广泛的函数概念。

②数学定理、法则的一般化。数学研究工作者在发现了某个新定理后,紧接着就应探求是否能将这个定理推广。若能成功地推广,则其研究就推进了一步——数学能用这个方法扩大其范围。

③某些数学分支的一般化。除了概念、定理、法则的一般化之外,某个数学分支也会一般化。米山国藏以初等几何的一般化过程和连续点集合论的一般化过程为例,说明了随着数学分支的细化和拓展,数学工具功能越来越强大,使不能解决的问题得以解决。

无论是数学的基本概念、定理、法则,还是数学各分支本身,许多都是以已知事项为基础,依赖于将其推广使其一般化的精神而实现的。所以,数学研究工作者在某项新研究中获得了新发现时,应以所得的结论为基础,考虑将它一般化,并以此去形成新的研究项目。不仅对数学研究,对整个科学的研究,甚至在科学以外的研究领域,贯彻一般化的精神都很重要。教师每当遇到一般化的好例子时,一定要给学生指出来,用以启发一般化的精神及揭示一般化的方法。教师应该让学生养成这样的习惯:从某个特殊的事项出发,努力改革它,使之成为能够适用于更一般的情形、更广泛的范围。

(3)组织化、系统化的精神。从数学历史发展的角度来看,数学是因人类生活(包括物质生活和精神生活)的需要而产生的。数学内容开始是零散的、不系统的,随着数学的发展,数学家的不断创造,内容逐渐丰富起来,当达到一定规模时,数学家就开始将其组织化、系统化和结构化,从而形成一门学科。数学的发展过程可谓是由零散、孤立到组织化、系统化的过程。组织化,系统化是数学的一种重要精神。

①数学内容的组织化、系统化。数学内容组织化的第一个例子是几何内容的组织化,分别由不同的人彼此独立地发现的几何学的各个定理被欧几里得组织起来,使得它们能够由少数几个公理一个接一个地推导出来,从而第一次使之成为一门科学。第二个例子是数系的组织化,自然数是由计数物品的需要而产生的;分数是由表示等分后的物品的数量的需要而产生的;无理数是由开方或处理不可通约的数量的需要而产生的;负数、复数是求解方程的需要而产生的。如此等等,各有各的成因。随着人类认识水平的提高,这些数被科学地组织起来,构成了一个精巧而优美的数系体系。实际上,像上述情况,在数学中随处可见。

②方法的组织化、系统化。关于自然数的加法、减法、乘法等运算,是由于人类生活的需要而自然地产生的,但若从适当的观点出发,将它们组织化,系统化,则它们之间也会有某种非常有趣的联系,并且可以看作是密切地结合成一体的。比如用同一种观点,能够由加法而引出乘法,由乘法而引出乘方运算,而它们的逆运算分别就是减法、除法和对数运算或开方运算。于是,我们可以看到,七种运算有不可分割的密切联系,而且可以认为,它们是由同一种观点(反复地对同一数施行同一运算的正运算和逆运算)组织化、系统化起来的。

③组织化精神的必要性。随着文化水平的日益提高,各种事物的日益复杂,组织化的活动就越来越显得必要,数学是组织严密的有机整体,因此,数学教育应努力利用数学的材料,一方面促进学生组织才能的提高;另一方面要让学生从中学习组织的方法和设计出某种组织的方法。

(4)数学的研究精神致力于发明、发现的精神。没有研究就没有创造,没有创造就没有进步,数学发展需要数学家、数学工作者不断地研究创新,不断的发明发现。数学的研究创新精神、发明发现精神是推动数学发展的重要动力。米山国藏以三角形内角和的发现为例,探讨了发明、发现、研究的精神及方法的关系问题,指出数学教师及数学书籍的作者,应把潜在于数学中的研究精神、发现精神提炼出来使之表面化来培养学生创见性的头脑,只有很好做到这一点的人,才称得上是真正的数学教育工作者。

(5)数学中的统一建设的精神。数学中处处充满着统一性。米山国藏提出了九个方面的统一性:呈现在表面上的统一性;隐藏着的统一性;探求简单图形和复杂图形性质的方针、方法的统一性;作图方法的统一性;无论表面上看来多么不同,同类问题都可用同样的方法处理;内分和外分情形的统一性;分不同情形讨论问题时,其处理方法的统一性;由公理数学而引起的数学分支学科的统一性;由变量范围的扩大而引起的函数的统一性。

数学教育应适当追求统一性和一致性。

(6)严密化的精神。严密性是数学的一个突出特点,不管对于纯数学来说,还是对于数学教育而言,严密性都是至关重要的,但教育的严密性应当考虑适合于学生的心理发展水平,固执地把科学的严密性作为数学教育的生命是愚蠢的。

(7)思想的经济化精神。数学是由简单明了的是享誉逻辑推理的结合一步一步构成的,要理解定理甲,就一定要用到在定理甲前所学的某些定理和法则。所以,学习数学的人只要注意老老实实地一步一步地去理解,并同时记住其要点以备以后之需,就一定能理解其全部内容,将数学学好。这是数学的一大特征:若依其道而行,则无论什么人都能理解它;若反其道而行,则无论多么聪明的人都无法理解它。这一特征指出了学习数学的经济化道路。

研究用这种术语或记号所标示的"事物"间存在的关系以及这些事物所具有的性质,并把它们应用于各种对象,是数学研究的任务之一。在这种研究中,使用简单的记号,就为处理问题提供了方便。使用记号来表达思想以及思想活动的过程,比起不用记号只用术语来作讨论记述远为方便和明确,并且在思想上、时间上或者记述的篇幅上都更为经济,这在很多情形中都是显而易见的。

4. 数学精神的价值

米山国藏认为:科学工作者所需要的数学知识、相对是不多的,而数学的研究精神、数学的发明发现的思想方法、大脑的数学思维训练,对科学工作者是绝对必要的。他还说过:在学校学的数学知识,毕业后若没什么机会去用,一两年后,很快就忘掉了。然而,不管他们从事什么工作,唯有深深铭刻在心中的数学的精神,数学的思维方法、研究方法、推理方法和看问题的着眼点等,却随时随地发生作用,使他们终生受益。

可见,数学精神具有非常大的价值。最主要的是它的教育价值,它能够对社会或者个人的发展具有非常大的意义,其中教育价值包括社会价值、个人价值两个方面。第一,社会价值,一个社会的发展需要精神的支持,就像一个人的精神支柱,一个人失去了他的精神支柱就很快会崩溃,社会也是这样。数学精神作为一种学科上的精神,它不仅对数学本身的生存、发展具有科学性的价值,同时对整个社会的生存和发展同样具有非常重要的意义和作用,正如马克斯所断言,每一个民族的每一项重大事业的背景,总是存在着某种决定这项事业成败,与特定时代和特定社会文化背景直接相关联的时代精神力量。现在人们都知道科学技术是人类发展的重要的因素,而数学作为科学技术的一门基础,它的精神也同样对科学对社会有着非凡的意义。第二,个人价值,数学精神具有显示自我的个人价值。因为数学精神有两种组成成分:一是精神性成分即人文形态的数学精神;二是数学性成分即科学形态的数学精神。前者以意向性为特征,集中反映人的情感、意志等非认知心理因素,它是数学精神的非智力成分;后者是以研究性为特征,集中反映思维方式、思维策略等认知心理因素,它是数学精神的智力成分。从系统论的观点来看,前者是动力系统,后者是操作系统。并且,由这两种成分合而为一的数学精神还具有一种"元认知"的力量,它对于数学思维活动的监控、调节具有导航作用,对于数学思维能力的发展和数学认知结构的完善具有促进作用,对于非智力因素向智力因素转变具有明显的转化作用。数学精神具有完善自我的人格价值。被誉为西方名将摇篮的美国西点军校之所以设置许多高深的数学课程,"正是因为数学的学习能严格地培训学员们把握军事行动的能力和适应性,能使学员们在军事行动中的那种特殊的活力和灵活的快速性互相结合起来,并为学员们进入和驰骋于高等军事科学领域而铺平道路"。数学精神对于求真、持善、臻美,形成完美的三维人格,促进德育、智育、美育全面发展,终身持续发展具有重大作用。

总之,数学思想方法,是铭记在人们头脑中起永恒作用的数学观点和文化,是数学的精神和态度,它使人思维敏捷,表达清楚,工作有条理;使人善于处世和做事,使人实事求是,锲而不舍,使人得到文化方面的修养更好地理解、领略和创造现代社会的文明。它对人不但具有即时价值,更具有延时价值,使人受益终身。

第四节 心智的模式——推理

根据一个或几个已知的判断来确定一个新的判断的思维过程就叫推理。它包括合情推理和演绎推理。

一、合情推理

通俗地说,合情推理是指"合乎情理"的推理。合情推理包括:归纳推理与类比推理。合情推理要求在运用已知信息所开展的思维活动中,通过归纳和类比等创造性思维方式,得出某种新颖、独特的有学科价值或社会价值的题目。合情推理能够帮助人们比较迅速地发现事物的规律,揭示研究的线索和方法,是培养学生创造力的主要途径。

1.归纳推理

对观察、实验和调查某类事物的部分对象具有某些特征,推出该类事物的全部对象都具有这些特征的推理,或者由个别事实概括出一般结论的推理,称为归纳推理(简称归纳)归纳推理的基础是观察、分析。

归纳推理可以分为三种方式:

(1)完全归纳法。考察某类事物的全部对象,然后做出概括,得到结论。

(2)不完全归纳法又称为简单枚举法。根据几个事例的枚举,进行初步的,简单的推理,枚举的事例越多,结论的可靠性越高,但也经常不那么准确。

(3)判明因果联系的归纳法又称为穆勒五法。求同法、求异法、求同求异并用法、共变法、剩余法。

① 求同法。在一个场合中,情况 A 出现,所研究的现象 a 也出现,如果这种状态发生两次以上,那么我们可以认定情况 A 和所研究的现象 a 之间有因果联系。

场合	不同情况	不同现象
甲	A,B,C	a,b,c
乙	A,B,D	a,b,d
丙	A,C,E	a,c,e

所以,情况 A 与所研究的现象 a 有因果联系。

②求异法。在甲场合中情况 A 出现,所研究的现象 a 也出现,在乙场合中,情况 A 没有出现,所研究的现象 a 也没出现,那么我们也可以认定情况 A 和所研究的现象 a 之间,有因果联系。

场合	不同情况	不同现象
正面场合甲	A,B,C	a,b,c
反面场合乙	B,C	b,c

所以,情况 A 与所研究的现象 a 之间有因果联系。

③求同求异并用法

将求同法与求异发合并起来使用,以判明情况 A 与所研究的现象 a 之间的因果联系。

场合	不同情况	不同现象
正面场合	A,B,C	a,b,c
	A,D,E	a,d,e
反面场合	B,F,G	b,f,g
	D,O,P	d,o,p

所以,情况 A 与研究的想象 a 之间有因果联系。

④共变化。在新考察的场合中,情况 A 发生变化,而所研究的现象 a 也随之发生变化,可以判断情况 A 与所研究的现象 a 之间的因果联系。

场合	不同情况	不同现象
甲	$A1,B,C$	$a1,b,c$
乙	$A2,B,C$	$a2,b,c$
丙	$A3,B,C$	$a3,b,c$

所以,情况 A 与所研究的现象 a 之间有因果联系。

⑤剩余法。一组现象是另一组现象的原因,其中一部分已被判明有因果联系,那么剩余的部分也会有因果联系。

A,B,C,D 是 a,b,c,d 的原因;A 是 a 的原因;B 是 b 的原因;C 是 c 的原因。所以,D 与 d 之间有因果联系。

下面举几个例子。

例 1 数学皇冠上璀璨的明珠——哥德巴赫猜想

观察:$3+7=10,3+17=20,13+17=30,10=3+7$

分析:$20=3+17,30=13+17,6=3+3,8=3+5,10=5+5,\cdots,1000=29+971,1002=139+863,\cdots$

结论:猜想任何一个不小于 6 的偶数都等于两个奇质数的和。

它使用了不完全归纳法。

例 2 佛教《百喻经》中有这样一则故事。

从前有一位富翁想吃芒果,打发他的仆人到果园去买,并告诉他"要甜的,好吃的,你才买。"仆人拿好钱就去了。到了果园,园主说:"我这里树上的芒果个个都是甜的,你尝一个看。"仆人说:"我尝一个怎能知道全体呢 我应当个个都尝过,尝一个买一个,这样最可靠,"仆人于是自己动手摘芒果,摘一个尝一口,甜的就都买回去。带回家去,富翁见了,觉得非常恶心,一齐都扔了。

仆人的完全归纳法,但是使用的太不是时候了!

例 3

观察：1,3,5,7,…

结论：由此你猜想出第 n 个数是 $2n-1$。

这就是从部分到整体，从个别到一般的归纳推理。

例 4 观察：

$$2^{2^1}+1=5$$
$$2^{2^2}+1=17$$
$$2^{2^3}+1=257$$
$$2^{2^4}+1=65537$$

观察到都是质数，进而猜想：

任何形如 $F_n=2^{2^n}+1$ 的数都是质数这就是著名的"费马猜想"。

半个世纪后，1732 年欧拉得出：

$$2^{2^5}+1=4294967297=641\times6700417$$

宣布了费马的这个猜想不成立，它不能作为一个求质数的公式。以后，人们又陆续发现

$$2^{2^6}+1,2^{2^7},2^{2^8}+1.$$

不是质数。至今这样的反例共找到了 46 个，却还没有找到第 6 个正面的例子，也就是说目前只有 $n=0,1,2,3,4$ 这 5 个情况下，F_n 才是质数。

归纳法的优点在于判明因果联系，然后以因果规律作为逻辑推理的客观依据，并且以观察、试验和调查为手段，所以结论不一定成立。然而归纳法也有其局限性，它只涉及线性的，简单的和确定性的因果联系，而对非线性因果联系，双向因果联系以及随机性因果联系等复杂的问题，归纳法就显得无能为力了。归纳推理的作用是发现新事实、获得新结论。

2. 类比

例 5 我们来看一下几个事实：

(1)鲁班类比带齿的草叶和蝗虫的牙齿，发明了锯。

(2)仿照鱼类的外形和它们在水中沉浮的原理，发明了潜水艇。

(3)科学家对火星进行研究，发现火星与地球有许多类似的特征。火星也绕太阳运行、绕轴自转的行星；有大气层；在一年中也有季节变更；火星上大部分时间的温度适合地球上某些已知生物的生存，等等。科学家猜想：火星上也可能有生命存在。

由两类对象具有某些类似特征和其中一类对象的某些已知特征，推出另一类对象也具有这些特征的推理称为类比推理。简言之，类比推理是由特殊到特殊的推理。

类比推理的几个特点：

(1)类比是从人们已经掌握了的事物的属性，推测正在研究的事物的属性，是以旧有的认识为基础，类比出新的结果。

(2)类比是从一种事物的特殊属性推测另一种事物的特殊属性。

(3)类比的结果是猜测性的，不一定可靠，但它却有发现的功能。

例 6 试根据等式的性质猜想不等式的性质。

等式的性质：

(1)$a=b\Rightarrow a+c=b+c$；

(2)$a=b \Rightarrow ac=bc$；

(3)$a=b \Rightarrow a^2=b^2$；等等。

猜想不等式的性质：

(1)$a>b \Rightarrow a+c>b+c$；

(2)$a>b \Rightarrow ac>bc$；

(3)$a>b \Rightarrow a^2>b^2$；等等。

类比推理的结论不一定成立。

由以上分析,我们得出进行类比推理的步骤：

(1)找出两类对象之间可以确切表述的相似特征。

(2)用一类对象的已知特征去猜测另一类对象的特征,从而得出一个猜想。

(3)检验这个猜想。

类比推理的一般模式：

A 类事物具有性质 a,b,c,d；

B 类事物具有性质 a',b',c',；

$(a,b,c$ 与 a',b',c' 相似或相同)。

所以 B 类事物可能具有性质 d'。

二、演绎推理

演绎推理的定义：从一般性的原理出发,推出某个特殊情况下的结论,这种推理称为演绎推理。演绎推理是从一般到特殊的推理。

演绎推理有三段论、选言推理、假言推理、关系推理等形式。

1. 三段论

三段论是由两个含有一个共同项的性质判断作前提,得出一个新的性质判断为结论的演绎推理。三段论是演绎推理的一般模式,包含三个部分：大前提——已知的一般原理；小前提——所研究的特殊情况；结论——根据一般原理,对特殊情况作出判断。

例如：知识分子都是应该受到尊重的,人民教师是知识分子,所以,人民教师都是应该受到尊重的。

其中,结论中的主项叫做小项,用"S"表示,如上例中的"人民教师"；结论中的次项叫做大项,用"P"表示,如上例中的"应该受到尊重"；两个前提中共有的项叫做中项,用"M"表示,如上例中的"知识分子"。在三段论中,含有大项的前提叫大前提,如上例中的"知识分子都是应该受到尊重的"；含有小项的前提叫小前提,如上例中的"人民教师是知识分子"。根据两个前提所表明的中项 M 与大项 P 和小项 S 之间的关系,通过中项 M 的媒介作用,从而推导出确定小项 S 与大项 P 之间关系的结论。

例 7　小明是一名高二年级的学生,迷恋上网游,沉迷于虚拟的世界当中。由于每月的零花钱不够用,便向亲戚要钱,但这仍然满足不了需求,于是就产生了歹念,强行向路人抢取钱财。但小明却说我是未成年人而且就抢了 50 元,这应该不会很严重吧？

小明到底是不是犯罪呢？

大前提：刑法规定抢劫罪是以非法占有为目的,使用暴力、胁迫或其他方法,强行劫取公私财物的行为。其刑事责任年龄起点为 14 周岁,对财物的数额没有要求。

小前提:小明超过 14 周岁,强行向路人抢取钱财 50 元。

结论:小明犯了抢劫罪。

演绎推理的模式:"三段论"是演绎推理的一般模式:

大前提——已知的一般原理。

小前提——所研究的特殊对象。

结论——据一般原理,对特殊对象做出的判断。

简记为:

M ……P(M 是 P)

S ……M(S 是 M)

S ……P(S 是 P)

2. 假言推理

假言推理是以假言判断为前提的推理。假言推理分为充分条件假言推理和必要条件假言推理两种。

(1)充分条件假言推理的基本原则是:小前提肯定大前提的前件,结论就肯定大前提的后件;小前提否定大前提的后件,结论就否定大前提的前件。

例 8 如果一个数的末位是 0,那么这个数能被 5 整除;这个数的末位是 0,所以这个数能被 5 整除;

例 9 如果一个图形是正方形,那么它的四边相等;这个图形四边不相等,所以,它不是正方形。

上面两个例子中的大前提都是一个假言判断,所以这种推理尽管与三段论有相似的地方,但它不是三段论。

(2)必要条件假言推理的基本原则是:小前提肯定大前提的后件,结论就要肯定大前提的前件;小前提否定大前提的前件,结论就要否定大前提的后件。如下面的例子:

例 10 ①只有肥料足,菜才长得好;这块地的菜长得好,所以,这块地肥料足。

②育种时,只有达到一定的温度,种子才能发芽;这次育种没有达到一定的温度,所以,种子没有发芽。

3. 选言推理

选言推理是以选言推理为前提的推理。选言推理分为相容的选言推理和不相容的选言推理两种。

(1)相容的选言推理的基本原则是:大前提是一个相容的选言判断,小前提否定了其中一个(或一部分)选言支,结论就要肯定剩下的一个选言支。

例如:

这个三段论的错误,或者是前提不正确,或者是推理不符合规则;这个三段论的前提是正确的,所以,这个三段论的错误是推理不符合规则。

(2)不相容的选言推理的基本原则是:大前提是个不相容的选言判断,小前提肯定其中的一个选言支,结论则否定其他选言支;小前提否定除其中一个以外的选言支,结论则肯定剩下的那个选言支。

例如下面的两个例子：

①一个词，或者是褒义的、或者是贬义的，或者是中性的。"结果"是个中性词，所以，"结果"不是褒义词，也不是贬义词。

②一个三角形，或者是锐角三角形，或者是钝角三角形，或者是直角三角形。这个三角形不是锐角三角形和直角三角形，所以，它是个钝角三角形。

①是前提中至少有一个是关系命题的推理。

下面简单举例说明几种常用的关系推理：

(1)对称性关系推理，如 1 米＝100 厘米，所以 100 厘米＝1 米；

(2)反对称性关系推理，a 大于 b，所以 b 不大于 a；

(3)传递性关系推理，$a>b,b>c$，所以 $a>c$。

演绎推理是一种必然性推理，因为推理的前提是一般，推出的结论是个别，一般中概括了个别。事物有共性，必然蕴藏着个别，所以"一般"中必然能够推演出"个别"，而推演出来的结论是否正确，取决于：大前提是否正确；推理是否合乎逻辑。在大前提、小前提和推理形式都正确的前提下，得到的结论一定正确。

例 11 指出下列推理错误的原因

(1)整数是自然数，－3 是整数，－3 是自然数。

(2)无限小数是无理数，$\frac{1}{3}$（＝0.33…）是无限小数，$\frac{1}{3}$ 是无理数。

(3)凡金属都是导电的，水是导电的，所以水是金属。

(4)所有盗窃犯都是罪犯，张三不是盗窃犯，所以张三不是罪犯。

(5)因为过不共线的三点有且仅有一个平面，而 A,B,C 是空间三点，所以过 A,B,C 三点只能确定一个平面。

演绎推理具有如下特点：

演绎的前提是一般性原理，演绎所得的结论是蕴涵于前提之中的个别、特殊事实，结论完全蕴涵于前提之中。在演绎推理中，前提与结论之间存在必然的联系。只要前提是真实的，推理的形式是正确的，那么结论也必定是正确的。因而演绎推理是数学中严格证明的工具演绎推理是一种收敛性的思维方法，它较少创造性，但却具有条理清晰、令人信服的论证作用，有助于科学的理论化和系统化。由于演绎是一种必然性的思维运动过程，在思维运动合乎逻辑的条件下，结论取决于前提。所以，只要选取确实可靠的命题为前提，就可有为地证明或反驳某命题。

演绎法是作出科学预见的手段。所谓科学预见，也就是运用演绎法把一般理论运用于具体场合所作出的正确推论。演绎法是进行科学研究的重要思维方法。具体说，它是形成概念、检验和发展科学理论的重要思维方法。演绎法用于生活中对事物理解和判断事理时的方法时，可用于解决矛盾和理解事物。

三、归纳推理与演绎推理的区别和联系

归纳推理与演绎推理的主要区别是：首先，从思维运动过程的方向来看，演绎推理是从一

般性的知识的前提推出一个特殊性的知识的结论,即从一般过渡到特殊;而归纳推理则是从一些特殊性的知识的前提推出一个一般性的知识的结论,即从特殊过渡到一般。其实,从前提与结论联系的性质来看,演绎推理的结论不超出前提所断定的范围,其前提和结论之间的联系是必然的,即其前提真而结论假是不可能的。一个演绎推理只要前提真实并且推理形式正确,那么,其结论就必然真实。而归纳推理(完全归纳推理除外)的结论却超出了前提所断定的范围,其前提和结论之间的联系不是必然的,而只具有或然性,即其前提真而结论假是有可能的。也就是说,即使其前提都真也并不能保证结论是必然真实的。

归纳推理与演绎推理虽有上述区别,但它们在人们的认识过程中是紧密的联系着的,两者互相依赖、互为补充,比如说,演绎推理的一般性知识的大前提必须借助于归纳推理从具体的经验中概括出来,从这个意义上我们可以说,没有归纳推理也就没有演绎推理。当然,归纳推理也离不开演绎推理。比如,归纳活动的目的、任务和方向是归纳过程本身所不能解决和提供的,这只有借助于理论思维,依靠人们先前积累的一般性理论知识的指导,而这本身就是一种演绎活动。而且,单靠归纳推理是不能证明必然性的,因此,在归纳推理的过程中,人们常常需要应用演绎推理对某些归纳的前提或者结论加以论证。从这个意义上我们也可以说,没有演绎推理也就不可能有归纳推理。合情推理与演绎推理的区别与联系见表 2-3。

表 2-3 合情推理与演绎推理的区别和联系

		合情推理		演绎推理
		归纳推理	类比推理	
区别	推理形式	由部分到整体、个别到一般	由特殊到特殊	由一般到特殊
	推理结论	结论不一定正确,有待进一步证明		在大前提、小前提和推理形式都正确的前提下,得到的结论一定正确
联系		合情推理的结论需要演绎推理的验证,而演绎推理的方向和思路一般是通过合情推理获得的		

第三章　中国古典数学中的数学文化

第一节　韩信点兵与中国剩余定理

一、"韩信点兵"的故事与《孙子算经》中的题目

韩信是中国汉代一位有名的大元帅。他少年时就父母双亡,生活困难,曾靠乞讨为生,还经常受到某些泼皮的欺凌,胯下之辱讲的就是韩信少年时被泼皮强迫从胯下钻过的事。后来他投奔刘邦,展现了他杰出的军事才能,为刘邦打败了楚霸王项羽立下汗马功劳,开创了刘汉皇朝四百年的基业。民间流传着一些以韩信为主角的有关聪明人的故事,韩信点兵的故事就是其中的一个。

1."韩信点兵"的故事

相传有一次,韩信带 1500 名将士与楚王大将李锋交战。双方大战一场,楚军不敌,败退回营。而汉军也有伤亡,只是一时还不知伤亡多少。于是,韩信整顿兵马也返回大本营,准备清点人数。当行至一山坡时,忽有后军来报,说有楚军骑兵追来。韩信驰上高坡观看,只见远方尘土飞扬,杀声震天。汉军本来已经十分疲惫了,这时不由得人心大乱。韩信仔细地观看敌方,发现来敌不足五百骑,便急速点兵迎敌。不一会儿,值日副官报告,共有 1035 人。他还不放心,决定自己亲自算一下。于是命令士兵 3 人一列,结果多出 2 名;接着,他又命令士兵 5 人一列,结果多出 3 名;再命令士兵 7 人一列,结果又多出 2 名。韩信马上向将士们宣布:值日副官计错了,我军共有 1073 名勇士,敌人不足五百,我们居高临下,以众击寡,一定能打败敌人。汉军本来就信服自己的统帅,这一来更相信韩信是"神仙下凡"、"神机妙算",于是士气大振。一时间旌旗摇动,鼓声喧天,汉军个个奋勇迎敌,楚军顿时乱作一团。交战不久,楚军大败而逃。

这里面有什么秘密呢? 韩信好像非常重视作除法时的余数。"数的除法运算以及余数"是小学数学的内容。现在,每个学生都具有这样的基础,但能否会运用就有差别了,你能够分析它吗?

2.《孙子算经》

《孙子算经》约成书于公元前四、五百年,作者生平和编写年代都不清楚。现在流传的《孙子算经》共分上、中、下三卷。上卷详细的讨论了度量衡的单位和筹算的制度和方法。中卷主要是关于分数的应用题,包括面积、体积、等比数列等计算题,大致都在《九章》中论述的范围之内;下卷对后世的影响最为深远,如下卷第 31 题即著名的"鸡兔同笼"问题,后传至日本,被改

为"鹤龟算"(据藤原松三郎之《日本数学史概要》),下卷第 28 题即为后来的"大衍求一术"的起源,被看作是中国数学史上最有创造性地成就之一。

"鸡兔同笼"问题书中是这样叙述的:"今有鸡、兔同笼,上有三十五头,下有九十四足,问鸡、兔各几何?"这四句话的意思是:有若干只鸡、兔同在一个笼子里,从上面数,有 35 个头;从下面数,有 94 只脚。求笼中各有几只鸡和兔?

我国古代数学名著《孙子算经》中有"物不知数"的题目:

今有物不知其数,

三三数之剩 2,

五五数之剩 3,

七七数之剩 2,

问物几何?

这里面又有什么秘密呢?题目给出的条件,也仅仅是作除法时的余数。

"物不知其数"(也称"孙子问题")"鸡兔同笼""百钱买百鸡"合称中国古代数学三大名题。

二、问题的解答

1. 先从另一个问题入手

问题:

今有物不知其数,二二数之剩 1,三三数之剩 2,四四数之剩 3,五五数之剩 4,六六数之剩 5,七七数之剩 6,八八数之剩 7,九九数之剩 8,问物几何?

思考:此问题是否比原问题简单?

(1)筛法

1,3,5,7,9,11,13,15,17,19,21,23,……　　　　(用 2 除余 1)

5,11,17,23,……　　　　(用 3 除余 2)

11,23,……　　　　(用 4 除余 3)

再从中挑"用 5 除余 4"的数,……

一直筛选下去,舍得下功夫,就一定可得结果。并且看起来,解,还不是唯一的,可能有无穷多个解。

思考一下:解题的思路是什么?

化繁为简的思想为:当问题中有很多类似的条件时,我们先只看其中两三个条件。

一个复杂的问题,如果在简化时仍然保留了原来问题的特点和本质,那么简化就"不失一般性"。

学会"简化问题"与学会"推广问题"一样,是一种重要的数学能力。

寻找规律的思想

把我们的解题方法总结为筛法,是重要的进步,是质的飞跃——找到规律。筛法是一般性方法,还可以用来解决其他类似的问题。

(2)公倍数法

① 化繁为简

我们还是先看只有前两个条件的简化题目。

1,3,5,7,9,11,13,15,17,19,21,23,25,…　　　　（用 2 除余 1）

5,11,17,23,…　　　　　　　　　　　　　　（用 3 除余 2）

上述筛选过程的第一步,得到:

1,3,5,7,9,11,13,15,17,19,21,23,25,…

其实是列出了"用 2 除余 1"的数组成的数列。这个数列实际上是用带余除法的式子得到的。

所谓"带余除法",是指整数的如下"除法":

对任意给定被除数 a,不为零的除数 b,必唯一存在商 q 和余数 r,使

$$a = bq + r, \qquad 0 \leqslant r < b$$

当余数 $r = 0$ 时,则 $a = bq$,称为"a 被 b 整除",或"b 整除 a",这是通常除法"$\frac{a}{b} = q$"的另一种表达形式。所以,带余除法是通常除法的推广。

回到求"用 2 除余 1 的数"的问题。

设这样的数为 x,则 $x = 2n_1 + 1$。这里 x 是被除数,2 是除数,n_1 是商,1 是余数,且 $0 \leqslant 1 < 2$。

$x = 2n_1 + 1$ 就是"带余除法"的式子。

当取 n_1 取 0,1,2,3,4,……时,用上式求得的 x 正好组成上述数列

1,3,5,7,9,11,13,15,17,19,21,23,25,…

接着从中筛选出"用 3 除余 2"的数,就是挑出符合下面"带余除法"表达式

$$x = 3n_2 + 2, \quad (0 \leqslant 2 < 3)$$

的数,这里 n_2 可取 0,1,2,3,4,…

再继续做下去……

如果我们不分上面两步,而是一上来就综合考虑两者,则就是要解联立方程组

$$\begin{cases} x = 2n_1 + 1 \\ x = 3n_2 + 2 \end{cases} \text{中的 } x。$$

那么,为了解这个方程组,除了刚才的筛法外,还有没有更加巧妙的解法?

我们考察上边两个方程的特点,发现,两个"带余除法"的式子,都是"余数比除数少 1"。

于是想到,如果把被除数再加 1,不是余数就为 0 了吗? 换句话说,不是就出现整除的情况了吗?

于是把上边每个方程两边都加上 1,成为

$$\begin{cases} x + 1 = 2(n_1 + 1) \\ x + 1 = 3(n_2 + 1) \end{cases}$$

这说明,$x + 1$ 既是 2 的倍数,又是 3 的倍数,因此,它是 2 与 3 的公倍数。由此想到对整个问题寻找规律。

②寻找规律

设问题中,需要求的数是 x,则被 2,3,4,5,6,7,8,9 去除,所得的余数都是比除数少 1,于是我们把被除数 x 再加 1,则 $x + 1$ 就可被 2,3,4,5,6,7,8,9 均整除。也就是说,$x + 1$ 是 2,3,4,5,6,7,8,9 的公倍数,从而是其最小公倍数 $[2,3,4,5,6,7,8,9]$ 的倍数。

所以 $x+1=k\cdot[2,3,4,5,6,7,8,9]=k\cdot2520,k=1,2,3,\cdots$

即 $x=2520k-1,k=1,2,3,\cdots$

这就是原问题的全部解,有无穷多个解,其中第一个解是 2519;我们只取正数解,因为"物体的个数"总是正整数。

思考题:

①求"用 2 除余 1,3 除余 2,$\cdots$,用 m 除余 $m-1$"的数。

② 求"用 a 除余 $a-1$,用 b 除余 $b-1$,用 c 除余 $c-1$"的数.(a,b,c 是任意大于 1 的自然数)

③ 求"用 $2,3,4,5,6,7,8,9$ 除都余 1"的数。

④ 求"用 $5,7,11$ 除都余 2"的数。

2.《孙子算经》中"有物不知其数"问题的解答

问题:今有物不知其数,

三三数之剩 2,

五五数之剩 3,

七七数之剩 2,

问物几何?

(1)筛法:

$2,5,8,11,14,17,20,23,26,29,\cdots$(用 3 除余 2)

$8,23,\cdots$(用 5 除余 3)

$23,\cdots$(用 7 除余 2)

由此得到,23 是最小的一个解。

至于下一个解是什么,要把"$\cdots$"写出来才知道;

实践以后发现,是要费一点儿功夫的。

(2)公倍数法

现在仿照上边用过的"公倍数法",设要求的数为 x,则依题意,得联立方程组

$$\begin{cases}x=3n_1+2\\x=5n_2+3\\x=7n_3+2\end{cases}\quad(*)$$

按上一问题中"公倍数法"解决问题的思路:把方程两边同时加上或减去一个什么样的数,就能使三个等式的右边分别是 3,5,7 的倍数,从而等式左边就是 3,5,7 的公倍数了。

这要通过反复的试算去完成。

一种试算的方法

$$\begin{cases}x=3n_1+2\\x=5n_2+3\\x=7n_3+2\end{cases}$$

从第三个等式入手,两边加 5(或减 2)则得

$$x+5=7(n_3+1)$$

则右边是 7 的倍数了,但两边加 5(或减 2)并不能使前两式的右边分别是 3 的倍数和 5 的倍数,所以两边加 5(或减 2)并不能使右边成为 3,5,7 的公倍数。再继续从第三个等式入手,为使第三个等式右边仍然保持是 7 的倍数,可再加 $7l$(或再减 $7h$),可得

$$x+5+7l=7(n_3+1+l) \text{ 或 } x-2-7h=7(n_3-h)$$

将 $l=1,2,3\cdots$(或 $h=1,2,3\cdots$)代入试算、分析,最后发现,为达到目的(三个等式的右边分别是 3,5,7 的倍数),最小的加数是 82($l=11$ 时,$5+7l=82$)(或最小的减数是 23,即 $h=3$,$2+7h=23$)。

用等式两边加 82 来求解,有

$$\begin{cases} x+82=3(n_1+28) \\ x+82=5(n_2+17) \\ x+82=7(n_3+12) \end{cases}$$

所以 $x+82=k\cdot[3,5,7]=k\cdot 105$

所以 $x=105k-82,k=1,2,3\cdots$

用等式两边减 23 来求解,有

$$\begin{cases} x-23=3(n_1-7) \\ x-23=5(n_2-4) \\ x-23=7(n_3-3) \end{cases}$$

所以 $x-23=k'[3,5,7]=k'\cdot 105$

所以 $x=105k'+23,k'=0,1,2,3,\cdots$

多了一个"$k'=0$",因这时 x 也是正数,合要求。

这两组解是一样的,都是

$$\text{"23,23+105,23+2\times105,......"}。$$

原因是 $82+23=105$,故令 $k=k'+1$ 第一组解就成为

$$x=105(k'+1)-82=105k'+105-82=105k'+23$$

便转化成第二组解。

但是,这 82 和 23 来之不易;并且如果题目中的余数变了,就得重新试算,所以这方法缺少一般性,为使它具有一般性,要做根本的修改。

(3)单因子构件凑成法

$$\begin{cases} x=3n_1+2 \\ x=5n_2+3 \\ x=7n_3+2 \end{cases} \qquad (*)$$

我们先对 $(*)$ 式作两方面的简化:一方面是每次只考虑"一个除式"有余数的情况(即另两个除式都是整除的情况):另一方面是把余数都简化为最简单的 1。这样得到三组方程。

① $\begin{cases} x=3n_1+1 \\ x=5n_2 \\ x=7n_3 \end{cases}$; ② $\begin{cases} y=3n_1 \\ y=5n_2+1 \\ y=7n_3 \end{cases}$; ③ $\begin{cases} z=3n_1 \\ z=5n_2 \\ z=7n_3+1 \end{cases}$

①式意味着,在 5 和 7 的公倍数中(35,70,105,$\cdots$)寻找被 3 除余 1 的数;

②式意味着,在 3 和 7 的公倍数中(21,42,63,$\cdots$)寻找被 5 除余 1 的数;

③式意味着,在 3 和 5 的公倍数中(15,30,45,$\cdots$)寻找被 7 除余 1 的数。

对①式而言,这个数可以取 70,对②式而言,这个数可以取 21,对③式而言,这个数可以取 15。

于是①式两边同减 70 变为这样:第二式右边仍是 5 的倍数,第三式右边仍是 7 的倍数,而

第一式右边因为减的 70 是"用 3 除余 1"的数,正好原来也多一个 1,减没了。第一式右边也成为了倍数,是 3 的倍数。

$$\begin{cases} x - 70 = 3(n_1 - 23) \\ x - 70 = 5(n_2 - 14) \\ x - 70 = 7(n_1 - 10) \end{cases}$$

所以 $x - 70 = k_1[3,5,7] = k_1 \cdot 105$

所以 $x = 105k_1 + 70, \; k_1 = 0,1,2,\cdots$

②式两边同减 21 变为

$$\begin{cases} y - 21 = 3(n_1 - 7) \\ y - 21 = 5(n_2 - 4) \\ y - 21 = 7(n_3 - 3) \end{cases}$$

所以 $y - 21 = k_2[3,5,7] = k_2 \cdot 105$

所以 $y = 105k_2 + 21, \; k_2 = 0,1,2,\cdots$

③式两边同减 15 变为

$$\begin{cases} z - 15 = 3(n_1 - 5) \\ z - 15 = 5(n_2 - 3) \\ z - 15 = 7(n_2 - 2) \end{cases}$$

所以 $z - 15 = k_3[3,5,7] = k_3 \cdot 105$

所以 $z = 105k_3 + 15, \; k_3 = 0,1,2,\cdots$

于是得到

$$x = 105k_1 + 70$$
$$y = 105k_2 + 21$$
$$z = 105k_3 + 15$$

现在重复一下:所得的 x 是被 3 除余 1,被 5 和 7 除余 0 的数;y 是被 5 除余 1,被 3 和 7 除余 0 的数;z 是被 7 除余 1,被 3 和 5 除余 0 的数。

那么,凑出 $s = 2x + 3y + 2z$,s 不就是我们需要求的数吗?

因为用 3 去除 s 时,除 y 及除 z 均余 0,除 $3y$ 及除 $2z$ 均余 0,又除 x 余 1,除 $2x$ 余 2,所以用 3 除 s 时余 2。

用 5 去除 s 时,除 x 及除 z 均余 0,除 $2x$ 及除 $2z$ 均余 0,又除 y 余 1 除 $3y$ 余 3,所以用 5 除 s 时余 3。

用 7 去除 s 时,除 x 及除 y 均余 0,除 $2x$ 及除 $3y$ 均余 0,又除 z 余 1 除 $2z$ 余 2,所以用 7 除 s 时余 2。

于是我们要求的数是

$$\begin{aligned} s &= 2x + 3y + 2z \\ &= 2(105k_1 + 70) + 3(105k_2 + 21) + 2(105k_3 + 15) \\ &= (70 \times 2 + 21 \times 3 + 15 \times 2) + 105(2k_1 + 3k_2 + 2k_3) \\ &= 70 \times 2 + 21 \times 3 + 15 \times 2 + 105k \quad k = -2, -1, 0, 1, 2, 3, \cdots \end{aligned}$$

这就是《孙子算经》中"物不知其数"一题的解,有无穷多解,最小的正整数解是 23($k = -2$ 时)。

再看由(＊)式得到的下面三个式子:

① $\begin{cases} x = 3n_1 + 1 \\ x = 5n_2 \\ x = 7n_3 \end{cases}$; ② $\begin{cases} y = 3n_1 + 1 \\ y = 5n_2 + 1 \\ y = 7n_3 \end{cases}$; ③ $\begin{cases} z = 3n_1 + 1 \\ z = 5n_2 \\ z = 7n_3 + 1 \end{cases}$

这里,①、②、③三式分别叫三个"单子因构件",分别解得

$$x = 105k_1 + 70$$

$$y = 105k_2 + 21$$
$$z = 105k_3 + 15$$

每个单因子构件,都是用某一个数去除余 1,用另两个数去除均余 0 的情况。再据题目要求余数分别是 2,3,2 的情况,凑成

$$s = 2x + 3y + 2z$$

所以,上述方法叫"单因子构件凑成法"。解决"由几个平行条件表述的问题"的方法(也称"孙子—华方法")。

这种方法的最大优点是,可以任意改变余数,加以推广:

问题:

有物不知其数,三三数之剩 a,

五五数之剩 b,七七数之剩 c,问物几何?

答:解为 $s = 70a + 21b + 15c + 105k (k \in Z, k$ 的选取应使 $s > 0$)。

(4)歌诀

推广了的"物不知其数"问题的解为

$$s = 70a + 21b + 15c + 105k$$

明朝数学家程大位在《算法统宗》中把上式总结为一首通俗易懂的歌诀:

> 三人同行七十稀,五树梅花廿一枝,
>
> 七子团圆正半月,除百零五便得知。

其中正半月是指 15,这个口诀把 3、5、7;70、21、15 及 105 这几个关键的数都总结在内了。歌诀的含义是:用 3 除的余数乘 70,5 除的余数乘 21,7 除的余数乘 15,相加后再减去("除"当"减"讲)105 的适当倍数,就是需要求的(最小)解了。当然,解,不是唯一的,每差 105,都是另一个解答,但如果结合实际问题,答案往往就是唯一的了。例如一队士兵的大约人数,韩信应是知道的。

三、中国剩余定理

1247 年南宋的数学家秦九韶把《孙子算经》中"物不知其数"一题的方法推广到一般的情况,得到称之为"大衍求一术"的方法,在《数书九章》中发表。这个结论在欧洲要到 18 世纪才由数学家高斯和欧拉发现。所以世界公认这个定理是中国人最早发现的,特别称之为"中国剩余定理"(Chinese remainder theorem)。

该定理用现在的语言表达如下:

设 $d_1, d_2, \cdots, d_n$ 两两互素,x 分别被 $d_1, d_2, \cdots, d_n$ 除所得的余数为 $r_1, r_2, \cdots, r_n$,则 x 可表示为下式

$$x = k_1 r_1 + k_2 r_2 + \cdots + k_n r_n + kD$$

其中,D 是 $d_1, d_2, \cdots, d_n$ 的最小公倍数;k_i 是 $d_1, \cdots, d_{i-1}, d_{i+1}, \cdots, d_n$ 的公倍数,而且被 d_i 除所得余数为 1;k 是任意整数。

要注意,用上述定理时,$d_1, d_2, \cdots, d_n$ 必须两两互素。前面的问题中,3、5、7 是两两互素的,所以"三三数,五五数,七七数"得余数后可用此公式。但"四四数,六六数,九九数"得余数后就不能用此公式,因为 4、6、9 并不是两两互素的。

"中国剩余定理"不仅有光辉的历史意义,直到现在还是一个非常重要的定理。1970 年,

年轻的苏联数学家尤里·马季亚谢维奇(28 岁)解决了希尔伯特提出的 23 个问题中的第 10 个问题(丢番图方程的可解性),轰动了世界数学界。他在解决这个问题时,用到的知识十分广泛,而在一个关键的地方,就用到了我们的祖先一千多年前发现的这个"中国剩余定理"。

四、有趣的应用

某单位有 100 把锁,分别编号 1,2,3,…,100。现在要对钥匙编号,使外单位的人看不懂,而本单位的人一看见锁的号码就知道该用哪一把钥匙。

解:把锁的号码被 3,5,7 去除所得的三个余数来作钥匙的号码(首位余数是 0 时,也不能省略)。这样每把钥匙都有一个三位数编号。例如 23 号锁的钥匙编号是 232 号,52 号锁的钥匙编号是 123 号。

8 号锁—231,19 号锁—145,45 号锁—003,52 号锁—123。

因为只有 100 把锁,不超过 105,所以锁的编号与钥匙号号是一一对应的。

如果希望保密性再强一点儿,则可以把刚才所说的钥匙编号加上一个固定的常数作为新的钥匙编号系统。甚至可以每过一个月更换一次这个常数。这样,仍不破坏锁的号与钥匙的号之间的一一对应,而外人则更难知道了。

第二节 河图与洛书的数学内涵

一、河图、洛书的传说

在我国古老的著作《易经系辞传》中有一句话是:"河出图,洛出书,圣人则之。"这里的圣人指的是伏羲氏。伏羲氏是中华民族的人文始祖,我国古籍记载中最早的王,居三皇之一,列五帝之首。

相传,在伏羲氏时代,洛阳东北孟津县境内,从黄河跳出一匹龙马,背上有一幅图。这幅图隐含着很多天机。上面有黑白点(圈)55 个,用直线连接成 10 个数,被称为"河图"。根据河图伏羲氏才画出了八卦。

又在夏禹治水的时候,三过家门而不入,带领人们开沟挖渠,疏通河道,驯服了河水,感动了上天。事后,洛水里出现了一只大乌龟,驮着一张图献给大禹。大禹因此得到上天赐给的九种治理天下的方法。其图上有黑白圈 45 个,用直线连成 9 个数,称为"洛书",如图 3-1 所示。

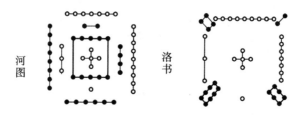

图 3-1 河图、洛书

也有传说认为"河图"就是"周易"的来源,而"洛书"就是天帝赐给大禹治水用的《洪范九畴》。《汉书·五行志》载:"刘歆以为伏羲氏系天而王,河出图,则而画之,八卦是也;禹治洪水,赐洛书,法而阵之,洪范是也。"

还有传说认为神龟负文而出,列于背,有数从一而至九。这个传说倒是值得重视的。甲骨文的发现,可以说明"龟背刻字"并非虚妄。这样,刻着图形数字的龟背浮在水面上被人拾到,也是有可能的

二、河图、洛书的数学内涵

直观地考察河图、洛书,不难发现,这两幅图具有数字性和结构对称性这两个明显特点:

第一,数字性。数的概念直接而又形象地包含在河图、洛书之中。"○"表示1;"● ●"表示2;……以此类推,河图含有1～10共10个自然数,洛书含有1～9共9个自然数。其中,由黑点构成的数为偶数,由白点构成的数为奇数,表达了数的奇偶观念。因此,数字性是河图、洛书的基本内容之一。

第二,对称性。两幅图式的结构分布形态对称,具体表现在二个层面:其一,由黑点或白点构成的每一个数的结构形态是对称的;其二,整体结构分布对称。河图,以二个数字为一组,分成五组,以[5,10]居中,其余四组[7,2]、[9,4]、[6,1]、[8,3]依次均匀分布在四周。洛书,以数5居中,其余8个数均匀分布在八个方位。

河图包括的数理关系

1.等和关系

除中间一组数(5,10)之外,纵向或横向的四个数字,其偶数之和等于奇数之和。

纵向数字:7、2;1、6,7+1=2+6

横向数字:8、3;4、9,8+4=3+9

并得出推论:河图中,除中间一组数[5,10]之外,奇数之和等于偶数之和,其和为20。

2.等差关系

四侧或居中的两数之差相等。上(7—2);下(6—1);左(8—3);右(9—4);中(10—5),其差均为5。

洛书包含的数理关系

1.等和关系

非常明显地表现为各个纵向、横向和对角线上的三数之和相等,其和为15。

2.等差关系

细加辨别,洛书隐含着等差数理逻辑关系。

①洛书四边的三个数中,均有相邻两数之差为5,且各个数字均不重复。

上边[4、9、2] 9—4=5,下边[8、1、6] 6—1=5,左边[4、3、8] 8—3=5,右边[2、7、6] 7—2=5。

显然这个特点与河图一样,反映出洛书与河图有着一定的内在联系。

②通过中数5的纵向、横向或对角线上的三个数,数5与其他两数之差的绝对值相等。

纵向 $|5-9|=|5-1|$ 或 $9-5=5-1$,横向 $|5-3|=|5-7|$ 或 $5-3=7-5$,右对角线 $|5-2|=|5-8|$ 或 $5-2=8-5$,左对角线 $|5-4|=|5-6|$ 或 $5-4=6-5$。

二、幻方

1.幻方也称纵横图、魔方、魔阵,它是在一个由若干个排列整齐的数组成的正方形中,图

3－2中任意一横行、一纵行及对角线上的几个数之和都相等的图表。洛书是把1～9这9个数字摆成方阵，而以5为中心。对洛书的解释为形如图3－2的三阶方阵，南宋数学家称此图为"纵横图"，又称"九宫图"。此图中任意一行、任意一列以及两条对角线的数字之和都是15。这种纵横图是世界上最早的矩阵，又称方阵或幻方。

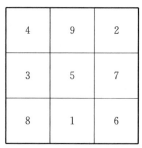

图3－2　3阶幻方

　　1275年南宋数学家杨辉在"续古摘奇算法"中谈到："九子斜排，上下对易，左右相更，四维挺出。载九履一，左三右七，二四为肩，六八为足也。"（如图3－3所示）它的研究属于一个数学分支——组合数学。欧洲人直到14世纪才开始研究幻方，比我国迟了近两千年。

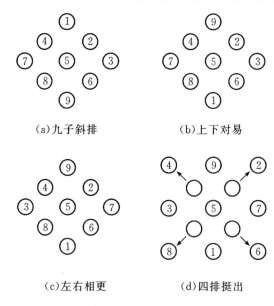

(a)九子斜排　　　　　(b)上下对易

(c)左右相更　　　　　(d)四排挺出

图3－3　续古摘奇算法

　　三阶幻方有技巧，3数斜着先排好，
　　上下左右要交叉，然后各自归位了。
　　四阶幻方排法技巧，如图3－4所示。
　　一字排开，对角不动，
　　上下交换，左右更替。
　　2.河图、洛书实际是组合数学的雏形。洛书便是一个3阶方阵（西方称之为"幻方"），幻方曾使大数学家欧拉、著名物理学家富兰克林感兴趣。

4×4				34		4×4				34		4×4				34	
1	2	3	4	10		16	2	3	13	34		1	15	14	4	34	
5	6	7	8	26		5	11	10	8	34		12	6	7	9	34	
9	10	11	12	42		9	7	6	12	34		8	10	11	5	34	
13	14	15	16	58		4	14	15	1	34		13	3	2	16	34	
28	32	36	40			34	34	34	34	34		34	34	34	34	34	

图 3-4 4 阶幻方排法

幻方中各数若是从 1 到 n 的连续自然数,则称之为标准幻方。n 阶标准 幻方(方阵)各行、各列、各条对角线上所有数字和为:

$$p_n = \frac{n(n^2 + 1)}{2}$$

可以证明,2 阶幻方不存在,3 阶幻方只有一种排法。同一阶幻方有不同的排法,4 阶幻方有 880 中排法,8 阶幻方有超过 10 亿种排法。

据说,美国 13 岁少年逊达已经排出 105 阶幻方。

台湾黎凯旋在《易数浅谈》中这样描述,从日本学习飞机知识的台湾驾驶员,第一堂课就是学习幻方,因为幻方的构造原理与飞机上的电子回路设置密切相关。

海上漂浮的建筑物,首先要解决的问题,就是把建筑面分割成方阵格,每格的建筑重量的确定,需要像构造幻方一样巧妙设计。因为只有各格方向上的重量处于均衡才能使建筑物不至于倾斜。

如今,幻方仍然是组合数学的研究课题之一,经过一代代数学家与数学爱好者的共同努力,幻方与它的变体所蕴含的各种神奇的科学性质正逐步得到揭示。目前,它已在组合分析、实验设计、图论、数论、群、对策论、纺织、工艺美术、程序设计、人工智能等领域得到广泛应用。

三、河图、洛书包含算盘的数学原理

中国是算盘的故乡。在计算机已被普遍使用的今天,古老的算盘不仅没有被废弃,反而因他的灵便、准确等优点,在许多国家方兴未艾。因此。人们往往把算盘与中国古代的四大发明相提并论,有人猜测算盘的数学原理来自河图、洛书。

首先从数学原理看,河图、洛书的数理特点与算盘的主要规则相吻合:

其一,河图四侧的两数之差均为 5,即一个大于 5 的基本自然数可表示为数 5 加上一个小于 5 的自然数,这与算盘珠码中把 5 颗下珠升作一颗上珠的五升制规则相对应;

其二,洛书的纵、横和对角线方向上的三数之和均为 15,这与算盘中每档 7 珠的示值相一致。

其次从历史发现看,尽管"操珠运算"的思想历史悠久,但最早记录的成熟算盘是宋初(公元 960—1127 年)反映人民生活的宏大画卷"清明上河图",这幅图的左端有一架十五格(档)七个黑点(珠)的大算盘。而河图、洛书尽管在先秦时期早有传说,但直到宋初才被世人所知。河图、洛书的发现与算盘的产生的历史时间有着惊人的巧合。综上缘由,可以作一猜想,算盘的实物形态起源于珠,算盘的数学原理来自于河图。

算盘的出现,被称为人类历史上计算器的重大改革,就是在电子计算器盛行的今天,它依然发挥着它特有的作用。现在,已经进入了电子计算机时代,但是古老的算盘仍然发挥着重要的作用。在中国,各行各业都有一批打算盘的高手。使用算盘和珠算,除了运算方便以外,还有锻炼思维能力的作用,因为打算盘需要脑、眼、手的密切配合,是锻炼大脑的一种好方法。

四、河图、洛书的现代解释

内蒙古通辽畜牧学院基础部副教授韩永贤经过 50 年的潜心研究,与 1988 年在《内蒙古科学社会》上发表论文《无文字时代的两大发明——揭开河图、洛书千古之谜》。

该文章首次破译河图、洛书,认为伏羲确有其人。河图是游牧时期的气象图,洛书是当时的一张方位图。游牧时期什么最重要?雨水最重要。如果那圆点代表雨,那圆圈就应该代表太阳!他把图上的圈点换成百分数进行粗略计算,再按照它们所表示的意义与我国气候相对照,二者恰恰吻合。河图原来是游牧时期的气象图!不久,洛书也得到了破释:上古游牧时代的方位图——罗盘。

倾注韩永贤半生心血的河图、洛书之谜终于被破解,他揭开了几千年来《周易》的神秘面纱。这在国内外引起了强烈反响。英国皇家科学院中国自然科学史专家李约瑟博士来电:"河、洛一文很有价值,现已藏于剑桥东亚科学史图书馆。"美国波士顿哈佛大学医学博士、麻省理工学院工程博士高秉浩来信致贺:"欣喜大作出版,于古人河、洛之意,发现良多,能不惊喜若狂!华夏古史,亦可广传西土,中华之幸也⋯⋯"

五、河图、洛书的美学意义

河图、洛书的本质是数学,是古人创造的一项数学成果。但人们对它的喜爱还是随处可见的。

河图、洛书皆是以"五"为中心,古人云"五瓣梅花天地坊"之句,正包含了这样的意思。八卦云:"天数五,地数五,五位相得而各有合。天数二十五,地数三十,凡天地之数五十有五,此所以成变化而行鬼神也。"

美国 1977 年发射的寻求外星文明的宇宙飞船旅行者 1 号、2 号上,除了有向宇宙人致意的问候信号外,还带有一些图片。这些图片中,就有一张是 4 阶幻方图,如图 3-5 所示。

古人对洛书推崇备至,认为它能含盖人间万事万物,尤其是纵、横、斜每条直线上的 3 个数之和均等于 15,使其成为我国古代都城制度的规划模式。如洛阳东周王城南北七里,东西八里,汉魏洛阳城南北 9 里,东西 6 里,这两城的长、宽之和皆为 15 里;西汉长安和隋唐城都是经纬各长 15 里的方行结构;北魏洛阳城、隋唐长安城的南北长皆为 15 里。

在洛阳王城公园古文化区中,由"纪胜柱"碑林、"神元台"殿阁及"纪成殿"、"怀周亭"、"明德门"等组成的仿古建筑群,回廊环绕,结构紧凑。韶乐台建筑古朴典雅,内设编钟、石磬、管弦等古代乐器,再现了周文化的博大精深。当人们在园内游览时,还会看到刻在园中石碑上的"河图、洛书"图。

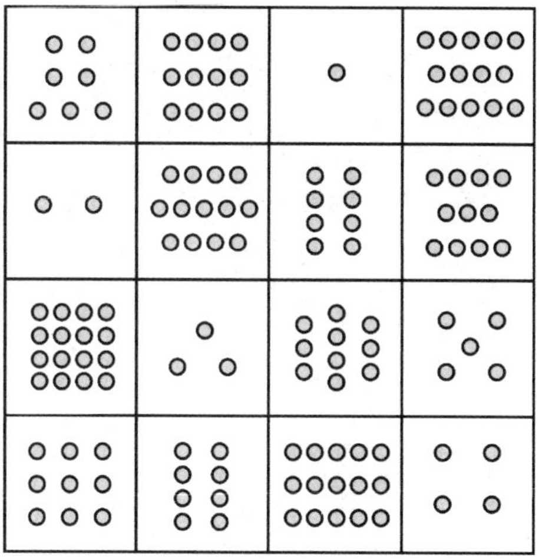

图 3-5 4 阶幻方

澳门回归百子碑座落于珠海板樟山森林公园——澳门回归纪念公园板樟山顶峰。百子回归碑是我国碑史上的第一座数字碑。在碑史上只有文字碑、书法碑、符号碑、图画碑、图像碑或无字碑等，这座百子数字碑则为我国碑文化增添了新的一页。百子回归碑是一幅十阶幻方，中央四数连读即"1999·12·20"，标示澳门回归日，如图 3-6 所示。

图 3-6 百子回归碑

德国画家阿尔布莱希特·杜勒著名画作《梅伦可利亚》(Melencolia)（意为"忧郁"），画作保存在大英博物馆，如图 3-7 所示。在这幅画中的梅伦可利亚是一个有两只翅膀的恬静的少女，支颐而坐，面部表情好似沉思又如忧愁。其周围列置的东西都是有象征意义的，如多面几何体和圆规象征几何学，锯、刨、锤等工具代表木匠。计量工具的天平和计时工具沙漏等代表科学。在神话传说中，几何学、木匠、科学都属于大地之神来统管的，而这个内藏智慧外露深沉的人则是思想家、文艺家的化身。对绘画细节一丝不苟地精确表现是杜勒作品的风格特点，在这幅画中尤其发挥得淋漓尽致，所以曾被后人誉为有铜版画以来最为优美的画作。而许多人还忽略了这幅铜板画中一个非常著名的地方，那就是杜勒的魔方阵，如图 3-8 所示。

图 3-7　梅伦可利亚

16	3	2	13
5	10	11	8
9	6	7	12
4	15	14	1

图 3-8　杜勒的磨方阵

孙国中先生认为："河图、洛书是宇宙发展运动的图式,其小无内,其大无外;用之言天,则天在其中;用之言地,则地在其内;用之言人,则人不出其外。故左之右之无不逢源,诸门诸述可援以为说。"

我们知道中华文化的根是"易经",而河图、洛书是"易经"的前身,所以也说河图、洛书是中华文化之源。

第三节　八卦文化的数学魅力

一、八卦的由来

在《史记·日者列传》中说:"自伏羲作八卦,周文王演三百八十四爻而天下治。"可是郭沫若、侯外庐、任继愈,吕振羽等现代著名学者考证后认为,伏羲作八卦(见图 3-9)只是一种传说，不足为信，而文王作八卦倒是有可能的。

图 3-9　八卦图

不管是谁作的八卦，它的产生、发展及演变不可能是一个人的杰作，而是与生活、生产实际不可分割的。古人总结了自然界万物的规律，认为万物均由天地阴阳交感而成，形成一生多的观点，与毕达哥拉斯"万物皆数"的观点是颇为接近的。八卦正是由这简单的"一"变化为复杂的"多"而逐渐产生形成的。

无极生太极，太极生两仪，两仪生三才，三才生四象，

四象生五行，五行生六合，六合生七星，七星生八卦，

八卦生九宫，一切归十方。

最初的就是最后的——圆极，如图 3-10 所示。

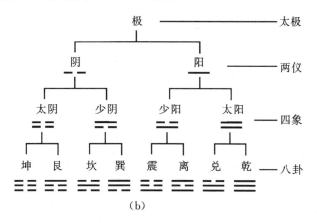

(b)

图 3-10　八卦由来图

道生一、一生二、二生三、三生万物，亦是八卦所生产。

二、八卦符号的含义

八卦是一套抽象的符号系统,它表示什么意义?"仁者见仁,智者见智。"人们可以赋予它们各种各样的内容,但把它们看作数学符号是最容易理解的。在阴阳学的影响下,简化作出"—"(阳爻)"– –"(阴爻)两种符号。通过这两种简单的符号可得出各种各样的错综复杂的排列组合。

"—"代表自然界中的天、日、乾。"乾"表示健、动、刚,阳爻象征万物归一,大合之数。从数的意义上看:"—"表示奇数,又表示一个整体。"—"是数的开始和数的发展的基体,是万物生发之源。

"– –"代表自然界中的地、月、坤。"坤"表示顺、静、柔,阴爻象征一分为二,小分之数。从数的意义上看它表示偶数。太阳落山,月亮升起;月亮下去,太阳出来,日月互相推移交替,就产生了时光,寒暑易节形成了岁月。于是阴阳交融,万物繁衍。

以"—"及"– –"这两种符号结合,可产生错综复杂的变化。如果取三画为一卦,这两个符号能得到八卦,正好从自然界中抽象出来的八种事物一一对应。我们将八卦所代表的八种自然界现象与事物特征如图 3-11 所示。表 3-1 所示为八卦所对应的自然界的诸多现象。

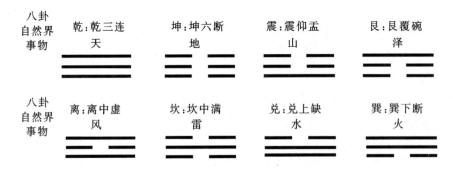

图 3-11 八卦所代表的 A 种自然界现象与事物特征

表 3-1 八卦所对应的自然界现象

卦	自然	家人	肢体	动物	特性	方位	季节	地支	五行
乾	天	父	首	马	刚健	西北	秋冬间	戌亥	金
坤	地	母	腹	牛	柔顺	西南	夏秋间	未申	土
坎	水	中男	耳	猪	险	北	冬	子	水
离	火	中女	目	雉	明察	南	夏	午	火
震	雷	少男	足	龙	动	东	春	卯	木
巽	风	老女	股	鸡	逊	东南	春夏间	辰巳	木
艮	山	老男	手	狗	止	东北	冬春间	丑寅	土
兑	泽	少女	口	羊	悦	西	秋	酉	金

三、八卦的数学结构

1. 八卦与集合论

集合论是现代数学的基础,它不仅渗透到数学的各个领域,也渗透到其他自然科学和社会科学领域。《周易·系辞》说:"方以类聚,物以群分。"这里所说的"类"与"群"就与数学中的"集合"概念非常相近。将八卦用集合论的语言描述,就会更方便、更清楚、更精确。

(1)八卦与自然现象的关系

八卦卦集 $A=\{$乾、坤、艮、兑、巽、震、坎、离$\}$

八种自然物集 $B=\{$天、地、雷、风、水、火、山、泽$\}$

它们之间构成了一个一一映射。

(2)八卦与方位的关系

八卦集 $A=\{$乾、坤、艮、兑、巽、震、坎、离$\}$

八方集 $B=\{$南,北,东,西,东南,西南,东北,西北$\}$

它们之间又构成了一种一一映射。

(3)八卦与五行之间的关系:

八卦集 $A=\{$乾、坤、艮、兑、巽、震、坎、离$\}$,

五行集 $B=\{$金,木,水,火,土$\}$。

乾	坤	艮	兑	巽	震	坎	离
金	土	土	金	木	木	水	火

它们之间的映射,显然是从 A 到 B 的满射。

(4)"八卦"与"洛书"关系:

八卦集 $A=\{$乾、坤、艮、兑、巽、震、坎、离$\}$,

数集 $B=\{$一,二,三,四,五,六,七,八,九$\}$

它们又构成一个映射,如图 3-12 所示。

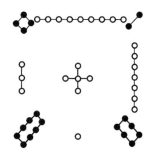

巽	离	坤
四	九	二
震	中	兑
三	王	七
艮	坎	乾
八	一	六

图 3-12 洛书与八卦

2. 八卦与二进制

阴爻▬ ▬用 0 表示,

阳爻▬▬▬用 1 表示;

八卦与二进制数字及十进制数字的对应关系列表如下：

卦 图								
二进制数	000	001	010	011	100	101	110	111
十进制数	0	1	2	3	4	5	6	7

3. 八卦与组合论

八卦中的每一卦都由两种符号(阴爻和阳爻)重复选取 3 个所做的组合。设组合数为 N，则 $N = C_2^1 C_2^1 C_2^1$，所以 $N = 2^3 = 8$，对应于八卦。

4. 八卦与代数式

令 a 表示阴爻，b 表示阳爻，规定 $ab \neq ba$，则当 $n = 2$ 时，

$$(a+b)^2 = a^2 + ab + ba + b^2$$

对应于八卦：☷ ☳ ☶ ☰；当 $n = 3$ 时，

对应于八卦：☷ ☶ ☵ ☲ ☳ ☴ ☱ ☰。

八卦在矩阵、群论、概率论中都有数学解释，在此不多做阐释了。

我国古代数学家一行(673—727)和秦九韶(1202—1261)都曾把八卦与数学相联系。德国数学家莱布尼兹(1646—1716)也曾感叹：二进制与八卦的卦爻太一致。

四、八卦的数学美感

八卦是一种深奥精巧的数学结构，蕴涵着一种极丰富的数学之美。中国古代的人们更欣赏世间万物相互作用影响中所表现出来的动态美。《周易·说卦》中认为：凡符合动态美原则的即为吉祥卦；凡绝对平衡、绝对静止的则为凶险卦。

国学中八卦所对应的吉祥物有八卦镜、八卦盘。它们的主要寓意是改善风水、镇宅、化解冲射、挡煞辟邪。它们还有旺财化煞、祛病除邪，趋吉避凶调节人体汽运的功能。现多为保平安的挂件，如图 3-13 所示。

图 3-13 八卦镜和八卦盘

　　新疆的特克斯县因八卦布局而闻名。八卦城呈放射状圆形,街道布局如神奇迷宫般,路路相通、街街相连。

　　八卦城有两奇:城市马路上没有一盏红绿灯。根据专家和学者都提议,既然各道路环环相连、条条相通这对一个县城来说不会塞车和堵路的,车辆和行人无论走哪个方向都能够通达目的地,于是有关部门1996年取消了道路上的红绿灯,八卦城由此成为一座没有红绿灯的城市。除没有红绿灯外,八卦城还有一奇,就是容易使外地人"转向"。

　　八卦城具有浓郁的民俗风情、厚重的历史文化和秀美的自然风光。八卦城是一座"天地交而万物通,上下交而万物同"的城市;这是一座被上海吉尼斯总部授予"现今世界最大规模的八卦城"的城市,如图3-14所示。

图3-14　八卦城

　　旬阳,位处秦巴山区,汉水南流,旬河北绕,将县城天然分割成阴阳两鱼,阴阳回旋,形如太极,故曰"太极城"。清代诗人曾以"满城灯火列星案,一曲旬水绕太极"来形容它的神奇,如图3-15所示。

　　在辽宁东部的山水之间,一个形似"太极八卦图"的古老县城引起人们的兴趣。这就是辽宁的桓仁县城。

图3-15　太极城——旬阳

我们为自己祖先创造了这具有哲学和科学内涵的八卦文化而感到骄傲自豪,我们应当继续把八卦文化发扬光大。而八卦与众多数学分支的联系,还有待我们去发掘整理。感兴趣的朋友可以去研究。

八卦文化太奇妙,趣味知识真不少,

天地人文全知晓,数学魅力实在好!

第四节　中国数学史

有位著名的数学家说过,"数学不仅是一种方法、一门艺术或一种语言,数学更主要是一门有着丰富内容的知识体系,其内容对自然科学家、社会科学家、哲学家、逻辑学家和艺术家都有着深远的影响。"对于数学史有着深厚研究的中国科学院数学与系统科学研究院研究员李文林认为,数学已经广泛地影响着人类的生活和思想,是形成现代文化的主要力量。因而,数学史是人类文明史最重要的组成部分。

一、古代数学领跑世界

中国数学有着悠久的历史,14 世纪以前一直是世界上数学最为发达的国家,出现过许多杰出的数学家,取得了很多辉煌成就。中国数学的起源与早期发展,在古代著作《世本》中就已提到黄帝使"隶首作算数",但这只是传说。在殷商甲骨文记录中,中国已经使用完整的十进制记数。至迟到春秋战国时代,又开始出现严格的十进位制筹算记数。筹算作为中国古代的计算工具,是中国古代数学对人类文明的特殊贡献。关于几何学,《史记》"夏本纪"记载说:夏禹治水,"左规矩,右准绳"。"规"是圆规,"矩"是直角尺,"准绳"则是确定铅垂方向的器械。这些都说明了早期几何学的应用。从战国时代的著作《考工记》中也可以看到与手工业制作有关的实用几何知识。

战国(公元前 475 年—前 221 年)诸子百家与希腊雅典学派时代相当。"百家"就是多种不同的学派,其中的"墨家"与"名家",其著作包含有理论数学的萌芽。如《墨经》(约公元前 4 世纪著作)中讨论了某些形式逻辑的法则,并在此基础上提出了一系列数学概念的抽象定义。在现存的中国古代数学著作中,《周髀算经》是最早的一部。

《周髀算经》成书年代据考应不晚于公元前 2 世纪西汉时期,但书中涉及的数学、天文知识,有的可以追溯到西周(公元前 11 世纪—前 8 世纪)。从数学上看,《周髀算经》主要的成就是分数运算、勾股定理及其在天文测量中的应用,其中关于勾股定理的论述最为突出。

《九章算术》是中国古典数学最重要的著作。这部著作的成书年代,根据考证,至迟在公元前 1 世纪,但其中的数学内容,有些也可以追溯到周代。《周礼》记载西周贵族子弟必学的六门课程"六艺"中有一门是"九数"。刘徽《九章算术注》"序"中就称《九章算术》是由"九数"发展而来,并经过西汉张苍、耿寿昌等人删补。

《九章算术》采用问题集的形式,全书 246 个问题,分成九章,依次为:方田,粟米,衰分,少广,商功,均输,盈不足,方程,勾股。其中所包含的数学成就是丰富和多方面的。算术方面,"方田"章给出了完整的分数加、减、乘、除以及约分和通分运算法则,"粟米""衰分""均输"诸章集中讨论比例问题,"盈不足"术是以盈亏类问题为原型,通过两次假设来求繁难算术问题的解的方法。

代数方面,《九章算术》的成就是具有世界意义的,"方程术"即线性联立方程组的解法;"正负术"是《九章算术》在代数方面的另一项突出贡献,即负数的引进;"开方术"即"少广"章的"开方术"和"开立方术",给出了开平方和开立方的算法;在几何方面,"方田""商功"和"勾股"三章处理几何问题,其中"方田"章讨论面积计算,"商功"章讨论体积计算,"勾股"章则是关于勾股定理的应用。《九章算术》的几何部分主要是实用几何。但稍后的魏晋南北朝,却出现了证明《九章算术》中那些算法的努力,从而引发了中国古典几何中最闪亮的篇章。从公元 220 年东汉分裂,到公元 581 年隋朝建立,史称魏晋南北朝。这是中国历史上的动荡时期,但同时也是思想相对活跃的时期。在长期独尊儒学之后,学术界思辩之风再起。在数学上也兴起了论证的趋势,许多研究以注释《周髀算经》《九章算术》的形式出现,实质是要寻求这两部著作中一些重要结论的数学证明。这方面的先锋,最杰出的代表是刘徽和祖冲之父子。他们的工作,使魏晋南北朝成为中国数学史上一个独特而丰产的时期。

《隋书》"律历志"中提到"魏陈留王景元四年刘徽注九章",由此知道刘徽是公元 3 世纪魏晋时人,并于公元 263 年撰写《九章算术注》。《九章算术注》包含了刘徽本人的许多创造,完全可以看成是独立的著作,奠定了这位数学家在中国数学史上的不朽地位。刘徽数学成就中最突出的是"割圆术"和体积理论。刘徽在《九章算术注》方田章"圆田术"注中,提出割圆术作为计算圆的周长、面积以及圆周率的基础,使刘徽成为中算史上第一位建立可靠的理论来推算圆周率的数学家。在体积理论方面,像阿基米德一样,刘徽倾力于面积与体积公式的推证,并取得了超越时代的成果。刘徽的数学思想和方法,到南北朝时期被祖冲之和他的儿子推进和发展了。祖冲之(公元 429 年—500 年)活跃于南朝宋、齐两代,曾做过南徐州(今镇江)从事史和公府参军,都是地位不高的小官,但他却成为历代为数很少能名列正史的数学家之一。《南齐史》"祖冲之传"说他"探异今古""革新变旧"。球体积的推导和圆周率的计算是祖冲之引以为荣的两大数学成就。祖冲之关于圆周率的贡献记载在《隋书》中。祖冲之算出了圆周率数值的上下限:$3.1415926 < \pi < 3.1415927$。祖冲之和他儿子关于球体积的推导被称之为"祖氏原理"。祖氏原理在西方文献中称"卡瓦列利原理",1635 年意大利数学家卡瓦列利独立提出,对微积分的建立有重要影响。之后的大唐盛世是中国封建社会最繁荣的时代,可是在数学方面,整个唐代却没有产生出能够与其前的魏晋南北朝和其后的宋元时期相媲美的数学大家。中国古代数学的下一个高潮宋元数学,是创造算法的英雄时代。

到了宋代,雕版印书的发达特别是活字印刷的发明,则给数学著作的保存与流传带来了福音。事实上,整个宋元时期(公元 960 年—1368 年),重新统一了的中国封建社会发生了一系列有利于数学发展的变化。这一时期涌现的优秀数学家中最卓越的代表,如通常称"宋元四大家"的杨辉、秦九韶、李冶、朱世杰等,在世界数学史上占有光辉的地位;而这一时期印刷出版、记载着中国古典数学最高成就的宋元算书,也是世界文化的重要遗产。贾宪是北宋人,约公元 1050 年完成一部叫《黄帝九章算术细草》著作,原书丢失,但其主要内容被南宋数学家杨辉著《详解九章算法》(1261 年)摘录,因能传世。贾宪的增乘开方法,是一个非常有效和高度机械化的算法,可适用于开任意高次方。秦九韶(约公元 1202 年—1261 年)在他的代表著作《数书九章》中,将增乘开方法推广到了高次方程的一般情形,称为"正负开方术"。秦九韶还有"大衍总数术",即一次同余式的一般解法。这两项贡献使得宋代算书在中世纪世界数学史上占有突出的地位。秦九韶的大衍总数术,是《孙子算经》中"物不知数"题算法的推广。从"孙子问题"到"大衍总数术"关于一次同余式求解的研究,形成了中国古典数学中饶有特色的部分。这方面的研究,可能是受到了天文历法问题的推动。中国古典数学的发展与天文历法有特殊的联系,另一个突出的例子是内插法的发展。古代天算家由于编制历法而需要确定日、月、五星等天体的视运动,当他们观察出天体运动的不均匀性时,内插法便应运产生。早在东汉时期,刘洪《乾象历》就使用了一次内插公式来计算月行度数。公元 600 年刘焯在《皇极历》中使用了二次内插公式来推算日月五星的经行度数。公元 727 年,僧一行又在他的《大衍历》中将刘焯的公式推广到自变量不等间距的情形。但由于天体运动的加速度也不均匀,二次内插仍不够精密。随着历法的进步,对数学工具也提出了更高的要求。到了宋元时代,便出现了高次内插法。最先获得一般高次内插公式的数学家是朱世杰(公元 1300 年前后)。朱世杰的代表著作有《算学启蒙》(1299 年)和《四元玉鉴》(1303 年)。《算学启蒙》是一部通俗数学名著,曾流传海外,影响了日本与朝鲜数学的发展。《四元玉鉴》则是中国宋元数学高峰的又一个标志,其中最突出的数学创造有"招差术"(即高次内插法),"垛积术"(高阶等差级数求和)以及"四元术"(多元高次联立方程组与消元解法)等。宋元数学发展中一个最深刻的动向是代数符号化的尝试,这就是"天元术"和"四元术"的发明。天元术和四元术都是用专门的记号来表示未知数,从而列方程、解方程的方法,它们是代数学的重要进步。中国古代数学以计算为中心、具有程序性和机械性的算法化数学模式与古希腊的以几何定理的演绎推理为特征的公理化数学模式相辉映,交替影响世界数学的发展。

总之,中国传统数学的特点是形成了以计算为核心的算法理论,具有浓郁应用色彩。具体有以下特点:

1."算术"与算法化成果

算筹为中国数学发展提供了了技术工具,使中国在世界上最早采用了十进位值制记数法;使计算程序化和自动化。长期坚持走算法化的发展道路,限制了数学方法的流传和改进。影响了逻辑体系的发展,很难达到现代数学的发展水平。

2.实用性思想

数学著作都以社会生产和生活实践中的问题为纲,这些问题基本按社会、生活领域进行分类。过分重实用,不利于抽象概念和命题的形成。

3.连续性特征

历代数学典籍体例的一致性;数学的各分支发展的继承性;计算工具使用的一贯性;不受外来数学文化的影响。

4.政府控制的特征

中国传统数学始终置于政府控制之下,直接受制于统治阶级的意识形态和社会的需求。较早地形成国家数学教育体制。明代封建统治者的政策不利于数学发展。

附1:

(一)在中国古代数学发展史中,祖先摘到的金牌

1.十进位值制记数法和零的采用。源于春秋时代,早于第二发明者印度 1000 多年。

2.二进位制思想起源。源于《周易》中的八卦法,早于第二发明者德国数学家莱布尼兹(公元 1646—1716)2000 多年。

3.几何思想起源。源于战国时期墨翟的《墨经》,早于第二发明者欧几里德(公元前 330—

前 275)100 多年。

4. 幻方。我国最早记载幻方法的是春秋时代的《论语》和《书经》,而在国外,幻方的出现在公元 2 世纪,我国早于国外 600 多年。

5. 负数的发现。这个发现最早见于《九章算术》,这一发现早于印度 600 多年,早于西方 1600 多年。

6. 盈不足术。又名双假位法。最早见于《九章算术》中的第七章。在世界上,直到 13 世纪,才在欧洲出现了同样的方法,比中国晚了 1200 多年。

7. 方程术。最早出现于《九章算术》中,其中解联立一次方程组方法,早于印度 600 多年,早于欧洲 1500 多年。在用矩阵排列法解线性方程组方面,我国要比世界其他国家早 1800 多年。

8. 最精确的圆周率"祖率"。早于世界其他国家 1000 多年。

9. 等积原理。又名"祖暅"原理。保持世界纪录 1100 多年。

10. 二次内插法。隋朝天文学家刘焯最早发明,早于"世界亚军"牛顿(公元 1642—1727)1000 多年。

11. 增乘开方法。在现代数学中又名"霍纳法"。我国宋代数学家贾宪最早发明于 11 世纪,比英国数学家霍纳(公元 1786—1837)提出的时间早 800 年左右。

12. 杨辉三角。贾宪创造的,见于他著作《黄帝九章算法细草》中,第二个发明者是法国的数学家帕斯卡(公元 1623—1662),他的发明时间是 1653 年,比贾宪晚了近 600 年。

13. 中国剩余定理。实际上就是解一次同余式的方法。这个方法最早见于《孙子算经》,1801 年德国数学家高斯(公元 1777—1855)在《算术探究》中提出这一解法,西方人以为这个方法是世界第一,称之为"高斯定理",但后来发现,它比中国晚 1500 多年,因此为其正名为"中国剩余定理"。

14. 数字高次方程方法,又名"天元术"。金元年间,我国数学家李冶发明设未知数的方程法,并巧妙地把它表达在筹算中。这个方法早于世界其他国家 300 年以上,为以后出现的多元高次方程解法打下很好的基础。

15. 招差术。也就是高阶等差级数求和方法。从北宋起我国就有不少数学家研究这个问题,到了元代,朱世杰首先发明了招差术,使这一问题得以解决。世界上,比朱世杰晚近 400 年之后,牛顿才获得了同样的公式。

(二)中国古代数学史分期

兴起:原始社会到西周时期的数学;

框架的确立:春秋至东汉中期的数学;

理论体系的完成:东汉末至唐中叶的数学;

高潮阶段:唐中叶至元中叶的数学;

衰落及中西方数学的融合:元末至清末。

二、近代数学日渐势微

《四元玉鉴》可以说是宋元数学的绝唱。元末以后,中国传统数学骤转衰落。整个明清两代(1368 年—1911 年),不仅未再产生出能与《数书九章》《四元玉鉴》相媲美的数学杰作,而且在清中叶乾嘉学派重新发掘研究以前,"天元术""四元术"这样一些宋元数学的精粹,竟长期失传,无人通晓。明初开始长达三百余年的时期内,除了珠算的发展及与之相关的著作(如程大位《算法统宗》,1592 年)的出现,中国传统数学研究不仅没有新的创造,反而倒退了。

中国传统数学自元末以后落后的原因是多方面的。皇朝更迭的漫长的封建社会,在晚期表现出日趋严重的停滞性与腐朽性,数学发展缺乏社会动力和思想刺激。元代以后,科举考试制度中的《明算科》完全废除,唯以八股取士,数学社会地位低下,研究数学者没有出路,自由探讨受到束缚甚至遭禁锢。

同时,中国传统数学本身也存在着弱点。筹算系统使用的十进位值记数制是对世界文明的一大贡献,但筹算本身却有很大的局限性。在筹算框架内发展起来的半符号代数"天元术"与"四元术",就不能突破筹算的限制演进为彻底的符号代数。筹式方程运算不仅笨拙累赘,而且对有五个以上未知量的方程组无能为力。另一方面,算法创造是数学进步的必要因素,但缺乏演绎论证的算法倾向与缺乏算法创造的演绎倾向同样难以升华为现代数学。而无论是筹算数学还是演绎几何,在中国的传播都由于"天朝帝国"的妄大、自守而显得困难和缓慢。16、17世纪,当近代数学在欧洲蓬勃兴起以后,中国数学就更明显地落后了。从 17 世纪初到 19 世纪末大约三百年时间,是中国传统数学滞缓发展和西方数学逐渐传入的过渡时期,这期间出现了两次西方数学传播的高潮。

第一次是从 17 世纪初到 18 世纪初,标志性事件是欧几里得《原本》的首次翻译。1606年,中国学者徐光启(1562 年—1633 年)与意大利传教士利玛窦合作完成了欧几里得《原本》前6 卷的中文翻译,并于翌年(1607 年)正式刊刻出版,定名《几何原本》,中文数学名词"几何"由此而来。西方数学在中国早期传播的第二次高潮是从 19 世纪中叶开始。除了初等数学,这一时期还传入了包括解析几何、微积分、无穷级数论、概率论等近代数学知识。西方数学在中国的早期传播对中国现代数学的形成起了一定的作用,但由于当时整个社会环境与科学基础的限制,总的来说其功效并不显著。清末数学教育的改革仍以初等数学为主,即使在所谓"大学堂"中,数学教学的内容也没有超出初等微积分的范围,并且多半被转化为传统的语言来讲授。中国现代数学的真正开拓,是在辛亥革命以后,兴办高等数学教育是重要标志。

三、现代数学迎头赶上

自鸦片战争以后,西方列强的军舰与大炮使中国朝野看到了科学与教育的重要,部分有识之士还逐步认识到数学对于富国强兵的意义,从而竭力主张改革国内数学教育,同时派遣留学生出国学习西方数学。辛亥革命以后,这两条途径得到了较好的结合,有力地推动了中国现代高等数学教育的建制。20 世纪初,在科学与民主的高涨声中,中国数学家们踏上了学习并赶超西方先进数学的光荣而艰难的历程。1912 年,中国第一个大学数学系——北京大学数学系成立(当时叫"数学门",1918 年改"门"称"系"),这是中国现代高等数学教育的开端。

20 世纪 20 年代,是中国现代数学发展道路上的关键时期。在这一时期,全国各地大学纷纷创办数学系,数学人才培养开始着眼于国内。除了北京大学、清华大学、南开大学、浙江大学,在这一时期成立数学系的还有东南大学(1921 年)、北京师范大学(1922 年)、武汉大学(1922 年)、厦门大学(1923 年)、四川大学(1924 年)等等。伴随着中国现代数学教育的形成,现代数学研究也在中国悄然兴起。中国现代数学的开拓者们,在发展现代数学教育的同时,努力拼搏,追赶世界数学前沿,至 1920 年末和 1930 年,已开始出现一批符合国际水平的研究工作。

1928 年,陈建功在日本《帝国科学院院报》上发表论文《关于具有绝对收敛 Fourier 级数的函数类》,中心结果是证明了一条关于三角级数在区间上绝对收敛的充要条件。几乎同时,G·哈代和 J·李特尔伍德在德文杂志《数学时报》上也发表了同样的结果,因而西方文献中常称此结果为"陈—哈代—李特尔伍德定理"。这标志中国数学家已能生产国际一流水平的研究成果。

差不多同时,苏步青、江泽涵、熊庆来、曾炯之等也在各自领域里作出令国际同行瞩目的成果。1928—1930 年间,苏步青在当时处于国际热门的仿射微分几何方面引进并决定了仿射铸曲面和仿射旋转曲面。他在这个领域的另一个美妙发现后被命名为"苏锥面"。江泽涵是将拓扑学引进中国的第一人,他本人在拓扑学领域中最有影响的工作是关于不动点理论的研究,这在他 1930 年的研究中已有端倪。江泽涵从 1934 年起出任北京大学数学系主任。熊庆来"大器晚成",1931 年,已经身居清华大学算学系主任的熊庆来,再度赴法国庞加莱研究所,两年后取得法国国家博士学位。其博士论文《关于无穷级整函数与亚纯函数》、引进后以他的名字命名的"熊氏无穷级"等,将博雷尔有穷级整函数论推广为无穷级情形。从 20 世纪初第一批学习现代数学的中国留学生跨出国门,到 1930 年中国数学家的名字在现代数学热门领域的前沿屡屡出现,前后不过 30 余年,这反映了中国现代数学的先驱者们高度的民族自强精神和卓越的科学创造能力。这一点,在 1930 年至 1940 年中的时期里有更强烈的体现。这一时期的大部分时间,中国是处在抗日战争的烽火之中,时局动荡,生活艰苦。当时一些主要的大学都迁移到了敌后内地。在极端动荡、艰苦的战时环境下,师生们却表现出抵御外侮、发展民族科学的高昂热情。他们在空袭炸弹的威胁下,照常上课,并举行各种讨论班,同时坚持深入的科学研究。这一时期产生了一系列先进的数学成果,其中最有代表性的是华罗庚、陈省身、许宝的工作。

到 20 世纪 40 年代后期,又有一批优秀的青年数学家成长起来,走向国际数学的前沿并作出先进的成果,其中最有代表性的是吴文俊的工作。吴文俊 1940 年毕业于交通大学,1947 年赴法国留学。吴文俊在留学期间就提出了后来以他的名字命名的"吴示性类"和"吴公式",有力地推动了示性类理论与代数拓扑学的发展。经过老一辈数学家们披荆斩棘的努力,中国现代数学从无到有地发展起来,从 1930 年开始,不仅有了达到一定水平的队伍,而且有了全国性的学术性组织和发表成果的杂志,现代数学研究初具规模,并呈现上升之势。

1949 年中华人民共和国成立之后,中国现代数学的发展进入了一个新的阶段。新中国的数学事业经历了曲折的道路而获得了巨大的进步。这种进步主要表现在:建立并完善了独立自主的现代数学科研与教育体制;形成了一支研究门类齐全、并拥有一批学术带头人的实力雄厚的数学研究队伍;取得了丰富的和先进的学术成果,其中达到国际先进水平的成果比例不断提高。改革开放以来,中国数学更是进入了前所未有的良好的发展时期,特别是涌现了一批优秀的、活跃于国际数学前沿的青年数学家。

改革开放以来的 20 多年是我国数学事业空前发展的繁荣时期。中国数学的研究队伍迅速扩大,研究论文和专著成十倍地增长,研究领域和方向发生了深刻的变化。我国数学家不仅在传统的领域内继续作出了成绩,而且在许多重要的过去空缺的方向以及当今世界研究前沿都有重要的贡献。在世界各地许多大学的数学系里都有中国人任教,特别是在美国,中国数学家还在大多数名校占有重要教职。在许多高水平的国际学术会议上都能见到作特邀报告的中国学者。在重要的数学期刊上,不仅中国人的论著屡见不鲜,而且在引文中,中国人的名字亦频频出现。在一些有影响的国际奖项中,中国人也开始崭露头角。

这一切表明,我国的数学研究水平比过去有了很大提高,与世界先进水平的差距明显地缩小了,在许多重要分支上都涌现出了一批优秀的成果和学术带头人。中国人在国际数学界的地位空前提高了。中国数学的今天,是几代数学家共同拼搏奋斗的结果。2002 年国际数学家大会在北京召开,标志着中国国际地位的提高与数学水平的发展。我们相信,在众多中国科学家的共同努力下,中国数学赶超世界先进水平,并在 21 世纪成为世界数学大国的梦想一定能够实现。

附 2:中国当代数学家数学上的研究成就

1. 李氏恒等式

数学家李善兰在级数求和方面的研究成果,在国际上被命名为"李氏恒等式"。

2. 华氏定理

数学家华罗庚关于完整三角和的研究成果被国际数学界称为"华氏定理";另外他与数学家王元提出多重积分近似计算的方法被国际上誉为"华-王方法"。

3. 苏氏锥面

数学家苏步青在仿射微分几何学方面的研究成果在国际上被命名为"苏氏锥面"。

4. 熊氏无穷级

数学家熊庆来关于整函数与无穷级的亚纯函数的研究成果被国际数学界誉为"熊氏无穷级"。

5. 陈示性类

数学家陈省身关于示性类的研究成果被国际上称为"陈示性类"。

6. 周氏坐标

数学家周炜良在代数几何学方面的研究成果被国际数学界称为"周氏坐标";另外还有以他命名的"周氏定理"和"周氏环"。

7. 吴氏方法

数学家吴文俊关于几何定理机器证明的方法被国际上誉为"吴氏方法";另外还有以他命名的"吴氏公式"。

8. 王氏悖论

数学家王浩关于数理逻辑的一个命题被国际上定为"王氏悖论"。

9. 柯氏定理

数学家柯召关于卡特兰问题的研究成果被国际数学界称为"柯氏定理";另外他与数学家孙琦在数论方面的研究成果被国际上称为"柯-孙猜测"。

10. 陈氏定理

数学家陈景润在哥德巴赫猜想研究中提出的命题被国际数学界誉为"陈氏定理"。

11. 杨-张定理

数学家杨乐和张广厚在函数论方面的研究成果被国际上称为"杨-张定理"。

12. 陆氏猜想

数学家陆启铿关于常曲率流形的研究成果被国际上称为"陆氏猜想"。

13. 夏氏不等式

数学家夏道行在泛函积分和不变测度论方面的研究成果被国际数学界称为"夏氏不等式"。

14. 姜氏空间

数学家姜伯驹关于尼尔森数计算的研究成果被国际上命名为"姜氏空间";另外还有以他命名的"姜氏子群"。

15. 侯氏定理

数学家侯振挺关于马尔可夫过程的研究成果被国际上命名为"侯氏定理"。

16. 周氏猜测

数学家周海中关于梅森素数分布的研究成果被国际上命名为"周氏猜测"。

17. 王氏定理

数学家王戌堂关于点集拓扑学的研究成果被国际数学界誉为"王氏定理"。

18. 袁氏引理

数学家袁亚湘在非线性规划方面的研究成果被国际上命名为"袁氏引理"。

19. 景氏算子

数学家景乃桓在对称函数方面的研究成果被国际上命名为"景氏算子"。

20. 陈氏文法

数学家陈永川在组合数学方面的研究成果被国际上命名为"陈氏文法"。

附 3:部分著名数学家

1. 李善兰

清代数学家、天文学家、翻译家和教育家,近代科学的先驱者。1845 年前后就得到并发表了具有解析几何思想和微积分方法的数学研究成果——"尖锥术"。1852—1859 年,李善兰在上海墨海书馆与英国传教士、汉学家伟烈亚力等人合作翻译出版了《几何原本》后九卷,以及《代数学》《代微积拾级》《谈天》《重学》《圆锥曲线说》《植物学》等西方近代科学著作,又译《奈端数理》(即牛顿《自然哲学的数学原理》)四册(未刊),这是解析几何、微积分、哥白尼日心说、牛顿力学、近代植物学传入中国的开端。李善兰的翻译工作是有独创性的,他创译了许多科学名词,如"代数"、"函数"、"方程式"、"微分"、"积分"、"级数"、"植物"、"细胞"等,匠心独运,切贴恰当,不仅在中国流传,而且东渡日本,沿用至今。李善兰为近代科学在中国的传播和发展做出了开创性的贡献。1867 年他在南京出版《则古昔斋算学》,汇集了二十多年来在数学、天文学和弹道学等方面的著作,计有《方圆阐幽》《弧矢启秘》《对数探源》《垛积比类》《四元解》《麟德术解》《椭圆正术解》《椭圆新术》《椭圆拾遗》《火器真诀》《对数尖锥变法释》《级数回求》和《天算或问》等 13 种 24 卷,共约 15 万字。

1868 年,李善兰被荐任北京同文馆天文算学总教习,直至 1882 年他逝世为止,从事数学教育十余年,其间审定了《同文馆算学课艺》《同文馆珠算金踌针》等数学教材,培养了一大批数学人才,是中国近代数学教育的鼻祖。

他的数学著作,除《则古昔斋算学》外,尚有《考数根法》《粟布演草》《测圆海镜解》《九容图表》,而未刊行者,有《造整数勾股级数法》《开方古义》《群经算学考》《代数难题解》等。在数学研究方面的成就,主要有尖锥术、垛积术和素数论三项。

2. 华罗庚

中国现代数学家。主要从事解析数论、矩阵几何学、典型群、自守函数论、多复变函数论、偏微分方程、高维数值积分等领域的研究与教授工作并取得突出成就。20 世纪 40 年代,解决了高斯完整三角和的估计这一历史难题,得到了最佳误差阶估计(此结果在数论中有着广泛的应用);对 G·H·哈代与 J·E·李特尔伍德关于华林问题及 E·赖特关于塔里问题的结果作了重大的改进,至今仍是最佳纪录。在代数方面,证明了历史长久遗留的一维射影几何的基本定理;给出了体的正规子体一定包含在它的中心之中这个结果的一个简单而直接的证明,被称为嘉当—布饶尔—华定理。其专著《堆垒素数论》系统地总结、发展与改进了哈代与李特尔伍德圆法、维诺格拉多夫三角和估计方法及他本人的方法,发表 40 余年来其主要结果仍居世界领先地位,先后被译为俄、匈、日、德、英文出版,成为 20 世纪经典数论著作之一,其专著《多个复变典型域上的调和分析》以精密的分析和矩阵技巧,结合群表示论,具体给出了典型域的完整正交系,从而给出了柯西与泊松核的表达式,获中国自然科学奖一等奖。倡导应用数学与计算机的研制,曾出版《统筹方法平话》《优选学》等多部著作并亲自在中国推广应用。与王元教授合作在近代数论方法应用研究方面获重要成果,被称为"华-王方法"。在发展数学教育和科学普及方面做出了重要贡献。发表研究论文 200 多篇,并有专著和科普性著。

3. 苏步青

教育家,数学家。创立了具有特色的微分几何学派,开拓了仿射微分几何、射影微分几何、空间微分几何等领域,开创了计算几何的研究方向。著有《射影曲面概论》《仿射微分几何学》《射影共轭网概论》等。

4. 熊庆来

我国著名数学家、教育家、现代数学的耕耘者。他创办了中国近代史上第一个近代数学研究机构——清华大学算学研究部和东南大学、清华大学等 3 所大学的数学系,以及中国数学报。培养了华罗庚、陈省身、吴大任、庄圻泰等一批享誉国内外的知名数学家。著名物理学家钱三强、赵九章、钱伟长、彭恒武等也是熊庆来到清华大学后培养出来的学生。这期间他潜心于学术研究与著述,编写的《高等数学分析》等 10 多种大学教材是当时第一次用中文写成的数学教科书。

熊庆来在"函数理论"领域造诣很深。1932 年他代表中国第一次出席了瑞士苏黎世国际数学家大会,后到法国普旺加烈学院从事了两年数论的研究,获法国国家理学博士学位,成为第一个获此学位的中国人。此间,熊庆来写成了论文《关于整函数与无穷级的亚纯函数》,该文中定义的无穷级,被数学界称为"熊氏无穷级"又称"熊氏定理",被载入世界数学史册,奠定了他在国际数学界的地位。

5. 陈省身

国际著名数学大师,沃尔夫数学奖得主。

陈省身的主要工作领域是微分几何学及其相关分支。还在积分几何、射影微分几何、极小子流形、网几何学、全曲率与各种浸入理论、外微分形式与偏微分方程等诸多领域有开拓性的贡献。陈省身本有极多荣誉，包括中央研究院院士（1948），美国国家科学院院士（1961）及国家科学奖章（1975），伦敦皇家学会国外会员（1985），法国科学院国外院士（1989），中国科学院国外院士等。荣获 1983/1984 年度 Wolf 奖，及 1983 年度美国科学会 Steele 奖中的终身成就奖。

1937 年回国，正值抗日战争，他任教长沙临时大学和西南联合大学，在此期间，他把积分几何理论推广到齐性空间。1943—1945 年在普林斯顿高等研究所工作两年，先后完成了两项划时代的重要工作，其一为黎曼流形的高斯-博内一般公式，另一为埃尔米特流形的示性类论。在这两篇论文中，他首创应用纤维丛概念于微分几何的研究，引进了后来通称的陈示性类，为大范围微分几何提供了不可缺少的工具，成为整个现代数学中的重要构成部分。1946 年第二次世界大战结束后重返中国，在上海建立了中央研究院数学研究所（后迁南京），此后两三年中，他培养了一批青年拓扑学家。1985 年创办南开数学研究所，并任所长。

陈省身由于对数学的重要贡献而享有多种荣誉，其中有 1984 年获颁的沃尔夫奖（Wolf Prize, Link）。经他教过的学生，有吴文俊、杨振宁、廖山涛、丘成桐、郑绍远等著名学者。

6. 吴文俊

拓扑学方面，在示性类、示嵌类等领域获得一系列成果，还得到了许多著名的公式，指出了这些理论和方法的广泛应用。他还在拓扑不变量、代数流形等问题上有创造性工作。1956 年吴文俊因在拓扑学中的示性类和示嵌类方面的卓越成就获中国自然科学奖一等获。

机器证明方面，从初等几何着手，在计算机上证明了一类高难度的定理，同时也发现了一些新定理，进一步探讨了微分几何的定理证明。提出了利用机器证明与发现几何定理的新方法。这项工作为数学研究开辟了一个新的领域，将对数学的革命产生深远的影响。1978 年获全国科学大会重大科技成果奖。

中国数学史方面，吴文俊认为中国古代数学的特点是：从实际问题出发，经过分析提高，再抽象出一般的原理、原则和方法，最终达到解决一大类问题的目的。他对中国古代数学在数论、代数、几何等方面的成就也提出了精辟的见解。

7. 王浩

仅次于哥德尔的逻辑数学大师，美籍华裔数理逻辑学家、计算机科学家和科学家。

王浩曾发表 100 多篇论文。主要著作有：《数理逻辑概论》，其中收集了他在 1947 年至 1959 年期间写的关于数学基础、形式公理系统、计算机理论和数学定理机械化证明的一些研究论文和其他文章。《从数学到哲学》（1974），作者试图用实事求是论的观点阐述对一系列哲学问题，特别是数学哲学问题的看法，并对当今在西方世界影响甚大的分析哲学进行批判，书中还包括大逻辑学家哥德尔一些未发表的哲学观点，极有研究价值。《数理逻辑通俗讲话》，有中英文两种版本，这是根据作者在 1977 年在中国科学院作的 6 次关于数理逻辑的广泛而通俗的讲演整理而成的。《超越分析哲学——公平对待我们具有的知识》（1986），作者对分析哲学的代表人物罗素、维特根斯坦、卡纳普和奎因等人的思想观点作了详细介绍，并给予缜密的分析和有力的批判，主要论据是他们的哲学无法为人类现有的知识，特别是数学知识，提供基础。王的书是对现代哲学史和哲学的丰富、迷人的贡献。

1983 年在美国丹佛召开的由人工智能国际联合会会议和美国数学会共同主办的自动定

理证明特别年会上,王浩被授予首届里程碑奖,以表彰他在数学定理机械证明研究领域中所作的开创性贡献。提名时列举的主要贡献有:强调发展应用逻辑新分支——推理分析,其对于数理逻辑的依赖关系类似于数值分析,对于数学分析的依赖关系;坚持谓词演算和埃尔布朗与根岑形式化的基本作用;设计了证明程序,有效地证明了罗素与怀特海的《数学原理》中带集式的谓词演算部分的 350 多条定理;第一个强调在埃尔布朗序列中预先消去无用项的算法的重要性;提出一些深思熟虑的谓词演算定理,可用作挑战性问题来帮助判断新的定理证明程序的效能。

8. 陈景润

数学家、中国科学院院士。1966 年 5 月,一颗耀眼的新星闪烁于全球数学界的上空——陈景润宣布证明了哥德巴赫猜想中的 1+2;1972 年 2 月,他完成了对 1+2 证明的修改。令人难以置信的是,外国数学家在证明 1+3 时用了大型高速计算机,而陈景润却完全靠纸、笔和头颅。如果这令人费解的话,那么他单为简化 1+2 这一证明就用去的 6 麻袋稿纸,则足以说明问题了。1973 年,他发表的著名的陈氏定理,被誉为筛法的光辉顶点。

对于陈景润的成就,一位著名的外国数学家曾敬佩和感慨地誉:他移动了群山!

9. 柯召

著名数学家,数学教育家,四川大学校长。

1931 年,入清华大学算学系。1933 年,柯召以优异成绩毕业。1935 年,他考上了中英庚款的公费留学生,去英国曼彻斯特大学深造,在导师 L·J·莫德尔的指导下研究二次型,在表二次型为线性型平方和的问题上,取得优异成绩,回国后先后任教于重庆大学,四川大学。1953 年,他调回四川大学任教至今。在这 40 余年间,他以满腔的热情投入教学和科研工作,为国家培养了许多优秀数学人才,在科研上硕果累累。与此同时,他还先后担任了四川大学教务长、副校长、校长、数学研究所所长等职,作为学术带头人和学校负责人,他卓有成效地抓了几个重要方面的工作:努力提高教学质量,积极开展基础理论研究,发展应用数学,培养一批高水平的人才。其研究领域涉及数论、组合数学与代数学。在二次型、不定方程领域获众多优秀成果。1955 年选聘为中国科学院院士(学部委员)。

10. 许宝騄

中央研究院院士,首批学部委员。在矩阵论,概率论和数理统计方面发表了 10 余篇论文。1955 年,他当选为中国科学院学部委员。在中国开创了概率论、数理统计的教学与研究工作。在内曼—皮尔逊理论、参数估计理论、多元分析、极限理论等方面取得卓越成就,是多元统计分析学科的开拓者之一。1955 年选聘为中国科学院院士(学部委员)。

11. 段学复

中科院院士,原北大数学系主任。长期从事代数学的研究。在有限群的模表示论特别是指标块及其在有限单群和有限复线性群构造研究中的应用方面取得突出成果。指导学生用表示论和有限单群分类定理彻底解决了著名的 Brauer 第 39 问题、第 40 问题。在代数李群研究方面与国外学者合作完成了早期奠基性成果。在有限 P 群方面取得一系列研究成果。在数学应用于国防科研和国防建设方面做了大量工作。1955 年选聘为中国科学院院士(学部委员)。

12. 江泽涵

我国拓扑学的奠基人。数学家,数学教育家。早年长期担任北京大学数学系主任,为该系树立了优良的教学风尚。致力于拓扑学,特别是不动点理论的研究,是我国拓扑学研究的开拓者之一。1955 年当选为中国科学院数理学部委员。

13. 田方增

中国科学院数学研究所的筹建者。几十年来田方增为数学研究所的建设以及中国数学学科特别是泛函分析这一分支学科的发展做出了重要贡献。他参与了中华人民共和国成立以来中国的一些重大的数学活动。他被聘为全国科学技术委员会数学组成员,参与了 1956 年制订的十二年远景规划的有关项目,1978 年、1983 年接连两届被选为中国数学会理事,在理事会任期内受托为泛函分析学科组负责人,致力于泛函分析基本理论及其应用研究。是在中国建立中子迁移数学理论研究组的主要学者之一。为发展我的泛函分析研究做出了积极贡献。

14. 严志达

我国最早从事微分与积分几何研究的学者之一,为我国的科学与教育事业的发展作出了自己的贡献。从 1954 年起,他在南开大学主持了"李群与微分几何"讨论班,一直坚持到"文化大革命"。1972 年开始,严志达对啮合理论进行了系统的研究,奠定了它的数学基础。这项成果受到国内外齿轮界的重视,从而推进了小组的工作并对我国齿轮界的研究产生了重大影响。1993 年当选为中国科学院院士。

15. 关肇直

中国泛函分析学科的领路人。1952 年他参加筹建中国科学院数学研究所的工作,并在数学研究所从事他渴望已久的数学研究工作,历任副研究员、研究员、副所长等职。1979 年参与中国科学院系统科学研究所的创建,并任所长。他主持的研究工作成果多次受到有关部门的奖励和表彰,其中《现代控制理论在武器系统中的应用》和《我国第一颗人造卫星的轨道计算和轨道选择》获 1978 年全国科学大会奖,《飞行器弹性控制理论研究》获 1982 年国家自然科学二等奖,《尖兵一号返回型卫星和东方红一号》获 1985 年国家级科技进步特等奖(关肇直在该项目中负责轨道设计和轨道测定两个课题),关肇直本人并荣获"科技进步"金质奖章。1981 年被选为中国科学院学部委员。

16. 徐利治

中国数学会组合数学与图论委员会主任。他主要致力于分析数学领域的研究,在多维渐近积分,无界函数逼近以及高维边界型求积法等方面获众多成果,并在我国倡导数学方法论的研究。至 1991 年初,他共出版专著近 20 种,发表论文计 150 余篇。他受聘为中国科学院数学研究所学术顾问,南开大学数学研究所学术委员和中国数学会组合数学与图论委员会主任;担任国际性英文刊物《逼近论及其应用》杂志副主编,《高等学校计算数学学报》名誉主编,以及德国《数学文摘》杂志评论员。1988 年英国剑桥国际传记中心将他列入国际知识界名人录和太平洋地区名人录。

17. 万哲先

中国科学院院士。中国科学院数学与系统科学研究院系统科学研究所研究员。从事代数学、组合论研究,在典型群、矩阵几何、有限几何和编码学等领域进行了系统研究。20 世纪 50

年代和 80 年代初解决了典型群的结构和自同构方面一系列难题。1958 年对解决运输问题的图上作业法给出理论证明并进行了推广应用。60 年代中和 90 年代初运用华罗庚开创的中国典型群学派的矩阵方法研究有限域上典型群的几何学,获得了系统的重要成果,并利用它构造了一些结合方案、PBIB 设计和认证码并研究了有限域上型表型问题,典型群的子空间轨道生成的格等。从 90 年代运用代数方法研究卷积码,澄清了一系列疑问。最近证明了对称矩阵几何及哈密尔顿矩阵几何的基本定理,是对华罗庚开创研究的矩阵几何的重要贡献。1991 年当选为中国科学院院士(学部委员)。

18. 吴大任

著名数学家,数学教育家。长期担任南开大学领导工作与教学工作,著、译数学教材及名著多种。对我国高等教育事业作出了积极贡献。研究领域涉及积分几何、非欧几何、微分几何及其应用(齿轮理论)。1981 年他任国家学位委员会第一届数学组成员,《中国大百科全书数学卷》编委兼几何拓扑学科的副主编以及全国自然科学名词审定委员会第一和第二届委员。

第四章　初等数学中的数学文化

第一节　神秘的黄金分割与曼妙的斐波纳契数列

　　黄金分割是世界上最优美的比例之一。对黄金分割的研究可以追溯到古希腊,毕达哥拉斯学派已经发现并掌握了黄金分割问题。之后,欧多克斯进一步深入研究,欧几里得在他的名著《几何原本》中给出黄金分割的完整几何解与证明。文艺复兴后,黄金分割在生产和生活中的应用越来越广泛,不仅引起许多数学家的关注,就连画家、音乐家、建筑学家也对它情有独钟。

一、什么是黄金分割?

1. 黄金分割的由来

　　黄金分割是公元前 6 世纪古希腊数学家、哲学家毕达哥拉斯发现。一天,毕达哥拉斯从一家铁匠铺路过,被铺子中那有节奏的叮叮当当的打铁声所吸引,便站在那里仔细聆听,似乎这声音中隐匿着什么秘密。他走进作坊,拿出一把尺子量了一下铁锤和铁砧的尺寸,发现它们之间存在着一种十分和谐的关系。回到家里,毕达哥拉斯拿出一根线,想将它分为两段。怎样分才最好呢? 经过反复比较,他最后确定 1:0.618 的比例截断最优美。这个规律的意思是,较大部分与整体这个比等于较小部分与较大部分之比。无论什么物体、图形,只要它各部分的关系都与这种分割法相符,这类物体、图形就能给人最悦目、最美的印象。

2. 黄金分割的计算

　　这其实是一个数字的比例关系,即把一条线分为两部分,此时长段与短段之比恰恰等于整条线与长段之比,其数值比为 1.618:1 或 1:0.618,也就是说长段的平方等于全长与短段的乘积。如图 4-1 所示。

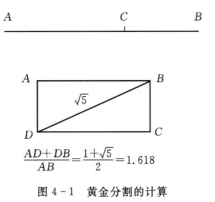

$$\frac{AD+DB}{AB}=\frac{1+\sqrt{5}}{2}=1.618$$

图 4-1　黄金分割的计算

3.黄金分割点的几何作法

怎么样用直尺和圆规找出这一黄金点来？

过 B 点作一条直线垂直 BD，然后在这直线上取线段 AB，使得 AB 的长是 BD 的二倍，连接 AD。再以 D 为圆心，DB 的长为半径画一个弧，这弧交 AD 于 E 点，然后再以 A 为圆心，AE 的长为半径画弧，这弧交 AB 于 C 点，这 C 点就是所要找的将 AB 黄金分割的点。如图 4-2 所示

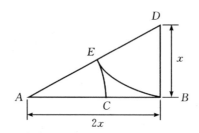

图 4-2 黄金分割点的几何算法

4.黄金图形

黄金图形有很多，如黄金三角形、黄金矩形、黄金椭圆、黄金立方体、黄金螺线、正五边形等。他们共同的特点是与黄金分割有直接关系。

黄金三角形

称底腰之比为 0.618 的三角形为黄金三角形。这样的三角形顶角必为 $36°$。

黄金矩形

矩形的长宽之比为 0.618 时，称之为黄金矩形。一个矩形，如果从中裁去一个最大的正方形，剩下的矩形的宽与长之比，与原来的矩形一样，（即剩下的矩形与原矩形相似），则称具有这种宽与长之比的矩形为黄金矩形。黄金矩形可以用这种方法无限地分割下去。

黄金五角星

由圆的内接正五边形的对角线连接而成的五角星叫黄金五角星。如图 4-3 所示。

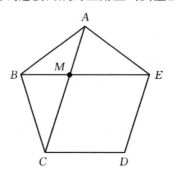

图 4-3 黄金五角星

正五角星中，$\dfrac{AM}{MC} = 0.618$，其中还包含着黄金三角形。

斐波那契螺旋式构图

也称"黄金螺旋",是根据斐波那契数列画出来的螺旋曲线,如图4-4所示。黄金螺旋,以斐波那契数为边的正方形拼成的长方形,然后在正方形里面画一个90度的扇形,连起来的弧线就是斐波那契螺旋线。

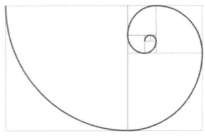

图4-4 斐波那契螺旋

二、什么是"斐波纳契数列"?

斐波纳契(1170—1240)是中世纪意大利数学家,他是丢番图之后,费尔马之前这2000年间欧洲最杰出的数论学家。我们对他的生平知道得很少。他出生在意大利那个后来因为伽里略做过落体实验而著名的斜塔所在的城市里,现在那里还有他的一座雕像。他年轻时跟随经商的父亲在北非和欧洲旅行,大概就是由此而学习到了世界各地不同的算术体系。

在他最重要的著作《算盘书》(写于1202年)中,引进了印度阿拉伯数码(包括0)及其演算法则。数论方面他在丢番图方程和同余方程方面有重要贡献。

1. 什么是"斐波纳契数列"?

斐波纳契是在解一道关于兔子繁殖的问题时,得出了这个数列。假定你有一雄一雌一对刚出生的兔子,它们在长到一个月大小时开始交配,在第二月结束时,雌兔子产下另一对兔子,过了一个月后它们也开始繁殖,如此这般持续下去。每只雌兔在开始繁殖时每月都产下一对兔子,假定没有兔子死亡,在一年后总共会有多少对兔子?

第一个月,只有1对兔子;

第二个月,雌兔产下一对兔子,共有2对兔子;

第三个月,最老的雌兔产下第二对兔子,共有3对兔子;

第四个月,最老的雌兔产下第三对兔子,两个月前生的雌兔产下一对兔子,共有5对兔子;

如此这般计算下去,兔子对数分别是:1,1,2,3,5,8,13,21,34,55,89,144,……看出规律了吗? 如表4-1所示。

表4-1 兔子繁殖规律

月份	1	2	3	4	5	6	7	8	9	10	11	12	…
小兔子数对	1	0	1	1	2	3	5	8	13	21	34	55	…
大兔子数对	0	1	1	2	3	5	8	13	21	34	55	89	…
兔子总数对	1	1	2	3	5	8	13	21	34	55	89	144	…

从第 3 个数目开始,每个数目都是前面两个数目之和:$F_n = F_{nN1} + F_{n-2}(n \geq 3)$。数列的通项公式为:

$$a_n = \frac{1}{\sqrt{5}}\left[\left(\frac{1+\sqrt{5}}{2}\right)^n - \left(\frac{1-\sqrt{5}}{2}\right)^n\right]$$

2. 杨辉三角中的斐波那契数列

图 4-5 中斜线上的数字和分别为:1,1,2,3,5,8……

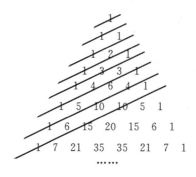

图 4-5 杨辉三角形

3. 黄金分割与斐波纳契数列的关系

黄金数是方程 $x^2 + x - 1 = 0$ 的根,整理方程有:$x - \dfrac{1}{1+x}$ 我们利用这个关系构造一个数列:

$$a_1 = 1, \quad a_n = \frac{1}{1+a_{n-1}} \ (n \geq 2, \ n \in N^*)$$

我们可以得到:

$$a_1 = \frac{F_1}{F_2} = 1, \quad a_2 = \frac{F_2}{F_3} = \frac{1}{2}, \quad a_3 = \frac{F_3}{F_4} = \frac{2}{3}, \quad a_4 = \frac{F_4}{F_5} = \frac{3}{5}, \dots$$

这些数总在 0.618 左右,而且他们的分子、分母都是相邻的斐波纳契数。

4. 卢卡斯数列

卢卡斯是法国数学家,在巴黎高等师范受过教育。先是在巴黎天文台工作,随后成为一个专业数学家。这期间他曾在陆军服役。卢卡斯以研究斐波那契数列而著名。卢卡斯数列就是以他的名字命名。他曾给出了求斐波那契数列第 n 项的表达式。卢卡斯创造出检验素数的方法。后来德里克·亨利·莱默完善了他的方法,就是我们用来验证梅森素数的卢卡斯—莱默检验法。他还对休闲数学感兴趣,发明了汉诺塔问题。

卢卡斯数列:2,1,3,4,7,11,18,29,47,76,123,199,322,521,843,1364,2207,3571,5781,9349 等。

卢卡斯数列的性质

卢卡斯数列(简记 L_n)有很多性质和斐波纳契数列很相似。如 $L_n = L_{n-1} + L_{n-2}$,其中不同的是 $L_1 = 1, L_2 = 3$。每一项的平方数与前后两项之积的差的绝对值是一个恒值,称为黄金特征。

所以卢卡斯数有：1,3,4,7,11,18,29,47,76,123,…,当中的平方数只有 1 和 4,这是由哥恩证明的。而素数,即卢卡斯素数则有：3,7,11,29,47,…。当中现在知道最大的拟素数为 L574219,此数达 120005 位之多。

因此,往往我们在谈论"黄金分割"或"黄金数"时,通常还包含"斐波纳契数列"或"卢卡斯数列"。

三、斐波那契数列趣话

斐波那契数列有着广泛的应用,如在数学、物理、化学、天文学中经常出现,并且自然界有许多有趣的现象与斐波那契数列有关。

1. 自然界中的花朵的花瓣中存在斐波那契数列特征

生物学家们发现,花瓣数是有特征的。多数情况下,花瓣的数目都是

$$3,5,8,13,21,34,55,89,144,\cdots$$

这些数恰好是斐波那契数列中的项。

3……………………百合和蝴蝶花

5……………………蓝花耧斗菜、金凤花、飞燕草

8……………………翠雀花

13……………………金盏

21……………………紫宛

34、55、89……………雏菊

斐波那契数列在自然科学的其他分支也有许多应用。例如,树木的生长,由于新生的枝条,往往需要一段"休息"时间,供自身生长,而后才能萌发新枝。所以,一株树苗在一段间隔,例如一年,以后长出一条新枝;第二年新枝"休息",老枝依旧萌发;此后,老枝与"休息"过一年的枝同时萌发,当年生的新枝则次年"休息"。这样,一株树木各个年份的枝桠数,便构成斐波那契数列。这个规律,就是生物学上著名的"鲁德维格定律"。

另外,观察延龄草、野玫瑰、南美血根草、大波斯菊、金凤花、耧斗菜、百合花、蝴蝶花的花瓣,可以发现它们花瓣数目具有斐波那契数：3,5,8,13,21,…

2. 排列组合

有一段楼梯有 10 级台阶,规定每一步只能跨一级或两级,要登上第 10 级台阶有几种不同的走法？

这就是一个斐波那契数列：登上第一级台阶有一种登法;登上两级台阶,有两种登法;登上三级台阶,有三种登法;登上四级台阶,有五种登法……

1,2,3,5,8,13…所以,登上十级,有 89 种走法。

这真是不可思议的事！你猜得到那神奇的一平方英尺究竟跑到哪儿去呢？实际上后来缝成的地毯有条细缝,面积刚好就是一平方英尺。

3. 艺术创作中的应用

斐波那契数列在欧美可谓是尽人皆知,于是在电影这种通俗艺术中也时常出现,比如在风靡一时的《达芬奇密码》里它就作为一个重要的符号和情节线索出现,在《魔法玩具城》里又是在店主招聘会计时随口问的问题。可见此数列就像黄金分割一样流行。可是虽说叫得上名,

多数人也就背过前几个数,并没有深入理解研究。

四、黄金数趣谈

黄金分割,顾名思义,当然有着黄金一样的价值,人们喜欢黄金分割。

1. 黄金分割与体型美

(1)髋骨:头顶—足底之分割点

(2)咽喉:头顶—肚脐之分割点

(3)膝关节:肚脐—足底之分割点

(4)肘关节:肩关节—中指尖之分割点

(5)乳头:躯干—乳头纵轴上之分割点

(6)眉间点:发际—颏底间距上 1/3 与中下 2/3 之分割点

(7)鼻下点:发际—颏底间距下 1/3 与上中 2/3 之分割点;唇珠点:鼻底—颏底间距上 1/3 与中下 2/3 之分割点

(8)颏唇沟正路点:鼻底—颏底间距下 1/3 与上中 2/3 之分割点

(9)左口角点:口裂水平线左 1/3 与右 2/3 之分割点

(10)右口角点:口裂水平线右 1/3 与左 2/3 之分割点。面部黄金分割点三庭五眼。

人体美学观察受到种族、社会、个人各方面因素的影响,牵涉到形体与精神、局部与整体的辩证统一,只有整体的和谐、比例协调,才能称得上一种完整的美。为什么人们对这样的比例,会本能地感到美的存在? 人体结构中有许多比例关系接近 0.618,从而使人体美在长期历史积淀中固定下来。人类最熟悉自己,势必将人体美作为最高的审美标准,由物及人,由人及物,推而广之,凡是与人体相似的物体就喜欢它,就觉得美。于是黄金分割律作为一种重要形式美法则,成为世代相传的审美经典规律,至今不衰! 我们人的身体之所以美,就是因为符合黄金分割律,这用进化论是没有办法解释的。

2. 健康、饮食、作息时间、养生方面,都有着黄金数的影子。

人为什么在环境气温 22℃～24℃下生活感到最适宜? 因为人体的正常体温是 36℃—37℃,这个体温与 0.618 的乘积恰好是 22.4℃—22.8℃,而且在这一环境温度中,人体的生理功能、生活节奏等新陈代谢水平均处于最佳状态。

气温在人体正常体温的黄金分割点上 23℃左右时,恰是人的身心最适度的温度;医学专家也观察到,当人的脑电波频率下限是 8 赫兹,而上限是 12.9 赫兹,上下限的比率接近于 0.618 时,乃是身心最具快乐欢愉之感的时刻。正常人的心跳在心电图上也显示出 T 波出现的位置恰好大约是一次心跳节拍的"黄金分割"位置上。

人体肚脐不但是黄金点美化身型,有时还是医疗效果黄金点,许多民间名医在肚脐上贴药治好了某些疾病。

营养学中强调,一餐主食中要有六成粗粮和四成细粮的搭配进食,有益于肠胃的消化与吸收,避免肠胃病。这也可纳入饮食的 0.618 规律之列。抗衰老有生理与心理抗衰之分,哪个为重? 研究证明,生理上的抗衰为四,而心理上的抗衰为六,也符合黄金分割律。充分调动与合理协调心理和生理两方面的力量来延缓衰老,可以达到最好的延年益寿的效果。医学研究已表明,秋季是人的免疫力最佳的黄金季节。因为 7 月至 8 月时人体血液中淋巴细胞最多,能生成大量的抵抗各种微生物的淋巴因子,此时人的免疫力强。

一天合理的生活作息也符合 0.618 的分割,24 小时中,2/3 时间是工作与生活,1/3 时间是休息与睡眠;在动与静的关系上,究竟是"生命在于运动",还是"生命在于静养"?从辩证观和大量的生活实践证明,动与静的关系同一天休息与工作的比例一样,动四分,静六分,才是最佳的保健之道。

3. 植物上的黄金分割

有些植茎上,两张相邻叶柄的夹角是 137°28′,这恰好是把圆周分成 1∶0.618 的两条半径的夹角。据研究发现,这种角度对植物通风和采光效果最佳。德国天文学家开卜勒研究植物叶序问题(即叶子在茎上的排列顺序)时发现:叶子在茎上的排列也遵循黄金比。我们知道:植物叶子在茎上的排布是呈螺旋状的,你细心观察一下,不少植物叶状虽然不同,但其排布却有相似之处。比如相邻两张叶片在与茎垂直的平面上的投影夹角是 137°28′,科学家们经计算表明:这个角度对植物叶子通风、采光来讲,都是最佳的(正因为此,建筑学家们仿照植物叶子在茎上的排列方式设计、建造了新式仿生房屋,不仅外形新颖、别致、美观、大方,同时还有优良的通风、采光性能)。

4. 艺术上的黄金分割

建筑师们对数字 0.618 特别偏爱,无论是古埃及的金字塔,还是巴黎的圣母院,或者是近世纪的法国埃菲尔铁塔,都是与 0.618 有关的数据。人们发现,这种比例,运用到建筑物上,可以除去人们视角上的凌乱,加强建筑物形体上的美感。

人们还发现,一些名画、雕塑、摄影作品的主题,大多在画面的 0.618 处。古典主义绘画作品特别讲究黄金分割律在画面上的应用。主要人物,甚至他们的手,脚的位置,动作经常安排在黄金分割线,或者点上。同样,我们在摄影构图的时候,也可以应用,把画面分割成相等的 9 份,形成一个井字,井字的 4 个交叉点,就是黄金分割点,这 4 条线也就是黄金分割线(近似值)。

不少著名乐章的高潮在全曲的 0.618 处,据美国数学家乔巴兹统计,莫扎特的所有钢琴奏鸣曲中有 94% 符合黄金分割比例,小提琴是一种造型优美、声音诱人的弦乐器,它的共鸣箱的一个端点正好是整个琴身的黄金分割点。舞台上的报幕员并不是站在舞台的正中央,而是偏在台上一侧,以站在舞台长度的黄金分割点的位置最美观,声音传播的最好。芭蕾舞演员之所以用脚尖跳舞,就是因为这样能使观众感到演员腿长与身高之比更接近黄金比。女人穿高跟鞋也正因如此。

5. 军事上的黄金分割

在冷兵器时代,虽然人们还根本不知道黄金分割率这个概念,但人们在制造宝剑、大刀、长矛等武器时,黄金分割率的法则也早已处处体现了出来,因为按这样的比例制造出来的兵器,用起来会更加得心应手。

当发射子弹的步枪刚刚制造出来的时候,它的枪把和枪身的长度比例很不科学合理,很不方便于抓握和瞄准。到了 1918 年,一个名叫阿尔文·约克的美远征军下士,对这种步枪进行了改造,改进后的枪型枪身和枪把的比例恰恰符合 0.618 的比例。

实际上,从锋利的马刀刃口的弧度,到子弹、炮弹、弹道导弹沿弹道飞行的顶点;从飞机进入俯冲轰炸状态的最佳投弹高度和角度,到坦克外壳设计时的最佳避弹坡度,我们也都能很容易地发现黄金分割率无处不在。

在大炮射击中,如果某种间瞄火炮的最大射程为 12 公里,最小射程为 4 公里,则其最佳射击距离在 9 公里左右,为最大射程的 2/3,与 0.618 十分接近。在进行战斗部署时,如果是进攻战斗,大炮阵地的配置位置一般距离己方前沿为 1/3 倍最大射程处,如果是防御战斗,则大炮阵地应配置距己方前沿 2/3 倍最大射程处。

把黄金分割律在战争中体现得最为出色的军事行动,还应首推成吉思汗所指挥的一系列战事。数百年来,人们对成吉思汗的蒙古骑兵,为什么能像飓风扫落叶般地席卷欧亚大陆颇感费解,因为仅用游牧民族的彪悍勇猛、残忍诡谲、善于骑射以及骑兵的机动性这些理由,都还不足以对此做出令人完全信服的解释。或许还有别的更为重要的原因?经过研究发现,蒙古骑兵的战斗队形与西方传统的方阵大不相同,在他的五排制阵型中,重骑兵和轻骑兵为 2∶3,人盔马甲的重骑兵为 2,快捷灵活的轻骑兵为 3,两者在编配上恰巧符合黄金分割律。你不能不佩服那位马背军事家的天才妙悟,被这样的天才统帅统领的大军,不纵横四海、所向披靡,那才怪呢。

6. 生活中的黄金分割

小康杠杆

有人把我们目前的小康生活标准列了一个公式:

(高档价格－低档价格)×0.618＋低档价格＝小康消费

比如彩电,如你想买一台 54 英寸的国产机,这类机最高价格在 2800 元左右,最低在 1800 元左右,运用以上公式算出结果为 2418 元,也就是说,你买一台价格为 2400 元左右的就已达到小康生活标准了。从商家来说,这个价值的机型相比来说也更好销售。

课堂教学中(一节课按 45 分钟算),17 分钟、27 分钟两个黄金点,学生的注意力最集中、情绪高涨、听课效果最佳。

我们用的纸和书本的开本,(如 A3,A4 纸)多数都是 3∶2 的比例。打开地图,你就会发现那些好茶产地大多位于北纬 30 度左右。特别是红茶中的极品"祁红",产地在安徽的祁门,也恰好在此纬度上。这不免让人联想起许多与北纬 30 度有关的地方。奇石异峰,名川秀水的黄山,庐山,九寨沟等等。衔远山,吞长江的中国三大淡水湖也恰好在这黄金分割的纬度上。

7. 优选法

优选法是一种具有广泛应用价值的数学方法,著名数学家华罗庚曾为普及它作出重要贡献。优选法中有一种 0.618 法应用了黄金分割法。例如,在一种试验中,温度的变化范围是 0℃～10℃,我们要寻找在哪个温度时实验效果最佳。为此,可以先找出温度变化范围的黄金分割点,考察 $10×0.618＝6.18(℃)$ 时的试验效果,再考察 $10×(1－0.618)＝3.82(℃)$ 时的试验效果,比较两者,选优去劣。然后在缩小的变化范围内继续这样寻找,直至选出最佳温度。

8. 股市应用

黄金分割线是利用黄金分割比率进行的切线画法,在行情发生转势后,无论是止跌转升或止升转跌,以近期走势中重要的高点和低点之间的涨跌额作为计量的基数,将原涨跌幅按 0.236、0.382、0.5、0.618、0.809 分割为 5 个黄金点,股价在反转后的走势将可能在这些黄金点上遇到暂时的阻力或支撑。据此又推算出 0.236、0.382、0.809 等,其中黄金分割线中运用最经典的数字为 0.382、0.618,极易产生支撑与压力。

第二节　历法与连分数

大自然这本书是用数学语言写成的,天地、日月星辰都是按照数学公式运行的。

一、历法小常识

1.问题

先提几个在日常生活中常碰到的问题:

(1)什么叫阳历? 什么叫阴历?

(2)年、月、日是依据什么确定的?

(3)24 个节气是如何安排的?

(4)农历的大、小月是如何安排的?

(5)公历中,为什么四年一闰,而百年少一闰?

等等。

2.如何制定精确的日历?

历法是根据天体运行的规律,安排年、月、日的方法。历法主要是农业文明的产物,最初是因为农业的生产的需要而创制的。历法随着文明时代的开始就被人们所使用,并随着文明的脚步发展。

制定日历必须符合以下原则

(1)符合天体运行规律。即年、月、日必须尽可能准确地反映地球运动规律和月球运动规律。使历年和历月的平均长度尽可能地接近回归年和朔望月;

(2)便于使用。编制的历法,必须做到简单、明了、易记。

制定精确的日历要三个条件:

(1)掌握正确的天体运动定律,这已由牛顿和开普勒发现,就是开普勒的天体运动三定律和牛顿的万有引力定律;

(2)精确的天文测量;

(3)简单的计算方法。

最重要的天文测量有两个:一个是月亮绕地球一周的时间,一个是地球绕太阳一周的时间,人们把它分别称为年、月。地球绕太阳一周需时 365 天 5 小时 48 分 46 秒。通常把天文年(也叫一个回归年)取为 365.2422 天。

月亮绕地球一周的时间称为一个朔望月,即出现相同月面所间隔的时间。如从满月到满月,从新月到新月。1 朔望月 29.5306 天。

年、月、日是历法的三大要素。历法中的年、月、日,在理论上应当近似等于自然的时间单位——回归年、朔望月、真太阳日,称为历日、历月、历年。为什么只能是"近似等于"呢?

原因很简单,朔望月和回归年都不是日的整倍数,一个回归年也不是朔望月的整倍数。但如果把完整的一日分属在相连的两个月或相连的两年里,我们又会觉得别扭,所以历法中的一年、一个月都必须包含整数的"日"。为了生活的便利,学术、理论必须往后站,没办法,只能近似了!

这两个数字是制定日历的基本依据,有了它们就可以制定精确的日历了。接着需要的是正确、简单的计算方法。用什么方法呢?

二、连分数

1. 一种奇特的分数:连分数

连分数的概念和计算都非常简单,只要会算术就能懂。利用辗转相除法,可以把一个分数写成如下的形式:

$$\frac{9}{7}=1+\frac{2}{7}=1+\frac{1}{\frac{7}{2}}=1+\frac{1}{3+\frac{1}{2}}$$

初看起来似乎没有什么比这更简单、更无意义的事情了,其实不然,这种形式的分数对许多数学问题,特别是对研究数的性质问题具有很大启发性,这种分数称为连分数。

为书写简单计,我们将上式改写为

$$\frac{9}{7}=1+\frac{1}{3+\frac{1}{2}}=1+\frac{1}{3}+\frac{1}{2}$$

第一个"＋"号后的"＋"号都写低,表示"降了一层"。下面我们都采用这种写法。

17 世纪和 18 世纪的许多大数学家都研究过连分数。即使在今天它仍然是一个活跃的课题。

2. 简单连分数

简单连分数取如下的形式:

$$a_1+\frac{1}{a_2}+\frac{1}{a_3}+\cdots+\frac{1}{a_n}+\cdots$$

其中,a_1 是正的或负的整数,也可以是 0,a_2,a_3,$\cdots$ 是正整数。只含有有限项的简单连分数叫做简单有限连分数。它们的一般形式是

$$a_1+\frac{1}{a_2}+\frac{1}{a_3}+\cdots+\frac{1}{a_n}$$

含有无限项的简单连分数叫无限连分数。它们的一般形式是:

$$a_1+\frac{1}{a_2}+\frac{1}{a_3}+\cdots+\frac{1}{a_n}+\cdots$$

定理 1　任何一个有理数都能唯一展为有限简单连分数,任何一个有限简单连分数都可化为一个有理数。

定理 2　一个无理数都能唯一展为无限简单连分数。

例 1　将 365.24219907407 表示为连分数。

解

$$365.24219907407=365\frac{10463}{43200}=365+\cfrac{1}{4+\cfrac{1}{7+\cfrac{1}{1+\cfrac{1}{3+\cfrac{1}{5+\cfrac{1}{64}}}}}}$$

$$=365+\frac{1}{4}+\frac{1}{7}+\frac{1}{1}+\frac{1}{3}+\frac{1}{5}+\frac{1}{64}$$

例 2　将祖冲之计算得出的 $\pi=\dfrac{355}{113}$ 表示为连分数。

解：

$$\pi=\frac{355}{113}$$

$$=3+\cfrac{1}{7+\cfrac{1}{15+\cfrac{1}{1+\cfrac{1}{292+\cfrac{1}{1+\cdots}}}}}$$

$$=3+\frac{1}{7}+\frac{1}{15}+\frac{1}{1}+\frac{1}{292}+\frac{1}{1}+\cdots$$

例 3　将 $\sqrt{2}$ 表示为连分数。

解　把 $\sqrt{2}-1$ 视为一个分数,将分子有理化,得

$$\sqrt{2}-1=\frac{(\sqrt{2}-1)(\sqrt{2}+1)}{\sqrt{2}+1}=\frac{1}{\sqrt{2}+1}$$

进一步将 $\sqrt{2}+1$ 改写成 $(\sqrt{2}-1)+2$,于是

$$\sqrt{2}-1=\frac{1}{2+(\sqrt{2}-1)}$$

于是,得

$$\sqrt{2}=1+\cfrac{1}{2+\cfrac{1}{2+\cfrac{1}{2+\cdots}}}$$

即 $\sqrt{2}=1+\dfrac{1}{2}+\dfrac{1}{2}+\dfrac{1}{2}+\cdots$

3. 连分数的截断值:渐近分数

分别由原连分数在第一、第二、第三层、……处切断而得到的分数分别叫做连分数的第一个、第二个、第三个、……截断值。

$$b=\frac{42}{33}\approx1.272727\cdots$$

它的连分数为:

$$b=\frac{42}{33}=1+\cfrac{1}{3+\cfrac{1}{1+\cfrac{1}{2}}}$$

$$=1+\frac{1}{3}+\frac{1}{1}+\frac{1}{2}$$

它的第一截断值为: $b_0=1$

它的第二截断值为: $b_1=1+\dfrac{1}{3}=\dfrac{4}{3}\approx1.333\cdots$

它的第三截断值为：$b_2=1+\dfrac{1}{3+\dfrac{1}{1}}=1+\dfrac{1}{4}=1.25$

它的第四截断值为：$b_3=1+\dfrac{1}{3+\dfrac{1}{1+\dfrac{1}{2}}}=1+\dfrac{3}{11}\approx1.272727\cdots$

我们发现：

$$b_0<b_2<b_3=b<b_1$$

这说明连分数的逐次截断值从左、右两个方向交叉地逼近真值，可以证明，任何一个数的连分数的逐次截断值都有这个渐近逼近性，每个截断值成为渐近分数。

例 1 的渐近分数分别为：$365；365\dfrac{1}{4}；365\dfrac{7}{29}；365\dfrac{41}{128}；365\dfrac{163}{673}；365\dfrac{10463}{43200}；\cdots$

三、历法的制定

现在常用历法有三种历法：

（1）阳历，或太阳历，以地球绕太阳一周的运动为准，与月亮运动无关。古埃及历、古玛雅历及现行的公历都是阳历。

（2）阴历，或太阴历。以月球绕地运动为依据。基本周期是朔望月。上古时代，多数文明国家都曾用过。现在伊斯兰教国家和地区所使用的回历，就是阴历的一种。

（3）阴阳合历，同时考虑太阳和月亮的运行。历史上的古巴比伦、古希腊，我国最晚在殷代就使用了阴阳合历，我们通常把它叫农历。

1. 阳历为什么四年一闰，而百年又少一闰？

阳历，是以地球绕太阳公转的周期为计算的基础，要求历法年同回归年（地球绕太阳公转一周）基本符合。它的要点是：阳历年为 365 日，机械地分为 12 个月，每月 30 日或 31 日（近代的公历还有 29 或 28 日为一个月者，例如每年二月），这种"月"同月亮运转周期毫不相干。

但是回归年的长度并不是 365 整日，而是 365.242199 日，即 365 日 5 时 48 分 46 秒。阳历年 365 日，比回归年少了 0.242199 日。为了补足这个差数，所以历法规定每 4 年中有一年再另加 1 日，为 366 日，叫闰年，实际是闰一日。即使这样，同实际还有差距，因为 0.242199 日不等于 1/4 日，每 4 年闰 1 日又比回归年多出约 0.0078 日。这么小的数字，一年两年看不出什么问题，如果过了 100 年，就会比回归年多出约 19 个小时，400 多年多出近 75 个小时，相当 3 个整日多一点，所以阳历历法又补充规定每 400 年从 100 个闰日中减去 3 个闰日。这样，400 阳历年闰 97 日，共得 146097 日，只比 400 回归年的总长度 146096.8796 日多 2 小时 53 分 22.5 秒，这就大体上符合了。

这种历法的优点是地球上的季节固定，冬夏分明，便于人们安排生活，进行生产。缺点是历法月同月亮的运转规律毫无关系，月中之夜可以是天暗星明，两月之交又往往满月当空，对于沿海人民计算潮汐很不方便。我们今天使用的公历，就是这种阳历。

天文学和年代学中的许多问题可以用连分数的概念来计算。

现在让我们用求连分数的渐近分数来求得更精密的结果。我们知道地球绕太阳一周需时数是 365.10463 天，将它展为连分数：

$$365\dfrac{10463}{43200}=365+\dfrac{1}{4+\dfrac{1}{7+\dfrac{1}{1+\dfrac{1}{3+\dfrac{1}{5+\dfrac{1}{64}}}}}}$$

所以进一步规定:取渐近值 $365\frac{1}{4}$,规定凡能被 4 整除的年份为闰年,同时世纪数不能被 4 整除的世纪年如 1700,1800,1900,2100,2200,2300,… 等不是闰年,而其余的世纪年如 1600,2000,2400,…等是闰年,但还是有点多。现在有人提出,4000,8000,等不作为闰年。这是一个仍未解决的问题。

2. 公历的改革

目前世界上大多数国家使用的公历虽然精度比较高,但从实用角度看还存在一些缺点。这些缺点中最明显的有:

(1)一年四季,各季长度不等,有 90,91,92 天 3 种。因此上半年与下半年的长度也不相等;

(2)各月的日数不等,有 28,29,30,31 天四种,大小月安排无规律;

(3)每日的星期数不固定,随年份而变。如 2017 年的元旦是星期日,2018 年的元旦是星期一。

因此,从使用方便,容易记忆这点来讲,公历是不理想的。为了使公历更加完善,1910 年在英国伦敦召开了一次国际改历会议,具体讨论公历的改革问题。据统计,到 1927 年国际上的改历方案就有 140 多种。很多国家为此设立了专门的改历委员会。到现在还没有诞生一个为大家普遍接受的新公历。

3. 阴历

历月:阴历是以月亮绕地球公转的周期为计算的基础的,要求历法月同朔望月(月亮绕地球公转一周)基本符合。朔望月的长度是 29 日 12 小时 44 分 2.8 秒,即 29.530587 日,两个朔望月大约相当于地球自转 59 周,所以阴历规定每个月中一个大月 30 日,一个小月 29 日。

历年:阴历年安排月数的天文依据是回归年与朔望月的比值($\frac{365.2422}{29.5306}=12.3682$),取整后一个太阴年定为 12 个朔望月。那末,太阳年的精确日数 $=12\times29.5306=354.367$ 日。于是平年为 354 日,闰年为 355 日。

在协调周期(30 个太阴年)中闰年数为 11 个(30×0.367),平年数为 19 个(30-11)。阴历年的置闰:在 30 个太阴年序号中:第 2、5、7、10、13、16、18、21、24、26、28 年为闰年,而闰年的闰日安排在 12 月份的最后一天(变为大月 30 日)。这样平年为 6 个小月 6 个大月;闰年为 5 个小月 7 个大月,因此,在协调周期中的大小月总数分别为:

大月总数＝11×7＋19×6＝191 个

小月总数＝11×5＋19×6＝169 个

太阴年的平均日数 $=\dfrac{11\times355+19\times354}{30}=354.366$;与太阴年的精确日数(354.367 日)只差千分之一日,颇为接近。

根据上述可知,阴历历月的日序与月相吻合较好;但月份无季节意义。历年比回归年短约 11 天,约 17 年后出现一次寒暑倒置,冬夏易位,无法以此安排农事活动。今天一些阿拉伯国家使用的日历,就是这种阴历。

4. 阴阳合历——中国农历

阴阳合历,是调和太阳、地球、月亮的运转周期的历法。它既要求历法月同朔望月基本相符，又要求历法年同回归年基本相符，是一种综合阴、阳历优点，调合阴、阳历矛盾的历法，所以叫阴阳合历。我国古代的各种历法和今天使用的农历，都是这种阴阳合历。

农历的大月 30 天、小月 29 天是怎样安排的？

我们已经知道朔望月是 29.5306 天，把小数部分展为连分数：

它的渐近分数是

$$0.5306 = \cfrac{1}{1} + \cfrac{1}{1} + \cfrac{1}{7} + \cfrac{1}{1} + \cfrac{1}{2} + \cfrac{1}{33} + \cfrac{1}{1} + \cfrac{1}{2}$$

至迟在春秋时代我们的祖先就已经创造了"十九年七闰法"，相当圆满地把我们的历法建筑在科学的基础之上，远远走在世界各国的前列。

为什么采取"十九年七闰"的方法呢？一个朔望月平均是 29.5306 日，一个回归年有 12.368 个朔望月，0.368 小数部分的渐进分数是 1/2、1/3、3/8、4/11、7/19、46/125，即每二年加一个闰月，或每三年加一个闰月，或每八年加三个闰月……经过推算，十九年加七个闰月比较合适。因为十九个回归年＝6939.6018 日，而十九个农历年（加七个闰月后）共有 235 个朔望月，等于 6939.6910 日，这样二者就差不多了。

5. 二十四节气

二十四节气是根据太阳在黄道（太阳一年里在恒星间或天球划过的轨道称为黄道，即地球绕太阳公转的轨道）上的位置来划分的。视太阳从春分点（黄经零度，此刻太阳垂直照射赤道）出发，每前进 15 度为一个节气；运行一周又回到春分点，为一回归年，合 360 度，因此分为 24 个节气。

二十四节气是很多人都熟悉的，尤其在农村，是家喻户晓的二十四节的名称是：立春、雨水、惊蛰、春分、清明、谷雨、立夏、小满、芒种、夏至、小暑、大暑、立秋、处暑、白露、秋分、寒露、霜降、立冬、小雪、大雪、冬至、小寒、大寒.为了便于记忆，劳动人民创立了一首歌诀：

春雨惊春清谷天，夏满芒夏暑相连；

秋处露秋寒霜降，冬雪雪冬寒又寒。

二十四节气在我国是逐步形成的。至迟在殷商时代已经有了夏至、冬至等概念，以后逐渐丰富，到了西汉初期已经有了完整的二十四节气。在我国古代，二十四节气的日期是由测定太阳影子的长度来决定的。《周髀算经》和《后汉书律历志》等许多古书都记载着二十四节气的日影长度数值。这说明二十四节实际上是太阳运动的一种反映，与月亮运动毫无关系。

二十四节气所在的日期有四句口诀很好记：

公历节气真好算，一月两节不改变。

上半年来六、廿一，下半年来八、廿三。

这就是说，节气在上半年的公历日期都在 6 日和 21 日，而下半年都在 8 日和 23 日，太阳运动的不均匀性，这些日子可能有一、二日的出入，但不会差更多。

6. 闰月放在哪儿？

农历的闰月究竟怎样安置，历史上曾有过不同的处理。大致上，西汉初期以前，都把闰月放在一年的末尾。例如，汉初把九月作为一年的最后一个月，那时的闰月就放在九月之后，称为"后九月"。到了后来，随着历法的逐步精密，安置闰月的方法也有了新规定，这就是把不含有中气的月份作为闰月，这个置闰规则直到今天仍在使用。

7. 干支纪年

干支实际上是"天干"和"地支"的合称。甲、乙、丙、丁、戊、己、庚、辛、壬、癸十个字叫做"天干";子、丑、寅、卯、辰、巳、午、未、申、酉、戌、亥,十二个字叫做"地支"。把天干中的一个字摆在前面,后面配上地支中的一个字,就构成一对干支。如果天干以"甲"字开始,地支以"子"字开始组合,我们就可以得到六十对干支,这常叫做"六十干支"或"六十花甲子"。见表4-2。

在我国用干支周而复始,循环不断地表示年、月、日有很久的历史。东汉初期,干支纪年法就开始使用,从未间断过。干支纪日开始更早,也未间断过。干支纪年在我国的历史学、考古学、地质学、地震学、地理学和天文学等记事中有广泛的应用。在查阅历代的有关记载资料时,就往往会碰到有关干支纪年的问题。特别是近代史中很多重大事件的年代常用干支表示,如甲午战争、戊戌变法、辛亥革命等等。

干支纪年在日历上有所体现,干支纪日只在《万年历》中才能查到。

表 4 - 2　六十年甲子(干支表)

1	2	3	4	5	6	7	8	9	10
甲子	乙丑	丙寅	丁卯	戊辰	己巳	庚午	辛未	壬申	癸酉
11	12	13	14	15	16	17	18	19	20
甲戌	乙亥	丙子	丁丑	戊寅	己卯	庚辰	辛巳	壬午	癸未
21	22	23	24	25	26	27	28	29	30
甲申	乙酉	丙戌	丁亥	戊子	己丑	庚寅	辛卯	壬辰	癸巳
31	32	33	34	35	36	37	38	39	40
甲午	乙未	丙申	丁酉	戊戌	己亥	庚子	辛丑	壬寅	癸丑
41	42	43	44	45	46	47	48	49	50
甲辰	乙巳	丙午	丁未	戊申	己酉	庚戌	辛亥	壬子	癸丑
51	52	53	54	55	56	57	58	59	60
甲寅	乙卯	丙辰	丁巳	戊午	己未	庚申	辛酉	壬戌	癸亥

8. 国际公历是如何来的?

世界通用的公历起源于罗马,演变为今日的公历,中间经过四次重大变化。

(1)儒略历

古罗马在儒略·恺撒改历前,历法极为混乱,甚至寒暑颠倒。法国启蒙学者伏尔泰曾说:"罗马人常打胜仗,但不知胜仗是哪一天打的。"公元前59年,儒略·恺撒成为罗马执政官,即最高统治者。因为历法的混乱影响了国家的正常生活,他邀请埃及天文学家索息泽尼帮他改革历法。公元前46年,他颁布改历命令。命令中规定:

①每年设12个月,全年计365日;

②冬至后十日定为1月(Januarius)的第一日,即每年的岁首;

③从下一年起,每隔三年置一闰年,闰年计366日,多出的一天闰日放在2月。

这个新历后来称为"儒略历"。它是一种纯太阳历,与月亮的运行无关,从根本上抛弃了原来的罗马历,彻底解决了罗马历的混乱状态。儒略历7月份的名字叫Julius,而原来的名字叫Quintilis。这种改动是恺撒武断决定的。他为了纪念改历成功,树立自己的权威,就把他出生的月份名改为他的名字。

儒略·恺撒在改历后一年被刺身亡,他留下的历法仍然施行,但不太认真。执行者把他规定的"每隔三年置一闰年"的规则误解为"每三年置广闰年"。从公元前 42 年置闰开始,每三年中便设一闰年。这真是一字之差,谬以千里。到公元前 9 年时,仅 33 年就多出了三个闰年。

(2)奥古斯都的功与过

奥古斯都是"神圣"的意思,是罗马人对其统治者屋大维的尊称。屋大维是凯撒的侄子,他在公元前 27 年成了罗马的终身国家元首。在他的统治下,"每三年置一闰年"的方法仍在执行。直到公元前 9 年他才知道,这和恺撒原来的规定不同,已经错误地多置了三个闰年,因此屋大维宣布,从公元前 8 年到公元后 4 年,这 12 年不再设置闰年,从公元后 8 年开始按恺撒规定每隔三年设一闰年。这样,从公元后 8 年起,又恢复了儒略历的置闰法,与实际天象符合得比较好。这是屋大维的功,但他也有过。他擅自把 8 月的月名(Sextilis)改为他自己的称号Augustus,并规定这个月要有 31 天,因为他的出生日是 8 月。当然,这是毫无道理的。由此,其他月份的日数也要改。

这和现在的公历几乎一样了。然而,由于奥古斯都对每月日数的无理安排,使后人产生极大的不便,后来的历法改革者无不以此作为改革的一个主要问题。

(3)儒略历走向欧洲

公元 325 年,欧洲的基督教国家在尼斯召开宗教大会,会上一致认为,儒略历是最准确的历,决定共同采用。这是儒略历成为国际公历的第一步。在古罗马时代,全年的第一天,即岁首日规定在春分日。施行儒略历后,岁首放在 1 月的第一天,因而春分就在 3 月份了。根据当时的观测,春分日在 3 月 21 日。

(4)格里高利历——国际通用公历:

儒略历规定每隔三年设一闰年,四年的总日数是

$$365 \times 4 + 1 = 1461$$

平均为 365.25,而实际观测值是 365.2422,与儒略历平均年仅差 0.0078 天。这个量是不大的,因而在短期内,儒略历是很准确的。但是这个数长期积累下去,经过 128 年就要相差一天。经过 1280 年就要相差十天。实际上,到了公元 1582 年,天文观测发现,春分日不是发生在 3 月 21 日,而是在 3 月 11 日。这说明日历与天时的相差已经有十天了。从尼斯会议算起,大约每四百年相差 3 天。当时的罗马是政教合一的国家,罗马教皇是最高统治者,具有至高无上的权利。这时的教皇是格里高利十三世,他召集了许多学者和僧侣讨论历法改革的问题,决定采用业余天文学家利里奥的方案,每四百年去掉三个闰日。公元 1582 年 3 月 1 日,格里高利颁布改历命令:

①把 1582 年 10 月 4 日后的一天改为 1582 年 10 月 15 日;

②那些世纪数不能被 4 整除的世纪年(如 1700,1800,1900 等)不再算作闰年,仍算作平年。

这两条规定至为重要:第一条解决了日历与天时不合的矛盾,第二条规定把历法的精密度大大地提高了,保证这种历法在相当长的时期可以适用。根据这项规定,400 年中有 97 个闰年,总日数为因此,平均年的长度是

$$365 \times 400 + 97 = 146097(\text{天})$$

这与实测值 365.2422 天相差只有 0.0003 天。换言之,要经过 3300 多年才有一天的相差,比儒略历 128 年就相差一天,格里高利历要精确得多了。正是由于这个原因,世界各国陆续采用了这个历,这就是现在统称的"公历"。我国采用公历是在辛亥革命后的 1912 年。公历

的年平均长度为 365.2422 天,我国早在公元 1199 年用的南宋"统天历"中就采用了这个数,比公历早了 380 多年。

9.公历的纪元

公历是在 1582 年才制定的,那么公历纪元的"公元"是怎么来的? 纪元就是记录年代的起点。

以传说中耶稣诞生年为公历元年(相当于中国西汉平帝元年)。这种新的纪年法先在教会中使用,到 15 世纪中叶时,教皇发布的文告中已经普遍使用。

第三节 世界通用语言——勾股定理

勾股定理是世界上最伟大的定理之一,它的诞生已有 5000 多年的历史,这个定理在中国称为"商高定理",在外国称为"毕达哥拉斯定理"或者"百牛定理",法国、比利时人又称这个定理为"驴桥定理"。他们发现勾股定理的时间都比我国晚,我国是最早发现这一几何宝藏的国家。在中国人们这样叙述:勾三、股四、玄五。在西方人们这样说:$a^2 + b^2 = c^2$。目前,勾股定理已经拥有 400 多种证明方法,成为世界上证明方法最多的定理之一。然而即便如此,现在人们对于勾股定理的研究依旧充满热情。

一、勾股定理的起源

1. 古希腊勾股定理的起源:百牛定理

在西方,勾股定理又叫做毕达哥拉斯定理。因为人们相信它是古希腊数学家毕达哥拉斯最先发现的,或者说至少是他最先证明的。毕达哥拉斯发现了这个定理后,即斩了百头牛作为庆祝,因此又称"百牛定理"。1955 年为了纪念 2500 年前毕达哥拉斯学派的成立及其在文化上的贡献,希腊发行了一张邮票,图案由三个棋盘排列而成,显示的就是勾股定理。传闻这个图案有个绰号叫"新娘图",又有人称它为"新娘的椅子"。如图 4－6 所示。

图 4－6 新娘的椅子

2. 古埃及勾股定理的起源:埃及三角形

在古埃及,尼罗河会定期泛滥。为了测量每次洪水冲跑的土地的面积,人们想出了拉绳法。在测量过程中要用到直角,他们便让拉绳者拿长度已知的绳子,并在绳子上等间距打了 13 个结(两端均有结),绳子分为了 12 段。然后把第 4、8 个结分别钉在两个木桩上,把第 1、13 结钉在另一个木桩上,便构成了边长比为 3、4、5 的直角三角形。古埃及人不仅在测量土地面积时用到了勾股定理,在建筑宏伟的建筑如金字塔、巨大的神庙和无数雕塑和绘画作品时,也用到了勾股定理。实际上,在更早期的人类活动中,人们就已经认识到这一定理的某些特征。除上述两个例子外,据说古埃及人也曾利用"勾三股四弦五"的法则来确定直角。所以埃及也将勾股定理称为埃及三角形。

3. 古巴比伦勾股定理的起源

从现有的史料看,古巴比伦人使用勾股定理和勾股数比其他文明古国要早 1000 年以上。在很古老的古巴比伦年代,编号为"普林顿 322"的泥板上已经列举了 15 组勾股数,其复杂程度远远超过别的文明古国。

4. 驴桥定理

勾股定理在欧洲中世纪被戏称为"驴桥",因为那时数学水平较低,很多学习欧几里得《几何原本》的人到这里被卡住,难于理解和接受。所以勾股定理被戏谑为"驴桥",意谓笨蛋的难关。

5. 中国勾股定理的起源:商高定理

中国是发现和研究勾股定理最古老的国家之一。相传在大禹治水的时候,人们就会用勾股定理来计算解决治水中的一些问题。如果说大禹治水因年代久远而无法确切考证的话,《周髀算经》中记载着商高回答周王的一段话:"勾广三,股修四,经隅五。"其大致意思是当直角三角形的较短直角边为 3,较长直角边为 4 的时候,它的斜边应该是 5,如图 4 - 7 所示。由于勾股定理的内容最早见于商高的谈话中,所以人们就把这个定理叫做"商高定理"。

在这里顺便说明勾股形在中国的前身——矩。约 10000 年至 4000 年前,有历史文献记载"伏羲氏手矩,女娲氏手执规。"(见《中国通史》。)约 4600 年前,"古者倕为规矩、准绳,使天下仿焉"。(见《庄子》)规和矩这两个字的本意就是以前木匠用来校正圆形和方形的两种工具,规就是圆规,矩就是"曲尺",不是弯曲的尺子的意思,经常见来干活的木匠用,是一种像大于小于那个符号的东西,一直一横形成一个角度。

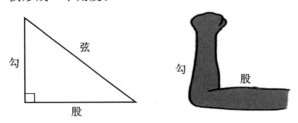

图 4 - 7　勾股弦图

二、勾股定理的证明

两千多年来,人们对勾股定理的证明颇感兴趣,因为这个定理太贴近人们的生活实际,以至于古往今来,下至平民百姓,上至帝王总统都愿意探讨和研究它的证明。下面结合几种图形来进行证明。

1. 传说中毕达哥拉斯的证法

在西方,人们认为是毕达哥拉斯最早发现并证明这一定理的,但遗憾的是,他的证明方法已经失传，这是传说中的证明方法，这种证明方法简单、直观、易懂，如图 4-8 所示。

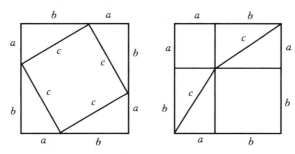

图 4-8 毕达哥拉斯证明图

左边的正方形是由 1 个边长为 c 的正方形和 4 个直角边分别为 a,b，斜边为 c 的直角三角形拼成的。右边的正方形是由 1 个边长为 a 的正方形和 1 个边长为 b 的正方形以及 4 个直角边分别为 a,b，斜边为 c 的直角三角形拼成的。因为这两个正方形的面积相等（边长都是 $a+b$），所以可以列出等式 $a^2+b^2+4\times\frac{1}{2}ab=c^2+4\times\frac{1}{2}ab$，化简得 $a^2+b^2=c^2$。

2. 赵爽弦图证法

第一种方法：边长为 c 的正方形可以看作是由 4 个直角边分别为 a,b，斜边为 c 的直角三角形围在外面形成的。因为边长为 c 的正方形面积加上 4 个直角三角形的面积等于外围正方形的面积，所以可以列出等式 $c^2+4\times\frac{1}{2}ab=(a+b)^2$，化简得 $a^2+b^2=c^2$。

第二种方法：边长为 c 的正方形可以看作是由 4 个直角边分别为 a,b，斜边为 c 的角三角形拼接形成的，不过中间缺出一个边长为 $b-a$ 的正方形"小洞"。因为边长为 c 的正方形面积等于 4 个直角三角形的面积加上正方形"小洞"的面积，所以可以列出等式 $c^2=4\times\frac{1}{2}ab+(b-a)^2$，化简得 $a^2+b^2=c^2$。

这种证明方法很简明，很直观，它表现了我国古代数学家赵爽高超的证题思想和对数学的钻研精神，是我们中华民族的骄傲，如图 4-9 所示。

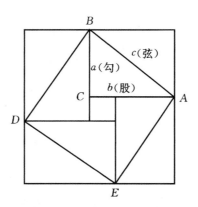

图 4-9 赵爽弦图证法图

3. 刘徽的青朱出入图证法

刘徽的证明原也有一幅图,可惜图已失传,只留下一段文字:"勾自乘为朱方,股自乘为青方,令出入相补,各从其类,因就其余不动也,合成弦方之幂。开方除之,即弦也。"后人根据这段文字补了一张图。

只要把图中朱方(a^2)的Ⅰ移至Ⅰ′,青方的Ⅱ移至Ⅱ′,Ⅲ移至Ⅲ′,则刚好拼好一个以弦为边长的正方形(c^2)。由此便可证得 $a^2 + b^2 = c^2$。

这个证明是由三国时代魏国的数学家刘徽所提出的。刘徽为古籍《九章算术》作注释。在注释中,他画了一幅图像,用图形来证明勾股定理。由于他在图中以"青出"、"朱出"表示黄、紫、绿三个部分,又以"青入"、"朱入"解释如何将斜边正方形的空白部分填满,所以后世数学家都称这图为"青朱入出图",如图4-10所示。亦有人用"出入相补"这一词来表示这个证明的原理。

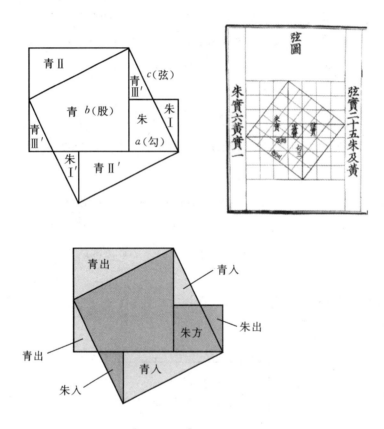

图4-10 青朱出入图证法图

4. 七巧板与勾股定理证明

今天,世界上几乎没有人不知道七巧板和七巧图,它在国外被称为"唐图"(Tangram),意思是中国图(不是唐代发明的图)。七巧板的历史也许应该追溯到我国先秦的古籍《周髀算经》,其中有正方形切割术,并由之证明了勾股定理。而当时是将大正方形切割成四个同样的三角形和一个小正方形,即弦图,还不是七巧板。现在的七巧板是经过一段历史演变过程的。

相传,宋朝有个叫黄伯思的人,对几何图形很有研究,他热情好客,发明了一种用6张小桌子组成的"宴几"——请客吃饭的小桌子。后来有人把它改进为7张桌组成的宴几,可以根据吃饭人数的不同,把桌子拼成不同的形状,比如3人拼成三角形,4人拼成四方形,6人拼成六方形……这样用餐时人人方便,气氛更好。后来,有人把宴几缩小改变到只有七块板,用它拼图,演变成一种玩具。因为它十分巧妙好玩,所以人们叫它"七巧板"。到了明末清初,皇宫中的人经常用它来庆贺节日和娱乐,拼成各种吉祥图案和文字,故宫博物院至今还保存着当时的七巧板呢!18世纪,七巧板传到国外,立刻引起极大的兴趣,有些外国人通宵达旦地玩它,并叫它"唐图",意思是"来自中国的拼图",如图4-11所示。

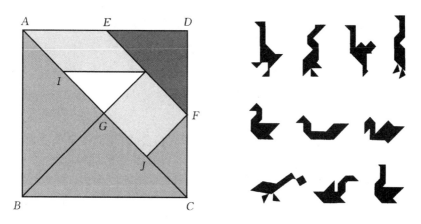

图4-11 七巧板

利用七巧板可以拼接的图形有很多,只要你能想到,就能拼出。你可知道,用两副相同的七巧板可以拼出勾股定理的证明!下部是一副完整的七巧板,上部斜放的两个正方形是由另一副七巧板拼成,如图4-12所示。两个小正方形的面积和等于大正方形面积。即为勾股定理的结论。

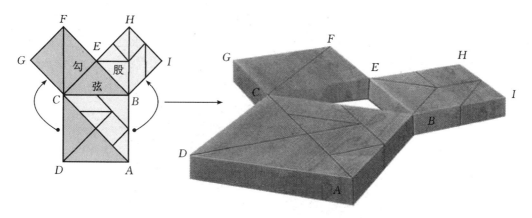

图4-12 七巧板与勾股定理

5. 美国第20任总统伽菲尔德的证法

美国前总统伽菲尔德对数学具有浓厚的兴趣,1876年当他还是一名众议员时,就发现了勾股定理的一种巧妙的证明方法,并发表在《新英格兰教育杂志》上。

他是用两种方法计算梯形面积。这个直角梯形是由 2 个直角边分别为 a,b,斜边为 c 的直角三角形和 1 个直角边为 c 的等腰直角三角形拼成的。因为 3 个直角三角形的面积之和等于梯形的面积,所以可以列出等式 $\dfrac{c^2}{2}+2\times\dfrac{1}{2}ab=\dfrac{(a+b)(b+a)}{2}$,化简得 $a^2+b^2=c^2$,如图 4-13 所示。

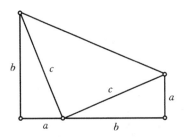

图 4-13　伽菲尔德的证法

这种证明方法由于用了梯形面积公式和三角形面积公式,从而使证明更加简洁,它在数学史上被传为佳话。

三、勾股定理的推广

1. 勾股数

所谓勾股数,一般是指能够构成直角三角形三条边的三个正整数 (a,b,c)。即 $a^2+b^2=c^2,a,b,c\in N$. 又由于,任何一个勾股数组 (a,b,c) 内的三个数同时乘以一个整数 n 得到的新数组 (na,nb,nc) 仍然是勾股数,所以一般我们想找的是 a,b,c 互质的勾股数组。

常见的勾股数:3、4、5;5、12、13;7、24、25;8、15、17;12、35、37;…等。

2. 勾股树

这棵让人眼花缭乱的美丽大树,美妙之处就在于它的树枝与树干都是由勾股定理的图形组成!只是尺码在勾股定理的繁衍过程中逐渐变小。我们可以通过改变第一个直角三角形的比例,或者繁衍方向的改变从而得到千奇百变的大树!如图 4-14 所示。

图 4-14　勾股树

3. 学科推广

如果将直角三角形的斜边看作二维平面上的向量,坐标轴上的投影,从另一个角度考察勾股定理,是所在空间一组正交基上投影长度的平方数之和。

勾股定理是欧氏几何中平面图形——三角形边角关系的重要表现形式,虽然是在直角三角形的情形,但基本不失一般性,因此,欧几里得在《几何原本》中的第一卷,就以勾股定理为核心展开,一方面奠定欧氏公理体系的架构,另一方面仅仅围绕勾股定理的证明,揭示了面积的自然基础,第一卷共 48 个命题,以勾股定理(第 47 个命题)及其逆定理(第 48 个命题)结束,并在后续第二卷中,自然将勾股定理推广到任意三角形的情形,并给出了余弦定理的完整形式。

4. 用勾股图寻找外星人

中国著名数学家华罗庚在谈论到一旦人类遇到了"外星人",该怎样与他们交谈时,曾建议用表示数的洛书和表示数形关系的勾股定理作为与"外星人"交谈的语言。因为他认为既然能有那么多国家先后发现勾股定理,那么只要是有智慧的生物,应该也会对这一伟大的奇妙的发现有所研究。这充分说明了勾股定理是自然界中最本质的规律之一。

实施的方案 1:建造大型的勾股定理模型。有人提出过这样的建议,在地球上建造一个大型装置,以便向可能会来访的"天外来客"表明地球上存在有智慧的生命,最适当的装置就是一个象征勾股定理的巨大图形,可以设在撒哈拉大沙漠、苏联的西伯利亚或其他广阔的荒原上,因为一切有知识的生物都必定知道这个非凡的定理,所以用它来做标志最容易被外来者所识别!

方案 2:利用电磁波发射勾股数信息,联系外星人。

四、勾股定理的重要性及文化价值

1. 主要意义

(1)勾股定理的证明是论证数学的开始。

(2)勾股定理是联系数学中最基本也是最原始的两个对象——数与形的第一定理。

(3)勾股定理导致不可通约量的发现,从而深刻揭示了数与量的区别,即所谓"无理数"与"有理数"的差别,这就是所谓第一次数学危机。

(4)勾股定理中的公式是第一个不定方程,也是最早得出完整解答的不定方程,它一方面引导到各式各样的不定方程,另一方面也为不定方程的解题程序树立了一个范式。这个定理引出了费马大定理。

(5)勾股定理开始把数学由计算与测量的技术转变为证明与推理的科学。

2. 勾股定理的文化价值

人们对勾股定理一直保持着极高的热情,勾股定理作为一个重要的定理,它不仅是解直角三角形的主要依据之一,而且在现实生活中有着很广泛的应用。工程技术人员用的比较多,比如农村房屋的屋顶构造,就可以用勾股定理来计算;设计工程图纸也要用到勾股定理;在求与圆、三角形有关的数据时,多数可以用勾股定理;在做木工活时,要是有大块的板材要定直角,就用勾股定理;在做焊工活时,做大的框架也是用勾股定理。

我国作为最早研究勾股定理的国家之一,对勾股定理有着很大的贡献。中国古代的数学家们不仅很早就发现并应用勾股定理,而且很早就尝试对勾股定理作理论的证明,在世界数学史上具有独特的贡献和地位。4000 多年前,中国的大禹曾在治理洪水的过程中利用勾股定理来测量两地的地势差。勾股定理以其简单、优美的形式,丰富、深刻的内容,充分反映了自然界的和谐关系。中国古代数学家们对于勾股定理的发现和证明,在世界数学史上具有独特的贡献和地位。尤其是其中体现出来的"形数统一"的思想方法,更具有科学创新的重大意义。事实上,"形数统一"的思想方法正是数学发展的一个极其重要的条件。正如当代中国数学家吴文俊所说:"在中国的传统数学中,数量关系与空间形式往往是形影不离地并肩发展着的……

2002 年的世界数学家大会在中国北京举行,这是 21 世纪数学家的第一次大聚会,这次大会的会标(见图 4 - 15)就选定了验证勾股定理的"弦图"作为中央图案,可以说是充分表现了我国古代数学的成就,也充分弘扬了我国古代的数学文化,另外,我国经过努力终于获得了2002 年数学家大会的主办权,这也是国际数学界对我国数学发展的充分肯定。

图 4 - 15 2002 年世界数学家大会会标

第五章　变量中的数学文化

如果将整个数学比作一棵大树,那么初等数学是树的根,名目繁多的数学分支是树枝,而树干的主要部分就是微积分。微积分堪称是人类智慧最伟大的成就之一。微积分的产生是数学上的伟大创造,它从生产技术和理论科学的需要中产生,又反过来广泛影响着生产技术和科学的发展。微积分学的触角几乎遍至当今科学的各个角落,是当代科学大厦的重要基石,微积分的发展过程是数学家们集体智慧的结晶。

第一节　微积分概述

一、什么是微积分

微积分是高等数学中研究函数的微分、积分以及有关概念和应用的数学分支。它是数学的一个基础学科。内容主要包括极限、微分学、积分学及其应用。微分学包括求导数的运算,是一套关于变化率的理论。它使得函数、速度、加速度和曲线的斜率等均可用一套通用的符号进行讨论。积分学,包括求积分的运算,为定义和计算面积、体积等提供一套通用的方法。

极限理论是微积分的基础。极限用于描述变量在某一变化过程中的变化趋势。极限的朴素思想和应用可追溯到古代,中国早在 2000 年前就已能算出方形、圆形、圆柱等几何图形的面积和体积。公元 3 世纪,刘徽创立的割圆术,就是用圆内接正多边形面积的极限是圆面积这一思想来近似计算圆周率 π 的。并指出"割之弥细,所失弥少,割之又割,以至不可割,则与圆合体而无所失矣"。

极限理论的核心是,如果一个数列或函数无限地接近于一个常数,我们就说这个数是这个数列或函数的极限。由于可用原数列或函数减去极限常数而构造新的数列或函数,问题就可变为"一个数列或函数无限地接近于 0",也就是微积分学的精髓无穷小量。

对于极限理论,陈景润的讲座让众人耳目一新。他先引庄子《天下篇》的"一尺之棰,日取其半,万世不竭。"说明无限的思想从我们老祖宗那时就有。大家不是都说这个 $\varepsilon-\delta$ 理论难懂吗?那现在我们就用 $\varepsilon-\delta$ 理论来试试庄子这个中国命题,看看不是专门学数学的人能不能也听得懂这个 $\varepsilon-\delta$。"一尺之棰,日取其半,万世不竭。"说的就是微积分学中的无穷小,也就是每天切割棒槌,后棒槌长度的极限为 0。$\varepsilon-\delta$ 理论翻译成庄子的话应该是"一尺之棰,日取其半,切到某一天,没有了。"注意,这里有和没有,决定于我们的观测水平。如果用肉眼看,可能分到 500 天就看不到了,我们就认为没有了。但是换上一台显微镜来看,又可以看得到了。于是我们继续切,再切到 10000 天,这台显微镜 也看不到了。但是换上更高倍的显微镜,还是看得见。我们就继续切下去。$\varepsilon-\delta$ 理论说的是,只要你给一个分辨率,不论是多么精确的显微镜,我总能给一个天数,当分到那一天之后,你的观测工具就看不见了。于是,对任何数列或函数,都用这把尺子去量,以分辨它的极限是不是 0。满足这把尺子,极限为 0,反之则不是。这就是 ε-δ 理论无穷小极限为 0 的实质。在"一尺之棰,日取其半,万世不竭"这个具体问题里,极限值 $l=0$;$f(n)=\dfrac{1}{2^n}$:等分一尺之棰 n 天以后的长度;ε:任意给出的长度(分辨率);N:达到这个长度(分辨率)所需要的天数。

微分学的基本概念是导数。导数是从速度问题和切线问题抽象出来的数学概念。

牛顿从苹果下落时越落越快的现象受到启发,希望用数学工具来刻画这一事实。若用 $s=s(t)$ 表示物体的运动规律,即物体运动中所走路程 s 与时间 t 的关系,那么物体在 $t=t_0$ 时的瞬时速度为 $v(t_0)=\lim\limits_{\Delta t \to 0}\dfrac{s(t_0+\Delta t)-s(t_0)}{\Delta t}$,并记 $v(t_0)=s'(t_0)$,并称之为路程 s 关于时间 t 的导数或变化率。

莱布尼茨是从求曲线 $f(x)$ 在 $x=x_0$ 点的切线斜率:$k(x_0)=\lim\limits_{\Delta x \to 0}\dfrac{f(x_0+\Delta x)-f(x_0)}{\Delta x}$,得出导数思想。

导数作为一个数学工具无论在理论上还是实际应用中,都起着基础而重要的作用。例如在求极大、极小值问题中的应用。

积分学的基本概念是一元函数的不定积分和定积分。主要内容包括积分的性质、计算,以及在理论和实际中的应用。不定积分概念是为解决求导和微分的逆运算而提出来的。如果对任一 $x \in I$,有 $f(x)=F'(x)$,则称 $F(x)$ 为 $f(x)$ 的一个原函数,$f(x)$ 的全体原函数叫做不定积分,因此,如果 $F(x)$ 是 $f(x)$ 的一个原函数,则 $\displaystyle\int f(x)\mathrm{d}x = F(x)+C$,其中 C 为任意常数。

定积分概念的产生来源于计算平面上曲边形的面积和物理学中诸如求变力所做的功等物理量的问题。解决这些问题的基本思想是用有限代替无限;基本方法是在对定义域 $[a,b]$ 进行划分后,构造一个特殊形式的和式,它的极限就是所要求的量。具体地说,设 $f(x)$ 为定义在 $[a,b]$ 上的有界函数,任意分划区间 $[a,b]$:$a=x_0<x_1<\cdots<x_n=b$,记 $\Delta x_i=x_i-x_{i-1}$,$\Delta x=\max(\Delta x_1,\cdots\Delta x_n)$,任取 $\zeta_i \in \Delta x_i$,如果有一实数 I,有下式成立 $I=\lim\limits_{\Delta x \to 0}\sum\limits_{i=1}^{n}f(\zeta_i)\Delta x_i$,则称 I 为 $f(x)$ 在 $[a,b]$ 上的定积分,记为 $I=\displaystyle\int_a^b f(x)\mathrm{d}x$。当 $f(x)\geqslant 0$ 时,定积分的几何意义是表示由 $x=a,x=b,y=0$ 和 $y=f(x)$ 所围曲边形的面积。定积分除了可求平面图形的面积外,在物理方面的应用主要有解微分方程的初值问题和"微元求和"。

联系微分学和积分学的基本公式是:若 $f(x)$ 在 $[a,b]$ 上连续,$F(x)$ 是 $f(x)$ 的原函数,则 $\displaystyle\int_a^b f(x)\mathrm{d}x = F(b)-F(a)$。通常称之为牛顿—莱布尼兹公式。因此,计算定积分实际上就是求原函数,也即求不定积分。但即使 $f(x)$ 为初等函数,计算不定积分的问题也不能完全得到解决,所以要考虑定积分的近似计算,常用的方法有梯形法和抛物线法。

微积分是一种数学思想,微分的"微",是细小、分割、分割得很细小的意思;积分的"积"是累计、合计、求和的意思。微分的简单说法,就是计算相关变化率、牵连变化率一类的问题,思想方法上可以概括成:分割、求比、取极限;几何意义是从求割线的斜率过渡到切线的斜率。积分的基本思想可以概括成:分割、求和、取极限。几何意义就是微元面积之和。增量无限趋近于零,割线无限趋近于切线,曲线无限趋近于直线,从而以直代曲,以线性化的方法解决非线性问题,这就是微积分理论的精髓所在。微积分学是微分学和积分学的总称,如图 5-1 所示。

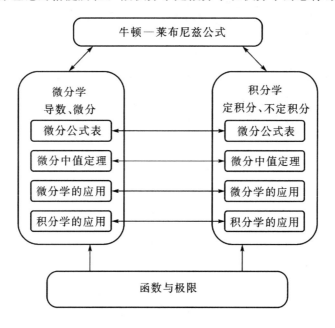

图 5-1　微积分学

二、经典知识点

1. 数列极限的定义:设 $\{x_n\}$ 为一数列,如果存在常数 a,对于任意给定的正数 ε(不论它多么小),总存在正整数 N,使得 $n>N$ 时,不等式 $|x_n-a|<\varepsilon$ 都成立,那么就常数 a 是数列 $\{x_n\}$ 的极限,或者称数列 $\{x_n\}$ 收敛与 a,记为 $\lim\limits_{n\to\infty}x_n=a$ 或 $x_n\to a(n\to\infty)$. 如果不存在这样的常数 a,就说数列 $\{x_n\}$ 没有极限,或者说数列 $\{x_n\}$ 是发散的,习惯上也说 $\lim\limits_{n\to\infty}x_n$ 不存在。

例 1　证明数列 $2,\dfrac{1}{2},\dfrac{4}{3},\dfrac{3}{4},\cdots,\dfrac{n+(-1)^{n-1}}{n},\cdots$ 的极限是 1。

证　$|x_n-a|=\left|\dfrac{n+(-1)^{n-1}}{n}-1\right|=\dfrac{1}{n}$,为了使 $|x_n-a|$ 小于任意给定的正数 ε,只要 $\dfrac{1}{n}<\varepsilon$ 或 $\dfrac{1}{n}>\dfrac{1}{\varepsilon}$. 所以,$\forall\varepsilon>0$,取 $N=\left[\dfrac{1}{\varepsilon}\right]$,则当 $n>N$ 时,就有 $\left|\dfrac{n+(-1)^{n-1}}{n}-1\right|<\varepsilon$,即 $\lim\limits_{n\to\infty}\dfrac{n+(-1)^{n-1}}{n}=1$

例 2　设 $|q|<1$,证明等比数列 $1,q,q^2,\cdots,q^{n-1},\cdots$ 的极限是 0.

证　$\forall\varepsilon>0$,(设 $\varepsilon<1$),因为 $|x_n-0|=|q^{n-1}-0|=|q|^{n-1}$,要使 $|x_n-0|<\varepsilon$,只要 $|q|^{n-1}<\varepsilon$ 取自然对数,得 $(n-1)\ln|q|<\ln\varepsilon$。因 $|q|<1,\ln|q|<0$,故 $n>1+\dfrac{\ln\varepsilon}{\ln|q|}$,取 $N=\left[1+\dfrac{\ln\varepsilon}{\ln|q|}\right]$,则当 $n<N$ 时,就有 $|q^{n-1}-0|<\varepsilon$,即 $\lim\limits_{n\to\infty}q^{n-1}=0$。

2. 函数极限定义:设函数 $f(x)$ 在点 x_0 的某一去心邻域内有定义. 如果存在常数 A,对于任意给定的正数 ε(不论它多么小),总存在正数 δ,使得当 x 满足不等式 $0<|x-x_0|<\delta$ 时,对

应的函数值 $f(x)$ 都满足不等式 $|f(x)-A|<\varepsilon$,那么常数 A 就叫做函数 $f(x)$ 当 $x \rightarrow x_0$ 时的极限,记作 $\lim\limits_{x \rightarrow x_0} f(x)=A$ 或 $f(x) \rightarrow A$(当 $x \rightarrow x_0$).

例 3 证明 $\lim\limits_{x \rightarrow 1} \dfrac{x^2-1}{x-1}=2$。

证明 这里,函数在点 $x=1$ 是没有定义,但是函数当 $x \rightarrow 1$ 是的极限存在或不存在与它并无关系。事实上,$\forall \varepsilon>0$,不等式 $\left|\dfrac{x^2-1}{x-1}-2\right|<\varepsilon$ 约去非零因子 $x-1$,就化为 $|x+1-2|=|x-1|<\varepsilon$,因此,只要取 $\delta=\varepsilon$,那么当 $0<|x-1|<\varepsilon$ 时,就有

$$\left|\frac{x^2-1}{x-1}-2\right|<\varepsilon$$

所以 $\lim\limits_{x \rightarrow 1} \dfrac{x^2-1}{x-1}=2$。

例 4 证明 $\lim\limits_{x \rightarrow \infty} \dfrac{1}{x}=0$。

证 $\forall \varepsilon>0$,要证 $\exists X>0$,当 $|x|>X$ 时,不等式 $\left|\dfrac{1}{x}-0\right|<\varepsilon$ 成立。因这个不等式相当于 $\dfrac{1}{|x|}<\varepsilon$ 或 $|x|>\dfrac{1}{\varepsilon}$ 由此可知,如果取 $X=\dfrac{1}{\varepsilon}$,那么当 $|x|>X=\dfrac{1}{\varepsilon}$ 时,不等式 $\left|\dfrac{1}{x}-0\right|<\varepsilon$ 成立。这就证明了 $\lim\limits_{x \rightarrow \infty} \dfrac{1}{x}=0$。

3. **导数的定义**:设函数 $y=f(x)$ 在点 x_0 的某个邻域内有定义,当自变量 x 在 x_0 处取得增量 Δx(点 $x_0+\Delta x$ 仍在该邻域内)时,相应地函数 y 取得增量 Δy;如果 Δy 与 Δx 之比当 $\Delta x \rightarrow 0$ 时的极限存在,则称函数 $y=f(x)$ 在点 x_0 处可导,并称这个极限为函数 $y=f(x)$ 在点 x_0 处的导数,记为 $f'(x_0)$,

即 $f'(x_0)=\lim\limits_{\Delta x \rightarrow 0} \dfrac{\Delta y}{\Delta x}=\lim\limits_{\Delta x \rightarrow 0} \dfrac{f(x_0+\Delta x)-f(x_0)}{\Delta x}$

记 $y'|_{x=x_0}, \dfrac{\mathrm{d}y}{\mathrm{d}x}|_{x=x_0}, \dfrac{\mathrm{d}f(x)}{\mathrm{d}x}|_{x=x_0}$

函数 $y=f(x)$ 在点 x_0 处可导有时也说成 $y=f(x)$ 在点 x_0 具有导数或导数存在。

例 5 求函数 $f(x)=x^n (n \in N^+)$ 在 $x=a$ 处的导数

解

$$f'(a)=\lim_{x \rightarrow a} \frac{f(x)-f(a)}{x-a}=\lim_{x \rightarrow a} \frac{x^n-a^n}{x-a}$$
$$=\lim_{x \rightarrow a}(x^{n-1}+ax^{n-2}+\cdots+a^{n-1})=na^{n-1}$$

将 a 换成 x 得 $f'(x)=nx^{n-1}$ 即

$$(x^n)'=nx^{n-1}$$

幂函数 $y=x^u$(u 为常数)的导数公式

$$(x^u)'=ux^{u-1}$$

例 6 求函数 $f(x)=\sin x$ 的导数。

解

$$f'(x)=\lim_{h \rightarrow 0} \frac{f(x+h)-f(x)}{h}=\lim_{h \rightarrow 0} \frac{\sin(x+h)-\sin x}{h}$$

$$= \lim_{h \to 0} \frac{1}{h} \cdot 2\cos(x + \frac{h}{2})\sin\frac{h}{2}$$

$$= \lim_{h \to 0}\cos(x + \frac{h}{2}) \cdot \frac{\sin\frac{h}{2}}{\frac{h}{2}} = \cos x$$

正弦函数的导数是余弦函数。

4. 积分例题

例 7　已知 $f(x)$ 的一个原函数为 e^{2x}，则 $f'(x) = 4e^{2x}$

例 8　求 $\int x^2 \mathrm{d}x$

解　$\because (\frac{x^3}{3})' = x^2$，即 $\frac{x^3}{3}$ 是 x^2 的一个原函数。

$$\therefore \int x^2 dx = \frac{x^3}{3} + C$$

例 8　利用定积分几何意义，求定积分值 $\int_0^1 \sqrt{1 - x^2}\mathrm{d}x$

解　上式表示介于 $x = 0, x = 1, y = 0, y = \sqrt{1 - x^2}$ 之间面积

所以 $\int_0^1 \sqrt{1 - x^2}\mathrm{d}x = \frac{\pi}{4}$

例 10　计算 $\int_{-2}^{-1} \frac{\mathrm{d}x}{x}$。

解　$\int_{-2}^{-1} \frac{\mathrm{d}x}{x} = \ln|x| \Big|_{-2}^{-1} = \ln 1 - \ln 2 = -\ln 2$。

例 11　计算正弦曲线 $y = \sin x$ 在 $[0, \pi]$ 上与 x 轴所围成的平面图形的面积。

解　$A = \int_0^\pi \sin x \mathrm{d}x = -\cos x \Big|_0^\pi = 2$。

第二节　微积分发展简史

一、微积分思想的早期萌芽

微积分的思想萌芽，部分可以追溯到古代。在古代希腊、中国和印度数学家的著作中，已不乏用朴素的极限思想，即无穷小过程计算特别形状的面积、体积和曲线长的例子。

在中国，公元前 5 世纪，战国时期名家的代表作《庄子·天下篇》中记载了惠施的一段话："一尺之棰，日取其半，万世不竭"，是我国较早出现的极限思想。但把极限思想运用于实践，即利用极限思想解决实际问题的典范却是魏晋时期的数学家刘徽。他的"割圆术"开创了圆周率研究的新纪元。刘徽首先考虑圆内接正六边形面积，接着是正十二边形面积，然后依次加倍边数，则正多边形面积愈来愈接近圆面积。用他的话说，就是："割之弥细，所失弥少。割之又割，以至于不可割，则与圆合体，而无所失矣。"按照这种思想，他从圆的内接正六边形面积一直算到内接正 192 边形面积，得到圆周率的近似值 3.14。大约两个世纪之后，南北朝时期的著名科学家祖冲之、祖暅父子推进和发展了刘徽的数学思想，首先算出了圆周率介于 3.1415926 与

3.1415927 之间,这是我国古代最伟大的成就之一。其次明确提出了下面的原理:"幂势既同,则积不容异。"我们称之为"祖氏原理",即西方所谓的"卡瓦列利原理"。并应用该原理成功地解决了刘徽未能解决的球体积问题。

欧洲古希腊时期也有极限思想,并用极限方法解决了许多实际问题。较为重要的当数希腊的数学家安蒂丰的"穷竭法"。他在研究化圆为方问题时,提出用圆内接正多边形的面积穷竭圆面积,从而求出圆面积。但他的方法并没有被数学家们所接受。后来,安蒂丰的穷竭法在欧多克斯那里得到补充和完善。之后,阿基米德借助于穷竭法解决了一系列几何图形的面积、体积计算问题。他的方法通常被称为"平衡法",实质上是一种原始的积分法。他将需要求积的量分成许多微小单元,再利用另一组容易计算总和的微小单元来进行比较。但他的两组微小单元的比较是借助于力学上的杠杆平衡原理来实现的。平衡法体现了近代积分法的基本思想,是定积分概念的雏形。

与积分学相比,微分学研究的例子相对少多了。早期应用微分学思想是静止的,不是动态的,与现代微积分相差甚远。刺激微分学发展的主要科学问题是求曲线的切线、求瞬时变化率以及求函数的极大值极小值等问题。阿基米德、阿波罗尼奥斯等均曾作过尝试,但他们都是基于静态的观点。古代与中世纪的中国学者在天文历法研究中也曾涉及到天体运动的不均匀性及有关的极大、极小值问题,但多以惯用的数值手段(即有限差分计算)来处理,从而回避了连续变化率。

二、微积分的酝酿时期

微积分思想真正的迅速发展与成熟是在 16 世纪以后。1400 年至 1600 年的欧洲文艺复兴,使得整个欧洲全面觉醒。一方面,社会生产力迅速提高,科学和技术得到迅猛发展;另一方面,社会需求的急需增长,也为科学研究提出了大量的问题。这一时期,对运动与变化的研究已变成自然科学的中心问题,以常量为主要研究对象的古典数学已不能满足要求,科学家们开始由对以常量为主要研究对象的研究转移到以变量为主要研究对象的研究上来,自然科学开始迈入综合与突破的阶段。

在欧洲文艺复兴的高潮中,数学的发展与科学的革命紧密结合在一起,提出了以下亟待解决的问题:

(1)如何确定非匀速运动物体的速度与加速度及瞬时变化率问题。

(2)望远镜的设计需要确定透镜曲面上任意一点的法线,求任意曲线切线的连续变化问题。

(3)确定炮弹的最大射程及寻求行星轨道的近日点与远日点等涉及的函数极大值、极小值问题。

(4)行星沿轨道运动的路程、行星矢径扫过的面积以及物体重心与引力的计算等。

为解决科学发展所带来的一系列问题,17 世纪上半叶被人们遗忘千年的微积分重又成为重点研究对象,几乎所有的科学大师都竭力寻求这些问题的解决方法。

开普勒与无限小元法。德国天文学家、数学家开普勒在 1615 年发表的《测量酒桶的新立体几何》中,论述了其利用无限小元求旋转体体积的积分法。他的无限小元法的要旨是用无数个同维无限小元素之和来确定曲边形的面积和旋转体的体积,如他认为球的体积是无数个顶点在球心底面在球上的小圆锥的体积的和。

卡瓦列里的不可分量方法:卡瓦列里是意大利波伦尼亚大学教授,伽利略的学生,受开普勒与伽利略影响较深。1635 年,他发表的著作《用新的方法推进连续体的不可分量的几何学》标志着积分方法的一个重要进展。卡瓦列里的思想源于开普勒的无限小元法。不同的是,他克服开普勒用不同的直线图形来表达不同曲边图形的缺点,提出"面积是由无数个等距平行线段构成的,体积是由无数个平行平面面积构成的"。他分别把这些平行线段和平行平面块叫做面积和体积的不可分量。他用下面的例子来说明他的不可分量方法:

例 1:证明:平行四边形 $ABCD$ 是三角形 ABD 或 BCD 的两倍

例 2:证明:球体积等于 $\frac{2}{3}$ 倍外切圆柱体的体积。

卡瓦列里方法的特点是:通过对图形间不可分量的比较,来确定图形间面积和体积的关系。它的基本出发点就是所谓的卡瓦列里原理:"设两立体是等高的,如果它们和底平行并与底有相等距离的截面恒成比例,则此两立体体积之比等于这个定比。"此即刘徽—祖暅原理。卡瓦列里的着眼点是两个图形对应的不可分量之间的关系,而不是每个图形中不可分量的全体,也就避免了无限的概念即使用极限概念。卡瓦列里求积法的局限在于它的纯几何性质,即完全不强调代数和算术的要素,而正是这种要素才构成了微积分的运算法则并导出微分、积分的合理定义。同时,只考虑面积和体积之比,不去单独求面积、体积,也不是纯粹意义下的求积术。此外积分过程本质是一个无限过程,企图回避无限概念必然会产生更深刻的矛盾。1644 年,卡瓦列里本人就发现了一个著名的不可分量悖论。

巴罗与"微分三角形"。巴罗是英国的数学家,在 1669 年出版的著作《几何讲义》中,他利用微分三角形(也称特征三角形)求出了曲线的斜率。他的方法的实质是把切线看作割线的极限位置,并利用忽略高阶无限小来取极限。巴罗是牛顿的老师,英国剑桥大学的第一任"卢卡斯数学教授",也是英国皇家学会的首批会员。当他发现和认识到牛顿的杰出才能时,便于 1669 年辞去卢卡斯教授的职位,举荐自己的学生,当时才 27 岁的牛顿来担任。巴罗让贤已成为科学史上的佳话。

笛卡尔、费马和坐标方法。笛卡尔和费马是将坐标方法引进微分学问题研究的前锋。笛卡尔在《几何学》中提出的求切线的"圆法"以及费马手稿中给出的求极大值与极小值的方法,实质上都是代数的方法。代数方法对推动微积分的早期发展起了很大的作用,牛顿就是以笛卡尔的圆法为起点而踏上微积分的研究道路。

沃利斯的"无穷算术"。沃利斯是在牛顿和莱布尼茨之前,将分析方法引入微积分贡献最突出的数学家。在其著作《无穷算术》中,他利用算术不可分量方法获得了一系列重要结果。其中就有将卡瓦列里的幂函数积分公式推广到分数幂情形,以及计算四分之一圆的面积等。

17 世纪上半叶一系列先驱性的工作,沿着不同的方向向微积分的大门逼近,但所有这些努力还不足以标志微积分作为一门独立科学的诞生。前驱者对于求解各类微积分问题确实做出了宝贵的贡献,但他们的方法仍缺乏足够的一般性。虽然有人注意到这些问题之间的某些联系,但没有人将这些联系作为一般规律明确提出来,作为微积分基本特征的积分和微分的互逆关系也没有引起足够的重视。因此,在更高的高度将以往个别的贡献和分散的努力综合为统一的理论,成为 17 世纪中叶数学家面临的艰巨任务。

三、微积分学的创建

微积分学是由牛顿与莱布尼茨分别独立创建的。

到了 17 世纪下半叶,在前人创造性研究的基础上,英国大数学家、物理学家牛顿是从物理学的角度研究微积分的,他为了解决运动问题,创立了一种和物理概念直接联系的数学理论,即牛顿称之为"流数术"的理论,这实际上就是微积分理论。牛顿的有关"流数术"的主要著作是《求曲边形面积》《运用无穷多项方程的计算法》和《流数术和无穷极数》。这些概念是力,不是数学概念的反映。牛顿认为任何运动存在于空间,依赖于时间,因而他把时间作为自变量,把和时间有关的固变量作为流量,不仅这样,他还把几何图形——线、角、体,都看作力学位移的结果。因而,一切变量都是流量。

牛顿对微积分的研究大致可分为三个阶段:第一阶段是静态无穷小方法,像费尔马那样把变量看作是无穷小元素的集合;第二阶段是变量流动生成法,认为变量是由点、线、面的连续流动生成的,因此他把变量叫做流,把变量的变化率叫做流数;第三阶段是所谓的初比和后比方法,这是对第一阶段无穷小量方法的彻底否定。

第一阶段工作。牛顿在 1665 年 5 月 20 日的一份手稿中提到"流数术",因而有人把这一天作为诞生微积分的标志。1669 年,牛顿完成了第一篇微积分论文《运用无穷多项方程的分析学》,首先在朋友中散发,1711 年才正式发表。牛顿在这篇论文中提到的方法与费马、巴罗的差不多,只是形式上有差别:一是牛顿把无穷小增量叫做瞬,相当于费马的符号 E;二是巴罗采取先略去无穷小的高次幂,再除以无穷小量的方法,牛顿则与费马类似,先除以无穷小量,再略去含无穷小量的项;三是牛顿在计算上应用了二次项的展开,这使他的方法能适用于更广泛的函数,而费马等人的方法仅适用于有理函数;四是在巴罗和费马用无限多个微小面积和的办法得出结果的地方,牛顿考虑了面积的瞬时增量,然后通过逆过程求出面积。

第二阶段工作。主要体现在 1671 年的著作《流数法合无穷级数》,此书发表于 1736 年。在这本书中,牛顿引入了他独特的符号合概念。牛顿指出,"流数术"基本上包括三类问题。

(1)已知流量之间的关系,求它们的流数的关系,这相当于微分学。

(2)已知表示流数之间的关系的方程,求相应的流量间的关系。这相当于积分学,牛顿意义下的积分法不仅包括求原函数,还包括解微分方程。

(3)"流数术"应用范围包括计算曲线的极大值、极小值,求曲线的切线和曲率,求曲线长度及计算曲边形面积等。

牛顿已完全清楚上述(1)与(2)两类问题中运算是互逆的运算,于是建立起微分学和积分学之间的联系。

第三阶段工作。表现在他的《曲线求积术》一文中。此文写于 1676 年,发表于 1704 年,在这篇文章中,牛顿企图排除无穷小量的所有痕迹,为此,他引入初比和后比的概念。牛顿对于发表自己的科学著作持非常谨慎的态度。1687 年,牛顿出版了他的力学巨著《自然哲学的数学原理》,这部著作中包含他的微积分学说,也是牛顿微积分学说的最早的公开表述,因此该巨著成为数学史上划时代的著作。而他的微积分论文直到 18 世纪初才在朋友的再三催促下相继发表。

而德国数学家莱布尼茨使微积分更加简洁和准确。莱布尼茨是从几何方面独立发现了微积分。在牛顿和莱布尼茨之前至少有数十位数学家研究过,他们为微积分的诞生作了开创性贡献。但是他们这些工作是零碎的,不连贯的,缺乏统一性。莱布尼茨创立微积分的途径与方法与牛顿是不同的。莱布尼茨是经过研究曲线的切线和曲线包围的面积,运用分析学方法引进微积分概念、得出运算法则的。牛顿在微积分的应用上更多地结合了运动学,造诣较莱布尼茨高一等,但莱布尼茨的表达形式采用数学符号却又远远优于牛顿一等,既简洁又准确地揭示出微积分的实质,强有力地促进了高等数学的发展。

莱布尼茨创造的微积分符号,正像印度——阿拉伯数码促进了算术与代数发展一样,促进了微积分学的发展。莱布尼茨是数学史上最杰出的符号创造者之一。牛顿当时采用的微分和积分符号现在不用了,而莱布尼茨所采用的符号现今仍在使用。莱布尼茨比别人更早更明确地认识到,好的符号能大大节省思维劳动,运用符号的技巧是数学成功的关键之一。

从思想上看,牛顿的流数(导数)实际上是增量之比的极限,而莱布尼茨却直接用 x 和 y 的无穷小增量求出它们的关系 $\dfrac{\mathrm{d}x}{\mathrm{d}y}$,这个差别反映了牛顿的物理方向和莱布尼茨的哲学方向,在物理上,速度是中心概念,而哲学则着眼于终微粒,莱布尼茨称为单子。

从工作方式看:牛顿的工作是物理的、经验的、具体的、谨慎的,一些法则没有充分的推广,对普遍性的讨论较少。莱布尼茨则是带思辨的、富于想象的,善于提炼普遍的运算法 则并大胆加以推广。

牛顿担心微积分的严密性,宣布其归根结底是纯几何的自然延伸。这种谨慎、拘束的作法,影响其工作未能尽情发挥。莱布尼茨思想开朗,毫不犹豫地宣布新科学的诞生,对其严密性的不足不甚担心。

微积分学的建立,最重要的工作是由牛顿和莱布尼兹各自独立完成的。他们认识到微分和积分实际上是一对逆运算,从而给出了微积分学基本定理,即牛顿—莱布尼兹公式。牛顿和莱布尼茨都是他们时代的巨人,两位学者也从未怀疑过对方的科学才能。就微积分的创立而言,尽管二者在背景、方法和形式上存在差异、各有特色,但二者的功绩是相当的。然而,一个局外人的一本小册子却引起了"科学史上最不幸的一章",微积分发明优先权的争论。瑞士数学家德丢勒在这本小册子中认为,莱布尼茨的微积分工作从牛顿那里有所借鉴,进一步莱布尼茨又被英国数学家指责为剽窃者。这样就造成了支持莱布尼茨的欧陆数学家和支持牛顿的英国数学家两派的不和,甚至互相尖锐地攻击对方。这件事的结果,使得两派数学家在数学的发展上分道扬镳,停止了思想交换。

在牛顿和莱布尼茨二人死后很久,事情终于得到澄清,调查证实两人确实是相互独立地完成了微积分的发明,就发明时间而言,牛顿早于莱布尼茨;就发表时间而言,莱布尼茨先于牛顿。虽然牛顿在微积分应用方面的辉煌成就极大地促进了科学的发展,但这场发明优先权的争论却极大地影响了英国数学的发展,由于英国数学家固守牛顿的传统近一个世纪,从而使自己逐渐远离分析的主流,落在欧陆数学家的后面。

四、微积分的完善时期——极限理论的建立

在牛顿和莱布尼茨之后,从 17 世纪到 18 世纪的过渡时期,法国数学家罗尔在其论文《任意次方程一个解法的证明》中给出了微分学的一个重要定理,也就是我们现在所说的罗尔微分中值定理。微积分的两个重要奠基者是伯努利兄弟雅各布和约翰,他们的工作构成了现今初等微积分的大部分内容。其中,约翰给出了求型的待定型极限的一个定理,这个定理后由约翰的学生罗比达编入其微积分著作《无穷小分析》,现在通称为罗比达法则。

18 世纪,微积分得到进一步深入发展。1715 年数学家泰勒在著作《正的和反的增量方法》中陈述了他获得的著名定理,即现在以他的名字命名的泰勒定理。后来麦克劳林重新得到泰

勒公式在时的特殊情况,现代微积分教材中一直将这一特殊情形的泰勒级数称为"麦克劳林级数"。

雅各布、法尼亚诺、欧拉、拉格朗日和勒让德等数学家在考虑无理函数的积分时,发现一些积分既不能用初等函数,也不能用初等超越函数表示出来,这就是我们现在所说的"椭圆积分",他们还就特殊类型的椭圆积分积累了大量的结果。

18世纪的数学家还将微积分算法推广到多元函数而建立了偏导数理论和多重积分理论。这方面的贡献主要应归功于尼古拉·伯努利、欧拉和拉格朗日等数学家。另外,函数概念在18世纪进一步深化,微积分被看作是建立在微分基础上的函数理论,将函数放在中心地位,是18世纪微积分发展的一个历史性转折。在这方面,贡献最突出的当数欧拉。他明确区分了代数函数与超越函数、显函数与隐函数、单值函数与多值函数等,并在《无限小分析引论》中明确宣布:"数学分析是关于函数的科学"。18世纪微积分最重大的进步也是由欧拉作出的。他的《无限小分析引论》(1748)、《微分学原理》(1755)与《积分学原理》(1768—1770)都是微积分史上里程碑式的著作,在很长时间内被当作标准教材而广泛使用。

微积分学创立以后,由于运算的完整性和应用的广泛性,使微积分学成了研究自然科学的有力工具。但微积分学中的许多概念都没有精确的定义,特别是对微积分的基础——无穷小概念的解释不明确,在运算中时而为零,时而非零,出现了逻辑上的困境。正因为如此,这一学说从一开始就受到多方面的怀疑和批评。最令人震撼的抨击是来自英国克罗因的红衣主教贝克莱。他认为当时的数学家以归纳代替了演绎,没有为他们的方法提供合法性证明。贝克莱集中攻击了微积分中关于无限小量的混乱假设,他说:"这些消失的增量究竟是什么?它们既不是有限量,也不是无限小,又不是零,难道我们不能称它们为消失量的鬼魂吗?"贝克莱的许多批评切中要害,客观上揭露了早期微积分的逻辑缺陷,引起了当时不少数学家的恐慌。这也就是我们所说的数学发展史上的第二次"危机"。

多方面的批评和攻击没有使数学家们放弃微积分,相反却激起了数学家们为建立微积分的严格化而努力。从而也掀起了微积分乃至整个分析的严格化运动。18世纪,数学家们力图以代数化的途径来克服微积分基础的困难,这方面的主要代表人物是达朗贝尔、欧拉和拉格朗日。达朗贝尔定性地给出了极限的定义,并将它作为微积分的基础,他认为微分运算"仅仅在于从代数上确定我们已通过线段来表达的比的极限";欧拉提出了关于无限小的不同阶零的理论;拉格朗日也承认微积分可以在极限理论的基础上建立起来,但他主张用泰勒级数来定义导数,并由此给出我们现在所谓的拉哥朗日中值定理。欧拉和拉格朗日在分析中引入了形式化观点,而达朗贝尔的极限观点则为微积分的严格化提供了合理内核。

微积分的严格化工作经过近一个世纪的尝试,到19世纪初已开始见成效。首先是捷克数学家波尔察诺发表的论文《纯粹分析证明》,其中包含了函数连续性、导数等概念的合适定义、有界实数集的确界存在性定理、序列收敛的条件以及连续函数中值定理的证明等内容。然而,波尔察诺的工作长期淹没无闻,没有引起数学家们的注意。

19世纪分析的严密性真正有影响的先驱则是伟大的法国数学家柯西。柯西关于分析基础的最具代表性的著作是他的《分析教程》(1821)、《无穷小计算教程》(1823)以及《微分计算教程》(1829),它们以分析的严格化为目标,对微积分的一系列基本概念给出了明确的定义,在此基础上,柯西严格地表述并证明了微积分基本定理、中值定理等一系列重要定理,定义了级数的收敛性,研究了级数收敛的条件等,他的许多定义和论述已经非常接近于微积分的现代形式。柯西的工作在一定程度上澄清了微积分基础问题上长期存在的混乱,向分析的全面严格化迈出了关键的一步。

柯西的研究结果一开始就引起了科学界的很大轰动,就连柯西自己也认为他已经把分析的严格化进行到底了。然而,柯西的理论只能说是"比较严格",不久人们便发现柯西的理论实际上也存在漏洞。比如柯西定义极限为:"当同一变量逐次所取的值无限趋向于一个固定的值,最终使它的值与该定值的差可以随意小,那么这个定值就称为所有其他值的极限",其中"无限趋向于"、"可以随意小"等语言只是极限概念的直觉的、定性的描述,缺乏定量的分析,这种语言在其他概念和结论中也多次出现。另外,微积分计算是在实数领域中进行的,但到 19世纪中叶,实数仍没有明确的定义,对实数系仍缺乏充分的理解,而在微积分的计算中,数学家们却依靠了假设:任何无理数都能用有理数来任意逼近。当时,还有一个普遍持有的错误观念就是认为凡是连续函数都是可微的。基于此,柯西时代就不可能真正为微积分奠定牢固的基础。所有这些问题都摆在当时的数学家们面前。

另一位为微积分的严密性做出卓越贡献的是德国数学家魏尔斯特拉斯,他曾在波恩大学学习法律和财政,后因转学数学而未完成博士工作,得到许可当了一名中学教员。魏尔斯特拉斯是一个有条理而又苦干的人,在中学教书的同时,他以惊人的毅力进行数学研究。由于他在数学上做出的突出成就,1864 年他被聘为柏林大学教授。魏尔斯特拉斯定量地给出了极限概念的定义,即今天极限论中的"$\varepsilon - \delta$"方法。魏尔斯特拉斯用他创造的一套语言重新定义了微积分中的一系列重要概念,特别地,他引进的一致收敛性概念消除了以往微积分中不断出现的各种异议和混乱。另外,魏尔斯特拉斯认为实数是全部分析的本源,要使分析严格化,就首先要使实数系本身严格化。而实数又可按照严密的推理归结为整数(有理数)。因此,分析的所有概念便可由整数导出。这就是魏尔斯特拉斯所倡导的"分析算术化"纲领。基于魏尔斯特拉斯在分析严格化方面的贡献,在数学史上,他获得了"现代分析之父"的称号。

1857 年,魏尔斯特拉斯在课堂上给出了第一个严格的实数定义,但他没有发表。1872 年,戴德金、康托尔几乎同时发表了他们的实数理论,并用各自的实数定义严格地证明了实数系的完备性。这标志着由魏尔斯特拉斯倡导的分析算术化运动大致宣告完成。

现在的微积分学教程,通常的讲授次序是先极限、再微分、后积分,这与历史顺序正好相反。

五、微积分的应用、意义

1. 微积分的应用

微积分学的发展与应用几乎影响了现代生活的所有领域。它与大部分科学分支关系密切,包括医药、护理、工业工程、商业管理、精算、计算机、统计、人口统计,特别是物理学;经济学亦经常会用到微积分学。几乎所有现代科学技术,如:机械、土木、建筑、航空及航海等工业工程都以微积分学作为基本数学工具。微积分使得数学可以在变量和常量之间互相转化,让我们可以已知一种方式时推导出来另一种方式。

物理学大量应用微积分;经典力学、热传和电磁学都与微积分有密切联系。已知密度的物体质量,动摩擦力,保守力场的总能量都可用微积分来计算。例如:将微积分应用到牛顿第二定律中,史料一般将导数称为"变化率"。物体动量的变化率等于向物体以同一方向所施的力。它包括了微分,因为加速度是速度的导数,或是位置矢量的二阶导数。已知物体的加速度,我们就可以得出它的路径。

生物学用微积分来计算种群动态,输入繁殖和死亡率来模拟种群改变。

化学使用微积分来计算反应速率,放射性衰退。

麦克斯韦尔的电磁学和爱因斯坦的广义相对论都应用了微分。

微积分可以与其他数学分支交叉混合。例如,混合线性代数来求得值域中一组数列的"最佳"线性近似。它也可以用在概率论中来确定由假设密度方程产生的连续随机变量的概率。在解析几何对方程图像的研究中,微积分可以求得最大值、最小值、斜率、凹度、拐点等。

格林公式连接了一个封闭曲线上的线积分与一个边界为 C 且平面区域为 D 的双重积分。它被设计为求积仪工具,用以量度不规则的平面面积。例如:它可以在设计时计算不规则的花瓣床、游泳池的面积。

在医疗领域,微积分可以计算血管最优支角,将血流最大化。通过药物在体内的衰退数据,微积分可以推导出服用量。在核医学中,它可以为治疗肿瘤建立放射输送模型。

在经济学中,微积分可以通过计算边际成本和边际利润来确定最大收益。

微积分也被用于寻找方程的近似值;实践中,它用于解微分方程,计算相关的应用题,如:牛顿法、定点循环、线性近似等。比如:宇宙飞船利用欧拉方法来求得零重力环境下的近似曲线。

2. 微积分的意义

微积分的建立是人类头脑最伟大的创造之一,一部微积分发展史是人类一步一步顽强地认识客观事物的历史,是人类理性思维的结晶。它给出一整套的科学方法,开创了科学的新纪元,并因此加强与加深了数学的作用。恩格斯说:"在一切理论成就中,未必再有什么像 17 世纪下半叶微积分的发现那样被看作人类精神的最高胜利了。如果在某个地方我们看到人类精神的纯粹的和惟一的功绩,那就正是在这里。"

有了微积分,人类才有能力把握运动和过程。有了微积分,就有了工业革命,有了大工业生产,也就有了现代化的社会。航天飞机、宇宙飞船等现代化交通工具都是微积分的直接后果。在微积分的帮助下,万有引力定律被发现了,牛顿用同一个公式来描述太阳对行星的作用以及地球对它附近物体的作用。从最小的尘埃到最遥远的天体的运动行为,宇宙中没有哪一个角落不在这些定律的所包含范围内。这是人类认识史上的一次空前的飞跃,不仅具有伟大的科学意义,而且具有深远的社会影响。它强有力地证明了宇宙的数学设计,摧毁了笼罩在天体上的神秘主义、迷信和神学。一场空前巨大的、席卷近代世界的科学运动开始了。毫无疑问,微积分的发现是世界近代科学的开端。

微积分的出现具有划时代的意义,时至今日,它不仅成为学习高等数学各个分支必不可少的基础,而且是学习近代任何一门自然科学和工程技术的必备工具。

第三节　三次数学危机

危机是一种激化的、非解决不可的矛盾。从哲学上来看,矛盾无处不在,不可避免! 数学中有大大小小的许多矛盾,例如,正与负、加法与减法、微分与积分、有理数与无理数、实数与虚数等等。整个数学发展过程中还有许多深刻的矛盾,例如,有穷与无穷,连续与离散,存在与构造,逻辑与直观,具体对象与抽象对象,概念与计算等。在整个数学发展的历史上,贯穿着矛盾的斗争与解决。而在矛盾激化到涉及整个数学的基础时,就产生数学危机。

矛盾的消除,危机的解决,往往给数学带来新的内容,新的进展,甚至引起革命性的变革,这也反映出矛盾斗争是事物发展的历史动力这一基本原理。危机产生、解决、又产生、解决……,无穷反复的过程不断推动着数学的发展,这个过程也是数学思想获得重要发展的过程。整个数学的发展史就是矛盾斗争的历史,斗争的结果就是数学领域的发展。

一、毕达哥拉斯悖论与第一次数学危机

1. 毕达哥拉斯与毕达哥拉斯学派

毕达哥拉斯(公元前 585—前 500),古希腊著名哲学家、数学家、天文学家、音乐家、教育家。人们把他神话为是太阳神阿波罗的儿子。毕达哥拉斯先后到过:埃及、古巴比伦、印度等国家学习数学、天文等方面的知识。

毕达哥拉斯创建了一个合"宗教、政治、学术"三位一体的神秘主义派别,即毕达哥拉斯学派。这一学派在古希腊赢得很高的声誉,并产生了相当大的政治影响,其思想在当时被认为是绝对权威的真理。

据西方国家记叙,毕达哥拉斯是最早证明了勾股定理。据说:毕达哥拉斯欣喜若狂,为此还杀了一百头牛以作庆贺。因此,在西方称这个定理为"毕达哥拉斯定理",还有一个带有神秘色彩的称号"百牛定理"。

"万物皆数"——是该学派的基本信条。他们认为"万物都可归结为整数或整数之比",他们相信宇宙的本质就是这种"数的和谐"。即他们认为世界上只有整数和分数,除此以外,就不再有别的数了。

2. 希帕索斯悖论与第一次数学危机

具有戏剧性和讽刺意味的是,正是毕达哥拉斯在数学上的这一最重要的发现,却把自己推向了两难的尴尬境地。他的一个学生希帕索斯勤奋好学,富于钻研,在运用勾股定理进行几何计算的过程中发现:当正方形的边长为 1 时,它的对角线的长不是一个整数,也不是一个分数,而是一个新的数。这一发现历史上称为毕达哥拉斯悖论。这个发现不但对毕达哥拉斯学派是一个致命的打击,它对于当时所有古希腊人的观念都是一个极大的冲击。

这就在当时直接导致了人们认识上的危机。小小 $\sqrt{2}$ 的出现,直接动摇了毕达哥拉斯学派的数学信仰,在当时的数学界掀起了一场巨大风暴,产生了极度的思想混乱,因此导致了当时人们认识上的"危机",历史上称之为第一次数学危机。

3. 欧多克索斯的拯救与第一次危机对数学发展的影响

帮助古希腊人摆脱困境的关键一步是由才华横溢的欧多克索斯(公元前 408—前 355)迈出的。

解决方式:把数与量分开,在数的领域,仍然只承认整数或整数之比;借助于几何方法,来处理几何量,通过创立欧多克索斯的比例理论,消除毕达哥拉斯悖论引发的数学危机,从而拯救了整个希腊数学。直到 19 世纪下半叶,现在意义上的实数理论建立起来后,无理数本质被彻底搞清,无理数在数学园地中才真正扎下了根。无理数在数学中合法地位的确立,一方面使人类对数的认识从有理数拓展到实数,另一方面也真正彻底、圆满地解决了第一次数学危机。

第一次数学危机的影响是巨大的,它极大的推动了数学及其相关学科的发展。首先,第一

次数学危机表明,直觉、经验及至实验都是不可靠的,推理证明才是可靠的。从而创立了古典逻辑学。其次,第一次数学危机极大地促进了几何学的发展,由此建立了几何公理体系,欧氏几何学就是在这时候应运而生的。最后,第一次数学危机让人们认识到无理数的存在,通过许多数学家的努力,直到 19 世纪下半叶才建立了完整的实数理论。

第一次数学危机的产物——欧氏几何学。欧几里得的《几何原本》对数学发展的作用无须在此多谈。不过应该指出,欧几里得的贡献在于他有史以来第一次总结了以往希腊人的数学知识,构成一个标准化的演绎体系,这对数学乃至哲学、自然科学的影响一直延续到 19 世纪。牛顿的《自然哲学的数学原理》和斯宾诺莎的《伦理学》等,都采用了欧几里得《几何原本》的体系。

二、贝克莱悖论与第二次数学危机

1. 微积分的发现——早在 2500 多年前,人类就已有了微积分的思想

在西方,数学之神,阿基米德(公元前 287—前 212),通过一条迂回之路,独辟蹊径,创立新法,是早期微积分思想的发现者,微积分是奠基于他的工作之上才最终产生的。在东方,中国古代数学家刘徽(公元 263 左右),一项杰出的创见是对微积分思想的认识与应用。刘徽的微积分思想,是中国古代数学园地里一株璀璨的奇葩。其极限思想之深刻,是前无古人的,并在极长的时间内也后无来者。

直到 17 世纪,作为一门新学科的微积分已呼之欲出。牛顿和莱布尼兹被公认为微积分的奠基者。牛顿(1642—1727)是英国伟大的数学家、物理学家、天文学家和自然哲学家。牛顿是从物理学出发,运用集合方法,结合运动学来研究微积分。莱布尼茨(1646—1716)德国最重要的数学家、物理学家、历史学家和哲学家。莱布尼茨却是从几何问题出发,运用分析学方法研究微积分。他们的功绩主要在于:第一,把各种问题的解法统一成一种方法,微分法和积分法;第二,有明确的计算微分法的步骤;第三,微分法和积分法互为逆运算。

2. 贝克莱悖论与第二次数学危机

不过,在微积分创立之初,牛顿和莱布尼茨的工作都很不完善。因而,导致许多人的批评。然而抨击最有力的是爱尔兰主教贝克莱,他的批评对数学界产生了最令人震撼的撞击。如贝克莱指出:牛顿在无穷小量这个问题上,其说不一,十分含糊,有时候是零,有时候不是零而是有限的小量;莱布尼茨的也不能自圆其说。

例如,牛顿当时是这样求函数的导数的:

$$(x + \Delta x)^2 = x^2 + 2x\Delta x + (\Delta x)^2$$

$$\frac{\Delta y}{\Delta x} = \frac{\left[(x + \Delta x)^2 - x^2\right]}{\Delta x} = 2x + \Delta x$$

$$\Delta x = 0$$

$$y' = 2x$$

贝克莱对微积分基础的批评是一针见血,击中要害的,他揭示了早期微积分的逻辑漏洞。然而在当时,微积分理论由于在实践与数学中取得了成功,已使大部分数学家对它的可靠性表示信赖,相信建立在无穷小之上的微积分理论是正确的。因此贝克莱所阐述的问题被认为是悖论,即著名的贝克莱悖论。由于这一悖论,十分有效地揭示出微积分基础中包含着逻辑矛

盾,因而在当时的数学界引起了一定的混乱,一场新的风波由此掀起,于是导致了数学史中的第二次数学危机。

3. 微积分的发展

18世纪的数学思想的确是不严密的、直观的、强调形式的计算,而不管基础的可靠与否,其中特别是:没有清楚的无穷小概念,因此导数、微分、积分等概念不清楚;对无穷大的概念也不清楚;发散级数求和的任意性;符号使用的不严格性;不考虑连续性就进行微分,不考虑导数及积分的存在性以及可否展成幂级数等。

一直到19世纪20年代,一些数学家才开始比较关注于微积分的严格基础。它们从波尔查诺、阿贝尔、柯西、狄里克莱等人的工作开始,最终由维尔斯特拉斯、戴德金和康托尔彻底完成,中间经历了半个多世纪,基本上解决了矛盾,为数学分析奠定了一个严格的基础。

柯西在1821年的《代数分析教程》中从定义变量开始,认识到函数不一定要有解析表达式。他抓住了极限的概念,指出无穷小量和无穷大量都不是固定的量,而是变量,并定义了导数和积分;阿贝尔指出要严格限制滥用级数展开及求和;狄里克雷(1805—1859)给出了函数的现代定义。

在这些数学工作的基础上,魏尔斯特拉斯消除了其中不确切的地方,给出现在通用的极限、连续定义,并把导数、积分等概念都严格地建立在极限的基础上,从而克服了危机和矛盾。

微积分的产生,开辟了变量数学的时代,因而数学开始描述变化,描述运动。有了微积分,整个力学、物理学都得以它为工具来加以改造,微积分成了物理学的基本语言,而且,许多物理问题都要依靠微积分来寻求解答;有了微积分,天文学得到了启示;现在化学、生物学、地理等等自然学科都离不开数学的指导。微积分现在越来越多的渗入我们的生活,影响着我们的精神文化。

4. 第二次数学危机的产物

19世纪70年代初,魏尔斯特拉斯、戴德金、康托尔等人独立地建立了实数理论,而且在实数理论的基础上,建立起极限论的基本定理,从而使数学分析终于建立在实数理论的严格基础之上了。由此,第二次数学危机使数学更深入地探讨数学分析的基础——实数论的问题。这不仅导致集合论的诞生,并且由此把数学分析的无矛盾性问题归结为实数论的无矛盾性问题,而这正是20世纪数学基础中的首要问题。

三、罗素悖论与第三次数学危机

1. 康托尔与集合论

康托尔是20世纪数学发展影响最深的数学家之一。1845年出生于圣彼得堡,早在学生时代,就显露出非凡的数学才能。康托尔创立了著名的集合论,在集合论刚产生时,曾遭到许多人的猛烈攻击。然而,一开始其父亲却希望他学工程学,他是1862年进入苏黎世大学,学数学,第二年转入柏林大学,1867年以优异成绩获得了柏林大学的博士学位,其后,一直在哈雷大学教书。

康托尔的观点并未被同时代所接受,特别是康托尔的老师克罗内克。他猛烈攻击康托尔的研究工作,把它看做一类危险的数学疯狂,同时还竭力阻挠康托尔的提升,不让其在柏林大学获得一个职位。长期的过渡疲劳和激烈的争吵论战,使得康托尔的精神终于在1884年春崩溃了,在他一生中,这种崩溃以不同的强度反复发生,把他从社会赶进精神病医院这个避难所。最后于 1918 年 1 月,他在哈雷精神病医院逝世。

1891 年克罗内克去世之后,康托尔的阻力一下子减少了。到 1897 年,召开的第一次国际数学家大会,数学家们开始对集合论的认可。一直到了 20 世纪初,集合论在创建 20 余年后,才最终获得了世界公认。康托尔所开创的全新的、真正具有独创性的理论得到了数学家们的广泛赞誉。1900 年,在巴黎召开的第二次国际数学家大会上,法国著名数学家庞加莱曾兴高采烈地宣布“借助集合论概念,我们可以建造整个数学大厦,今天,我们可以说,数学已经达到了绝对的严格。”然而好景不长,正当人们为集合论的诞生而欢欣鼓舞之时,一串串数学悖论却冒了出来,一个震惊数学界的消息传出:集合论是有漏洞的! 于是又搅得数学家心里忐忑不安。

2. 罗素悖论与第三次数学危机

罗素(1872—1970),英国数学家、哲学家。出身于贵族家庭,父母早亡,与祖父祖母生活在一起。11 岁就开始学习欧氏几何(他说:这是他生活中的一件大事,犹如初恋般的迷人),18 岁考入剑桥大学,学习数学与哲学。48 岁那年,作为一位蜚声国际的哲学家,应邀来中国讲学一年,1950 年还获得诺贝尔文学奖。

罗素构造了一个集合 S:S 由一切不是自身元素的集合所组成。然后罗素问:S 是否属于 S 呢? 根据排中律,一个元素或者属于某个集合,或者不属于某个集合。因此,对于一个给定的集合,问是否属于它自己是有意义的。但对这个看似合理的问题的回答却会陷入两难境地。如果 S 属于 S,根据 S 的定义,S 就不属于 S;反之,如果 S 不属于 S,同样根据定义,S 就属于 S。无论如何都是矛盾的。

在罗素悖论有多种通俗版本,其中最著名的是罗素于 1919 年给出的——“理发师悖论”。在某村,一个理发师宣布了这样一条原则:他只给那些不给自己刮胡子的人刮胡子。问:理发师是否可以给自己刮胡子? 如果他给自己刮胡子,那他就不符合他的原则,他就不应该给自己刮胡子;如果他不给自己刮胡子,按他的原则,他就应该给自己刮胡子。于是,无论如何也是矛盾的,看来,没有任何人能给理发师的刮胡子。

罗素悖论的出现,就像在平静的数学水面上投下了一块巨石,它动摇了整个数学大厦的基础,震撼了整个数学界,从而导致了第三次数学危机。数学家弗雷格在他刚要出版的《论数学基础》一书上写道:“对一位科学家来说,他所遇到的最令人尴尬的事,莫过于是他的工作即将完成时,它的基础崩溃了,罗素悖论正好把我置于这种境地。”于是终结了近 12 年的刻苦钻研。

承认无穷集合,承认无穷级数,就好像一切灾难都出来了,这就是第三次数学危机的实质。

3. 第三次数学危机的产物:集合公理化与数学新发展

为了解决第三次数学危机,数学家们作了不同的努力。由于他们解决问题的出发点不同,所遵循的途径不同,所以在本世纪初就形成了不同的数学哲学流派,这就是以罗素为首的逻辑主义学派、以布劳维尔(1881—1966)为首的直觉主义学派和以希尔伯特为首的形式主义学派。这三大学派的形成与发展,把数学基础理论研究推向了一个新的阶段。三大学派的数学成果首先表现在数理逻辑学科的形成和它的现代分支——证明论等的形成上。

策梅罗(1871—1953),德国数学家,他早于罗素发现了罗素悖论,只是他将这一悖论只告诉希尔伯特,没有公开发表。1908 年,策梅罗发表著名论文《关于集合论基础的研究》,建立了第一个集合论公理体系。随着集合公理化体系的建立,罗素悖论被成功排除了,因而从某种程度上来说,第三次数学危机比较圆满地解决了。

然而,许多数学家对集合论乃至整个数学的基础产生了疑虑,这一疑虑并没有随着集合论公理化体系的建立而消除。1900 年到 1930 年左右,众多数学家卷入到一场大辩论当中——兔、蛙、鼠之战.

罗素为代表的逻辑主义——兔子

希尔伯特为代表的形式主义——青蛙

布劳威尔为代表的直觉主义——老鼠

美国杰出数学家哥德尔于本世纪 30 年代提出了不完全性定理。他指出:一个包含逻辑和初等数论的形式系统,如果是协调的,则是不完全的,亦即无矛盾性不可能在本系统内确立;如果初等算术系统是协调的,则协调性在算术系统内是不可能证明的。哥德尔不完全性定理无可辩驳地揭示了形式主义系统的局限性,从数学上证明了企图以形式主义的技术方法一劳永逸地解决悖论问题的不可能性。它实际上告诉人们,任何想要为数学找到绝对可靠的基础,从而彻底避免悖论的种种企图都是徒劳无益的,哥德尔定理是数理逻辑、人工智能、集合论的基石,是数学史上的一个里程碑。美国著名数学家冯·诺伊曼说过:"哥德尔在现代逻辑中的成就是非凡的、不朽的——它的不朽甚至超过了纪念碑,它是一个里程碑,在可以望见的地方和可以望见的未来中永远存在的纪念碑"。(哥德尔(1906—1978),数学家,逻辑学家。)"哥德尔不完全性定理",结束了三大学派的论战,兔、蛙、鼠全都成了输家,数理逻辑成了最后的赢者,并开辟了数理逻辑发展的新时代,因此直接造成了数学哲学研究的"黄金时代"。承认无穷集合、承认无穷级数,就好象一切灾难都出来了,这就是第三次数学危机的实质。尽管悖论可以消除,矛盾可以解决,然而数学的确定性却在一步一步地丧失。现代公理集合论中一大堆公理,简直难说孰真孰假,可是又不能把它们都消除掉,它们跟整个数学是血肉相连的。所以,第三次数学危机表面上解决了,实质上更深刻地以其他形式延续着。

时至今日,第三次数学危机还不能说已从根本上消除了,因为数学基础和数理逻辑的许多重要课题还未能从根本上得到解决。然而,人们正向根本解决的目标逐渐接近。可以预料,在这个过程中还将产生许多新的重要成果。

四、三次数学危机与"无穷"的联系

我们过去就说过,无穷与有穷有本质的区别。现在我们可以总结说:三次数学危机都与无穷有关,也与人们对无穷的认识有关。

第一次数学危机的要害是不认识无理数,而无理数是无限不循环小数,它可以看成是无穷个有理数组成的数列的极限。由于当时尚未真正认识无穷,所以那时对第一次数学危机的解决并不彻底;第一次数学危机的彻底解决,是在危机产生二千年后的 19 世纪,建立了极限理论和实数理论之后。实际上,它差不多是与第二次数学危机同时才被彻底解决的。

第二次数学危机的要害,是极限理论的逻辑基础不完善,而极限正是"有穷过渡到无穷"的重要手段。贝克莱的责难,也集中在"无穷小量"上。由于无穷与有穷有本质的区别,所以,极限的严格定义,极限的存在性,无穷级数的收敛性,这样一些理论问题就显得特别重要。

第三次数学危机的要害,是"所有不属于自身的集合"这样界定的说法有毛病。而且这里可能涉及到无穷多个集合,人们犯了"自我指谓"、"恶性循环"的错误。

以上事实告诉我们,由于人们习惯于有穷,习惯于有穷情况下的思维,所以一旦遇到无穷是要格外地小心;而高等数学则经常与无穷打交道的。

历史上的三次数学危机,给人们带来了极大的麻烦,危机的产生使人们认识到了现有理论的缺陷,科学中悖论的产生常常预示着人类的认识将进入一个新阶段,所以悖论是科学发展的产物,又是科学发展的源泉之一。

第一次数学危机使人们发现了无理数,建立了完整的实数理论,欧氏几何也应运而生并建立了几何公理体系。第二次数学危机的出现,直接导致了极限理论、实数理论和集合论三大理论的产生与完善,使微积分建立在稳固且完美的基础之上。第三次数学危机,使集合论成为一个完整的集合论公理体系(即 ZFC 系统),促进了数学基础研究及数理逻辑的现代性。

事物就是在不断产生矛盾和解决矛盾中逐渐发展完美起来的,旧的矛盾解决了,新的矛盾还会产生,而就是在其过程中,人们便不断积累了新的认识、新的知识,发展了新的理论。

数学发展的历史就表明,每一次危机的消除都会给数学带来许多新的内容、新的认识,甚至是革命性的变化。数学家对悖论的研究和解决促进了数学的繁荣和发展,数学中悖论的产生和危机的出现,不单是给数学带来麻烦和失望,更重要的是给数学的发展带来新的生机和希望。

五、悖论——思维的幽灵

1. 悖论的定义

初看起来,悖论近乎一些违背常识、直观的"胡说八道",就好像一只猫咬着自己的尾巴乱转,最后把自己弄得晕头转向,自己不认得自己了。

什么是悖论?"悖论"是英语单词 paradox 的中译,目前有多种解释,有时指"似非而是的真命题",有时指"似是而非、但隐藏着深刻的思想或哲理的假命题",如此等等。通俗的看法是:在一套公认的背景知识的基础上,如果从看起来合理的前提出发,通过看起来有效的逻辑推导,得出了两个自相矛盾的命题或这样两个命题的等价式,则称得出了悖论。由于悖论与某个时代的"共识"有关,因而如莎士比亚的戏剧《哈姆雷特》中所言:"这曾经是个悖论,但如今,时代解决了它。"

2. 悖论的形式与分类

悖论有三种主要形式。

(1)一种论断看起来好像肯定错了,但实际上却是对的(佯谬);

(2)一种论断看起来好像肯定是对的,但实际上却错了(似是而非的理论);

(3)一系列推理看起来好像无法打破,可是却导致逻辑上自相矛盾。

悖论主要分为:逻辑悖论、概率悖论、几何悖论、统计悖论和时间悖论等。

3. 悖论的根源

(1)逻辑方面的因素

悖论实质上是一种特定的逻辑矛盾。产生这种逻辑矛盾的根源之一是构成悖论的命题形式或语句中隐藏有一个利用恶性循环定义(被定义的对象已包含在借以定义它的对象之中)的概念。正是这种恶性循环圈的存在导致了悖论的产生。例如,在康托悖论中就包含了一个这样的概念:集合 M 是所有集合的集合。在这里集合 M 被定义为所有集合的集合,显然,所有集合中当然已包含了集合 M。

（2）认识论与方法论方面的因素

从认识论和方法论的角度看，产生逻辑矛盾或悖论的根本原困，无非是人们认识客观世界的方法与客观规律的矛盾。贝克莱悖论（当牛顿—莱布尼兹微积分诞生以后，一方面在科学和生产实践中得到了广泛的应用，但另一方面，无穷小方法包含有逻辑矛盾，这个逻辑矛盾当初被称为贝克莱悖论），在 18 世纪人们认为从逻辑上讲确已构成悖论，但是，当今这个悖论已不存在了。这表明悖论有它的相对性和时间性，产生这种时间性的根本原因，是人们认识客观世界有其局限性。这就是说，随着人类对客观世界认识的发展和深化，以前是悖论现在有可能被消除，现在是悖论将来也许就不是了或者被消除。

悖论是一个相对概念，即悖论是对一个理论系统而言的。另外，悖论是一个系统中的逻辑矛盾，但并非所事有逻辑矛盾都是悖论，譬如，"说谎者悖论"，虽然是一个逻辑矛盾，但在上述定义中却构不成一个悖论，即悖论集是逻辑矛盾集的一个真子集。

（3）悖论（特别是严格意义的逻辑悖论）的产生的因素

即自我指称，否定性概念，以及总体和无限。尽管不能说这三个因素一定导致悖论，但悖论中一般含有这三个因素。

关于自指，这是很明显的。"这句话不是真的"恰好指涉了这句话本身，罗素悖论所定义的那个奇怪的集合也是如此。自指可以是直接自指，比如说谎者悖论。也可以间接自指，比如明信片悖论：一张明信片，正面写着"本明信片背面的话是假的"，背面写着"本明信片正面的话是真的"。但自指不一定导致悖论，比如"本句话是中文"。

关于否定，单纯否定而不自指（无论是直接还是间接），是构不成悖论的。比如"太阳不是球形"，"地球不是立方体"这类句子，一个是假的，一个是真的。都不是悖论。但是有的自我否定却不是悖论，比如"本句话不是中文"，这句话就单纯地为假。所以，我们也许可以说所有的悖论都包含了某种意义上的自我否定，但无法说自我否定必然导致悖论。

关于总体，一个总体内的个体有时候对总体作出了描述，或者该个体干脆就是依赖总体来定义的，这类个体被罗素看作恶性循环产生的原因。也就是说，罗素要求讨论一个集合的整体的元素必然不属于这个集合。罗素也划分语言层次，但关于罗素以划分语言层次的方式来解决悖论，很多人都认为是不成功的。

关于无穷，很多数学——逻辑悖论产生的根源在于把潜无穷当成了实无穷。比如"所有不以自身为元素的集合"这是一个潜无穷对象，其个数的无穷多在不断生成的过程之中，如果把它当做一个实际存在的无穷多整体（实无穷），就会导致矛盾。

4.悖论的解决

一个合适的悖论解决方案至少要满足三个要求：

（1）让悖论消失，至少是将其隔离。这是基于一个根深蒂固的信念：思维中不能允许逻辑矛盾，而悖论是一种特殊的逻辑矛盾。

（2）有一套可行的技术性方案。悖论是一种系统性存在物，再简单的悖论也是从公认的背景知识经逻辑推导构造出来的。因此，当提出一种悖论解决方案时，我们不得不从整个理论体系的需要出发，小心翼翼地处理该方案与该理论各个部分或环节的关系，一步一步地把该方案全部实现出来，最后成为一套完整的技术性架构。

（3）从哲学上对其合理性作出证明或说明。若没有经过批判性思考和论战的洗礼，一套精巧复杂的技术性架构也无异于独断、教条、迷信,而无批判的大脑是滋生此类东西的最好土壤。

5.悖论的意义

(1)为什么要关注悖论?研究悖论?

①悖论以触目惊心的形式向我们展示了:我们看似合理、有效的"共识"、"前提"、"推理规则"在某些地方出了问题,我们思维的最基本的概念、原理、原则在某些地方潜藏着风险。揭示问题要比掩盖问题好。

②通过对悖论的思考,我们的前辈提出了不少解决方案,由此产生了许多新的理论,它们各有利弊。通过对这些理论的再思考,可以锻炼我们的思维,由此激发出新的智慧。

③从悖论的不断发现和解决的角度去理解和审视科学史和哲学史,不失为一种独特的视角。例如,悖论曾经造成西方数学史上的三次"危机"。由"毕达哥拉斯悖论"导致"第一次危机",其正面结果之一是数的概念扩大:引入了无理数。在17世纪末和18世纪初,由所谓的"无穷小量悖论"引发"第二次危机",其正面结果是发展了极限论,为微积分奠定了牢固的基础。20世纪初,由罗素悖论引发"第三次危机",其证明结果是建立了公理集合论、逻辑类型论和塔斯基的语义学,以及数学基础和数学哲学方面的一些重要成果。

④对各种已发现和新发现的悖论的思考,可以激发我们去创造新的科学或哲学理论,由此推动科学的繁荣和进步。

⑤通过对悖论的关注和研究,我们可以养成一种温和的、健康的怀疑主义态度,从而避免教条主义和独断论。这种健康的怀疑主义态度有利于科学、社会和人生。

(2)悖论在数学方法论方面的意义

通过本世纪三十年代震动整个数学与逻辑学界、且被誉为数学与逻辑学发展史上的一个里程碑的哥德尔不完全定理的证明思路与悖论的密切联系,看看悖论在数学方法论方面的意义。

哥德尔不完全定理,其内容是包括算术在内的任何一个协调公理系统都是不完全的。具体地讲,包括算术在内的任何一个形式系统 L,如果 L 是协调的,那么在 L 内总存在不能判定的逻辑命题,即 L 中存在逻辑公式 A 与非 A,在 L 中不能证明它们的真假。下面将概括地介绍定理证明的方法特征及其结构层次。

不完全性定理证明的关键是,哥德尔以超人的天才创造了一个非常独特的映射,即将形式系统 L 中的符号、公式、公式序列、证明等与自然数建立对应关系。这样,就有可能用自然数及其有关性质来研究形式系统 L 的有关性质。在此基础上,哥德尔又通过递归函数证明了所有元数学中有关命题的性质及其形式结构皆可在算术系统中得到表示。从而形式系统 L 中的有关命题、性质及其形式结构都可映射为算术系统中的有关命题、性质及其形式结构。这样就可借助算术系统中有关性质研究原形式系统 L 的有关性质。

(3)悖论与数学基础

悖论就是一种特殊的矛盾,人们通过对数学中这种内在矛盾的揭示、研究和消除,推动了数学的发展,特别是对数学基础理论、逻辑学的完善和发展有其更重要的意义。譬如,上面我们曾提到的,由于罗素悖论的发现导致了公理集合论的诞生。哥德尔在悖论思想的启发下,成功地证明了不完全性定理,由不完全性定理的证明,又促进了《递归函数论》《证明论》等现代数理逻辑的大发展。这些就足以说明悖论对数学基础的重要意义。

（4）悖论研究的意义：

①史实的清理：历史上已经提出了哪些悖论？其中哪些已经获得解决？哪些尚待解决？最好有一个相对完整的清单。

②对历史上的悖论已经提出过哪些比较系统的见解和解决方案？其中哪些比较成功？哪些颇为失败？它们各有什么优势和缺陷？这件工作既是史实的清理，也是理论的思考。

③在先前工作的基础上，我们能够提出什么样的关于悖论的新见解和新方案？这些新方案对于相关学科有什么样的建设性作用？如此等等。

悖论是一种特殊形式的思维魔方，尽管人人都可以玩，但若要真正解决某些悖论，还是需要相应学科领域内的专家。解决悖论难题需要创造性的思考，悖论的解决又往往可以给人带来全新的观念。

"悖论"已经成为某种形式的思维魔方，老少咸宜，构成智力的挑战，激发理智的兴趣，养成思考的习惯，锻炼思维的智慧，孕育出新的创造性理论。

第六章 生活相遇数学

第一节 美术馆里遇到的数学

人们往往认为:艺术家疯疯癫癫、数学家痴痴呆呆,两者风马牛不相干! 实际上,艺术家的作品里充满了数学味道!

一、审美标准之一:黄金分割律

自文艺复兴以来,艺术家和建筑师们就在作品中大量应用1:1.618这个比例。在巴台农神庙、蒙娜丽莎和最后的晚餐等著名艺术作品中都能发现这一比例,而且直到今天依然在使用。黄金分割已经被苹果公司用于其产品设计中,Twitter在页面设计中也采用了这个数字,世界各个主要公司在 Logo 设计中也都有采用。因为,一切作品中包含了黄金分割,就符合人们的审美感!

图 6-1 崇拜耶稣

如委拉斯开兹的"崇拜耶稣",其中小耶稣的头部正好处在黄金分割线的一个交叉点上,如图6-1所示。

蒙娜丽莎的微笑(见图6-2)。

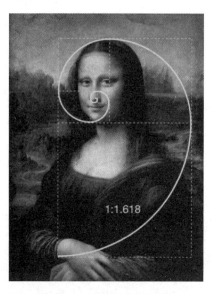

1:1.618

图 6-2 蒙娜丽莎的微笑

黄金分割应用的美丽的图片欣赏(见图 6-3)。

图 6-3　美丽的图片欣赏

二、数学与透视画法——几何的艺术升华

当我们站在街道上,向道路的远方望去时,将看到这样一种现象:街道向远方延伸的同时,由宽逐渐变窄,以致交汇在远方。道路两边的电线杆从高大逐渐变得低矮,电线杆之间的间距也由长变短,随同街道汇聚在远方。在许多电影、电视上出现这样的镜头,一对恋人在铁轨中间向前方走去,镜头摇向铁轨的前方,两条笔直的铁轨由宽变窄,一直前伸,交会在远方一点。

这种现象我们每个人都很容易理解,因为我们眼睛所观察到的景象就是这样。这就叫透视现象。如果我们通过眼睛所观察和研究,将发现透视现象有如下的特点:近大远小,近高远低,近疏远密,水平方向的平行支线、延长线都将在远方消失与一点,这种现象符合人眼的视觉习惯和规律,所以给人以真实感、立体感,如图6-4所示。

图6-4 铁轨透视图

人们对这种透视现象不断深入的研究,从中发现内在的数理规律,逐渐形成了透视学。透视学研究现象的投影原理(属于中心投影理论)及表现规律。透视图是依据该原理以二度空间的平面,按照一定的规律和法则,表现三度空间的形体而绘制的图样。

我们平日里接触的最多的是几何透视法。该透视法是把几何透视运用到绘画艺术表现之中,是科学与艺术相结合的技法。它主要借助于近大远小的透视现象表现物体的立体感。

透视画法是几何学与绘画技术的一种完美结合。这一画法的开创者是乔托,他是最早提出在构图上应该把视点放在一个静止不动的点上,并由此引出一条水平轴线和一条竖直轴线来。由此,乔托在绘画艺术中恢复了空间的观念,从而表现了"深度"这个在平面艺术中颇有难度的第三维度。

15世纪,西方画家们认识到,为了描述真实世界,必须从科学上对光学透视体系进行研究。比如,布鲁莱斯基(1377—1446)就在这方面做出了重要贡献。而第一个将透视画法系统化的则是阿尔贝蒂(1404—1472),他在《论绘画》一书中指出,做一个合格的画家首先要精通几何学。而他的这本著作在诞生时候便席卷了全部的文化领域,不光是当时的绘画、建筑,还有艺术界的其他方面。阿尔贝蒂所推崇的单焦透视法,使这一构图原则取得了合法性的位置。

而对透视学做出最大贡献的则是达·芬奇,众所周知,他是著名的画家、雕塑家、建筑家和工程师。所以一提到数学与艺术,似乎每个方面都有这位伟人的身影。达·芬奇认为数学对于艺术是至关重要的,他强调艺术家首先应该了解并掌握这门学科,以便洞悉和谐的秘密,因为数学是建立在比例、尺度和数字的基础之上的。达芬奇的《最后的晚餐》(见图6-5)、拉斐尔的《雅典学派》,……,鲜明的立体感,平面传递空间的概念,无不是运用透视原理与透视美的典范之作。

图 6-5　最后的晚餐

在数学和透视学上颇有建树的还有另外一个人——德国画家丢勒。丢勒被称为一位"天生的几何学家"。他从意大利的艺术大师们那里学到了透视学原理,然后回到德国继续进行深入的研究。他认为,创作一幅画不应该全凭自己的灵感来信手涂鸦,而应该根据数学原理来进行构图。丢勒的著作《圆规和直尺测量法》用平行透视正方形网格作精确地余角透视图,如图6-6所示。用版画形式介绍艺术家运用透视画几种不同对象的观察方法。透视网格,即正视地转法。

图 6-6　丢勒论透视

在我国,透视画法在古代也曾经被研究、被运用。南朝的宋时期的山水画家宗炳就提到过"令张绡素以远映"的有趣思想,意为将远处的山水投影到透明的画布上,并阐述了近大远小的基本规律,这便是古代画家在研究艺术时对风景的空间视觉方面独到的探究了。而到了宋代,就有了关于透视画法的理论记载。画家郭熙在《林泉高致集》中详尽分析了透视画法的构图特点,从而推动了我国山水画的发展,如图6-7所示。

焦秉贞的这套山水图(原籤山水楼阁)对于一点透视与多点透视的精准运用异常的精准,如不说明,很多人甚至会误以为这是今人伪作,可这确实是清朝中国画家的手笔,如图6-8所示。

关于更多的透视学知识将在本章最后一节详细介绍。

图 6 - 7　宋　郭熙　早春图　高远透视

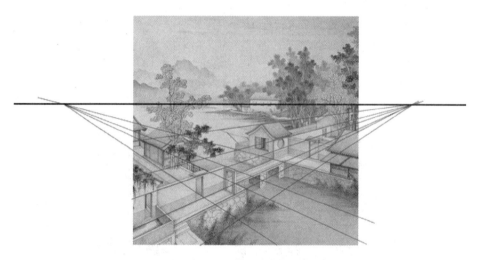

图 6 - 8　簸山水楼阁

三、数学与雕塑——空间之美

"我不是一个梦幻者,而是一个数学家,我的雕塑之所以好,就因为它是几何学的。""在我看来,平面和体积是所有生命的法则与美的法则。"——罗丹

费古生认为:"雕塑是数学传播的主要途径,数学是雕塑设计的清晰语言。"

维、空间、重心、对称、几何对象和补集都是在雕塑家进行创作时起作用的数学概念,如图6-9所示。由此可见,空间在雕塑家的工作中起着显著的作用。

艺术家构想中的作品往往需要通过数学的计算与测量对其物理性质重新进行理性的理解和认识,才能成为现实中可能合理存在的作品。达·芬奇的大多数作品都是先经过数学分析然后进行创作的。他曾说过:"能够真正欣赏我的作品的人,没有一个不是数学家。那些不相信数学是极其精确的科学的人,是昏庸之辈,他们不可能澄清而只能日益加深诡辩中的矛盾。"而欧几里得几何和拓扑学中的数学对象曾经在野口勇、戴维·史密斯、亨利·穆尔、索尔·勒

图 6-9　数学与雕塑

威特等艺术家的雕塑中起过重要的作用。

　　对于雕塑艺术家戴维·科尔伯特来说，数学简直是他做雕塑的工具，他一直关注几何图案，了解他们之间的相互关系以及结构特征。他开始通过在纸上画线格子，利用数学原理计算出和谐的比例和完美的视觉节奏，以准确的在二维平面上捕获三维立体的图像，对于简约美的追求直接导致艺术家雕塑的形态和风格：清晰、强烈的逻辑性和空间韵律，如图 6-10 所示。

图 6-10　几何图案雕塑

　　现代的科学技术通过 3D 打印机将一些复杂的数学公式转化为 3D 雕塑，涌现出许多结构不同寻常、设计复杂且形式对称的"公式"雕塑，如图 6-11 所示。

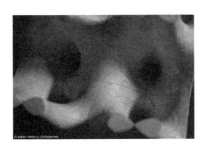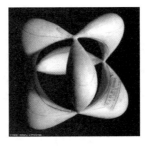

图 6-11　3D 打印雕塑

今天,凭借先进的科学技术,雕塑这种艺术形式也得以朝着更好更开放的方向发展。现在的雕塑家们依靠数学思想来扩充艺术的例子不胜枚举:托尼·罗宾利用对拟晶体几何、第四维几何和计算机科学的研究来发展和扩充他的艺术。罗纳德·戴尔·雷什在创作《复活节彩蛋》巨型雕塑时,不得不用直观、独创性、数学、计算机加上他的手来完成它。艺术家兼数学家的赫拉曼·R.P·弗格森运用传统雕塑、计算机和数学方程创造出像《野球》和《带有十字形帽和向量场的克莱茵瓶》这样的神奇作品。因此,数学模型自然是可以兼用作艺术模型的。在这些模型中,有立方体、多立方体、球形、环面、三叶形纽结、麦比乌斯带、多面体、半球、纽结、正方形、圆、三角形、角锥体、角柱体等等。

四、动画美术:美术与数学思想方法的统一

动画美术完全依赖漫画、国画、油画、雕塑等来表现自己。"有多少种美术形式,就有多少种动画形式",实际上,是动画没有自己的特定形式。从这个意义上说,动画美术是对全部美术形式的一种综合研究。而化归方法则是数学最广泛的解题手段和数学家最显著的思维特征。

只要美术家的知识结构发生改变,就会发现,动画美术方法的许多原理原来存在于数学之中。有时美术家好不容易找到一点新的思想与方法,然而却发现数学家早就已经解决了,有的甚至是数学中的基本常识。

化归智慧在解决具体问题中所表现出来的摧枯拉朽般的震撼,足以让美术家对数学时刻保持着敬畏,足以激发起数学与动画美术关系的无限想象力。它为动画美术方法的开疆拓域提供了一个锐利的思想武器。

造型艺术辞典中没有化归这个词汇,但却不是没有化归思想,绘画的一套方法受到了历史的检验,一大批名作表明其中必有铁的逻辑;将其推置到包括化归方法在内的现代科学范式条件下,用新的视野与理论高度进行追问,是我们承继这份传统绕不开的课题。

例如,素描中纯粹的明暗在自然世界是不存在的,它是前辈大师从各种复杂的色彩属性中剥离出来的一个划时代的发现,它不但揭示出明暗、冷暖、浓灰等几大色彩性质中,明暗具有更加独立、重要的地位,揭示出造型艺术的美丑得失永远受控于明度,更为重要的是通过抓住明暗能使美术家研究造型更加容易。这是一种将高维变成低维的化归方法。

国画家对于线条的审美趣味已入微到了一种近乎神秘的境界,为了获得这种形式美感,需要在书法、篆刻方面下功夫。"直从书法演画法,平生得力之处是能以作书之笔作画"(吴昌硕),它通过某种等价的形式转移,最大限度地减少了人物造型对画家的束缚,使精力集中到纯粹的线条研究上去。是一种变元构造的化归方法。

面对太难表现的人物形象,美术学生会化简成各种基本几何形体,然后逐步推进到复杂的造型;曲线透视不好画,美术家会借助直线透视去解决,这是一种变复杂为简单的化归方法。

油画家的调色板需要精心安排成与画面一致的色彩关系,这样就可以将画面的色彩关系放到调色板上去处理,而上画布时主要看造型,这是一种分而治之化归方法。

中国画论中有"十八描";素描有"三大面五大调"等,如果运用得法,这些程式化很强的形式可以和数学中的公式、方程一样避免许多原始分析,这是一种模型式化归方法。

绘画中线条的勾勒不能像自行车下坡,一冲而下,而应该像拉车上坡那样一步一步踏石留印,绵里藏针,屋漏痕,锥划沙。这是一种化陌生为熟悉的化归方法。

张璪主张的"外师造化,中得心源",谢赫提出的"气韵生动",齐白石强调的"妙在似与不似之间",徐悲鸿总结的"宁过勿及,宁方勿圆"等,则是对手段与结果的一种放大与锁定,显而易见化归成大目标比小目标容易命中,清晰固定的目标比模糊游离的目标容易捕捉。

如果深入分析下去,我们会惊奇地发现,几乎所有的美术方法都可以集合到化归的旗下;华罗庚的"退到最原始而不失去重要性的地方,把相对简单的问题搞清楚了,从而获得全部问题解决"的思想成了这些方法的最好注解。这样一来,这些没有用到数学知识的传统美术方法,思维方式却变成了数学的。

对于化归方法,不能说美术家没有一定的意识,但数学家与我们的区别在于我们即使运用这个方法,也仍在不经意间执拗地拒绝理解它的本性,化归方法的真正的力量不在我们的自觉认识之内。而数学家则看清了问题转化后所涌现的新的系统功能,使其完全服从自己的意志,并且作为一种十分重要的思维策略上升到了方法论的层面。

科学与艺术的进步,说到底是思维方式的进步。而这种思维方式,相当多的内容是用数学语言写成的,这是一种从量的角度对世界进行研究、为人们提供方法论的哲学,是人类伟大精神的重要表征。"没有数学就没有真正的智慧"是柏拉图的名言。冷落甚至蔑视数学的后果,只能使自己陷入"思维方式存有缺陷"的观点中去。这不仅是惩罚更是数学对世界无微不至的关怀。

美术家数学知识结构的深刻变化,必然引起其思维方式的根本性改变。可以预言,数学化归方法不仅能改变美术家许多现有的行为习惯,而且还将长久滋养其心智。

五、艺术家还是科学家:埃舍尔

M·C·埃舍尔(1898—1972),荷兰科学思维版画大师,20世纪画坛中独树一帜的艺术家。出生于荷兰吕伐登市。中学时在梵得哈根教导美术课,奠定了他在版画方面的技巧。21岁进入哈勒姆建筑装饰艺术专科学校学习三年,受到一位老师马斯奎塔的木刻技术训练,他强烈的艺术风格对埃舍尔之后的创作影响甚大。1923年起到南欧旅居作画,早期木刻作品大多取材于南欧建筑与风景。1935年前后尝试描摹西班牙阿尔罕布拉宫的平面镶嵌图案,开始转变风格。

作品多以平面镶嵌、不可能的结构、悖论、循环等为特点,从中可以看到对分形、对称、双曲几何、多面体、拓扑学等数学概念的形象表达,兼具艺术性与科学性。主要作品有《昼与夜》(1938)、《画手》(1948)、《重力》(1952)、《相对性》(1953)、《画廊》(1956)、《观景楼》(1958)、《上升与下降》(1960)、《瀑布》(1961)等。

埃舍尔在世界艺术中占有独一无二的位置。他的作品,主要是带有数学意味的作品,无法归属于任何一家流派。在他之前,从未有艺术家创作出同类的作品,在他之后,迄今为止也没有艺术家追随他发现的道路。数学是他的艺术之魂,他在数学的匀称、精确、规则、秩序等特性中发现了难以言喻的美;同时结合他无与伦比的禀赋,埃舍尔创作出广受欢迎的迷人作品。

埃舍尔独树一帜,自成一格,他的作品已经构成了一个自足而丰富的世界,如图6-12所示。对于这个世界,普通人往往不得其门,只是把它当作一幅幅有趣的、奇怪的图画。而学者们则各取所需,其中虽有阐微发隐,也不乏自说自话。对埃舍尔的误解更是常见,比如时常有人称埃舍尔为错觉图形大师,也不时有人说埃舍尔精通自然科学或者数学。

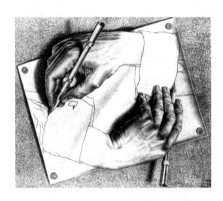

图 6-12　埃舍尔作品

第二节　音乐与数学的对话

数学是研究现实世界空间形式的数量关系的一门科学,它早已从一门计数的学问变成一门形式符号体系的学问,符号的使用使数学具有高度的抽象。而音乐则是研究现实世界音响形式及对其控制的艺术。它同样使用符号体系,是所有艺术中最抽象的艺术。数学给人的印象是单调、枯燥、冷漠,而音乐则是丰富、有趣,充溢着感情及幻想。表面看,音乐与数学是"绝缘"的,风马牛不相及,其实不然。德国著名哲学家、数学家莱布尼茨曾说过:"音乐,就它的基础来说,是数学的;就它的出现来说,是直觉的。"而爱因斯坦说得更为风趣:"我们这个世界可以由音乐的音符组成也可以由数学公式组成。"数学是以数字为基本符号的排列组合,它是对事物在量上的抽象,并通过种种公式,揭示出客观世界的内在规律,而音乐是以音符为基本符号加以排列组合,它是对自然音响的抽象,并通过联系着这些符号的文法对它们进行组织安排,概括我们主观世界的各种活动罢了,正是在抽象这一点上将音乐与数学连结在一起,它们都是通过有限去反映和把握无限。

一、声音是怎么回事?

声音是由物体振动产生,声音以声波的形式传播。声波的传送很类似石子掉入水池中所造成的向四面扩散的涟波,由石子的落池点开始,形成由小到大,一环一环的同心涟波,向四面扩散。我们可以看到这一环一环高起水平面的波形是波顶,而一环一环低于水平面的是波谷,如果我们用图来表示的话。水平面为 0 点,涟波是呈弧形的形状,高于水平面的是波峰,低于水平面的是波谷。

而声波也是由音源向各方向把空气分子交替地压紧与放松的。空气最紧密的地方是波顶,最放松的地方是波谷.

常见的声波的波形有正弦波、方波、锯齿波。如图 6-13~图 6-15 所示。

OP 称为一个振动周期,也叫一次振动。频率表示每秒钟的振动次数。振动越快,振动周期用时越短,频率越高,音调越高,声音越高。振幅越大,响度越大,音量越大。

音高、音量、音质为声音的三要素。在数学上,傅里叶发现这三个性质可以在函数的图像上反映出来。音高取决于周期函数的频率,音量(响度)取决于函数的振幅,音色是由混入基音的泛音所决定的。

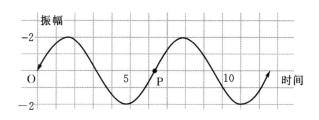

图 6 - 13　正弦波

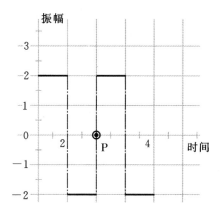

图 6 - 14　方波

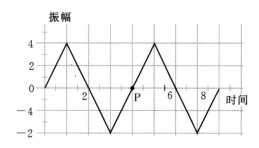

图 6 - 15　锯齿波

从图 6 - 13、图 6 - 14、图 6 - 15 中我们可以看出：

(1)方波的频率＞锯齿波的频率＞正弦波的频率,所以方波的音调＞锯齿波音调＞正弦波音调;

(2)方波的振幅＝锯齿波的振幅＝正弦波的振幅,所以三种音波的响度一样大;

(3)三种波形不同,所以他们使用的乐器不同,音色也不同。

二、基础乐理与数学

音乐中的 1,2,3,并不是数字,而是专门的记号,唱出来是 do,re,mi,它来源于中世纪意大利一首赞美诗中前七句句首的第一个音节。然而,音乐与数学有关联,1,2,3 这些记号确实含有数字或数学背景。

学习音乐总是从音阶开始,我们常见的音阶有 7 个基本音组成,见表 6-1。

表 6-1　7 个音阶

1	2	3	4	5	6	7	音
do	re	mi	fa	so	la	si	唱名
C	D	E	F	G	A	B	音名

用 7 个音以及比它们高一个或几个八度的音,低一个或几个八度的音组成各种组合就是"曲调"。7 声音阶按"高度"自低向高排列,要搞清音阶原理,知道什么是"音高",音与音之间的"高度差"是多少。

1. 音高

振动的快慢在物理学上用频率表示,频率定义为每秒钟物体振动的次数,用每秒振动 1 次作为频率的单位称为赫兹。频率为 261.63 赫兹的音在音乐里用字母 c1 表示。相应地音阶表示为

c,d,e,f,g,a,b

在将 C 音唱成"do"时称为 C 调。

频率过高或过低的声音人耳不能感知或感觉不舒服,音乐中常使用的频率范围大约是 16~4000 赫兹,而人声及器乐中最富于表现力的频率范围大约是 60~1000 赫兹。

在弦乐器上拨动一根空弦,它发出某个频率的声音,如果要求你唱出这个音,你怎能知道你的声带振动频率与空弦振动频率完全相等呢?这就需要"共鸣原理":当两种振动的频率相等时合成的效果得到最大的加强而没有丝毫的减弱。因此你应当通过体验与感悟去调整你的声带振动频率使声带振动与空弦振动发生共鸣,此时声带振动频率等于空弦振动频率。

人们很早就发现,一根空弦所发出的声音与同一根空弦但长度减半后发出的声音有非常和谐的效果,或者说接近于"共鸣",后来这两个音被称为具有八度音的关系。我们可以用"如影随形"来形容一对八度音,除非两音频率完全相等的情形,八度音是在听觉和谐方面关系最密切的音。

18 世纪初英国数学家泰勒(Taylor,1685—1731)获得弦振动频率 f 的计算公式:

$$f = \frac{1}{2l}\sqrt{\frac{T}{\rho}}$$

l 表示弦的长度、T 表示弦的张紧程度、ρ 表示弦的密度。

2. 高度差

现在我们可以描述音与音之间的高度差了:假定一根空弦发出的音是 do,则二分之一长度的弦发出高八度的 do;8/9 长度的弦发出 re,64/81 长度的弦发出 mi,3/4 长度的弦发出 fa,2/3 长度的弦发出 so,16/27 长度的弦发出 la,128/243 长度的弦发出 si 等等类推。例如高八度的 so 应由 2/3 长度的弦的一半就是 1/3 长度的弦发出。

为了方便将 c 音的频率算作一个单位,高八度的 c 音的频率就是两个单位,而 re 音的频率是 9/8 个单位,将音名与各自的频率列成表 6-2。

表 6 - 2　音节与频率

音名	C	D	E	F	G	A	B	C
频率	1	9/8	81/64	4/3	3/2	27/16	243/128	2

知道了 do,re,mi,fa,so,la,si 的数字关系之后,新的问题是为什么要用具有这些频率的音来构成音阶? 实际上首先更应回答的问题是为什么要用 7 个音来构成音阶?

这可是一个千古之谜,由于无法从逝去的历史进行考证,古今中外便有各种各样的推断、臆测,例如西方文化的一种说法基于"7"这个数字的神秘色彩,认为运行于天穹的 7 大行星(这是在只知道有 7 个行星的年代)发出不同的声音组成音阶。我们将从数学上揭开谜底。

我们用不同的音组合成曲调,当然要考虑这些音放在一起是不是很和谐,前面已谈到八度音是在听觉和谐效果上关系最密切的音,但是仅用八度音不能构成动听的曲调——至少它们太少了,例如在音乐频率范围内 c^1 与 c^1 的八度音只有如下的 8 个:C_2(16.35 赫兹)、C_1(32.7 赫兹)、C(65.4 赫兹)、c(130.8 赫兹)、c^1(261.6 赫兹)、c^2(523.2 赫兹)、c^3(1046.4 赫兹)、c^4(2092.8 赫兹),对于人声就只有 C、c、c^1、c^2 这 4 个音了。

为了产生新的和谐音,回顾一下前面说的一对八度音和谐的理由是近似于共鸣。数学理论告诉我们:每个音都可分解为由一次谐波与一系列整数倍频率谐波的叠加。仍然假定 c 的频率是 1,那么它分解为频率为 1,2,4,8,… 的谐波的叠加,高八度的 c 音的频率是 2,它分解为频率为 2,4,8,16,… 的谐波的叠加,这两列谐波的频率几乎相同,这是一对八度音近似共鸣的数学解释。

由此可推出一个原理:两音的频率比若是简单的整数关系则两音具有和谐的关系,因为每个音都可分解为由一次谐波与一系列整数倍谐波的叠加,两音的频率比愈是简单的整数关系意味着对应的两个谐波列含有相同频率的谐波愈多。

次于 2:1 的简单整数比是 3:2。试一试,一根空弦发出的音(假定是表 6 - 2 的 C,且作为 do)与 2/3 长度的弦发出的音无论先后奏出或同时奏出其效果都很和谐。可以推想当古人发现这一现象时一定非常兴奋,事实上我们比古人更有理由兴奋,因为我们明白了其中的数学道理。接下来,奏出 3/2 长度弦发出的音也是和谐的。它的频率是 C 频率的 2/3,已经低于 C 音的频率,为了便于在八度内考察,用它的高八度音即频率是 C 的 4/3 的音代替。很显然我们已经得到了表 6 - 2 中的 G(so)与 F(fa)。问题是我们并不能这样一直做下去,否则得到的将是无数多音而不是 7 个音!

如果从 C 开始依次用频率比 3:2 制出新的音,在某一次新的音恰好是 C 的高若干个八度音,那么再往后就不会产生新的音了。很可惜,数学可以证明这是不可能的,因为没有自然数 m、n 会使下式成立:

$$(3/2)^m = 2^n$$

此时,理性思维的自然发展是可不可以成立近似等式? 经过计算有 $(3/2)^5 = 7.594 \approx 2^3 = 8$,因此认为与 1 之比是 3/2 即高三个八度关系算作是同一音,而 $(3/2)^6$ 与 $(3/2)^1$ 之比也是 2^3 即高三个八度关系等等也算作是同一音。在"八度相同"的意义上说,总共只有 5 个音,他们的频率是:

$1,(3/2),(3/2)^2,(3/2)^3,(3/2)^4$

折合到八度之内就是：

$1, 9/8, 81/64, 3/2, 27/16$

对照表 6-2 知道这 5 个音是 C(do)、D(re)、E(mi)、G(so)、A(la)，这是所谓五声音阶，它在世界各民族的音乐文化中用得不是很广，中国古代名曲《春江花月夜》《梅花三弄》等绝大部分名曲都是五声音阶。

3. 其他几个音乐术语

基础音：发音体整体振动产生的最低的音是基础音，是由一根弦或空气柱整体振动时产生的。

泛音：以基础音为标准，其余 1/2、1/3、1/4 等各部分也是同时振动，是泛音。泛音的组合决定了特定的音色，并能使人明确地感到基音的响度。乐器和自然界里所有的音都有泛音。

根据第一、二泛音间频率比为 2:3 的关系进行音的繁衍，以此为纯五度，进行一系列的五度相生，从而得到调中诸音。

纯律取泛音列中第一、二泛音之间的纯五度以及第三、四泛音间的大三度这两种音程为繁衍新音的要素，由频率比为 4:5:6 的几个大三和弦确定诸音高。

音程：两个音之间在音高之间的距离。计算音程的单位成为"度"，两音间包含几个音节，就称几度。

单音程：八度以内的音程

音程转位：将音程的冠音和根音相互颠倒位置。对单音程而言，原音程及其转位音程的度数之和为 9。

在音符方面，小于全音符的诸音符由除法确定，如二分音符为全音符的 $\frac{1}{2}$，四分音符为全音符的 $\frac{1}{4}$。

拍子是拍的分组，如 $\frac{3}{4}$ 拍子是以全音符的 $\frac{1}{4}$ 为 1 拍，每小节有 3 拍，即 $6 \times \frac{1}{8} = \frac{6}{8}$，而拍子可认为以全音符的 $\frac{6}{8}$ 为一拍，每小节有 6 拍，即 $3 \times \frac{1}{4} = \frac{3}{4}$。

音律是指音乐体系中各音的绝对准确高度及其相互关系。

三、音律的产生发展与数学的关系

由于耳朵只能接受诸如和音之类的声音组合，所以令人满意的音乐音节就构成了一个相当复杂的问题。为此，许多音乐家和数学家都做过努力，并提出了许多音律。我们下面看看几个著名的音律：

1. 古希腊音律的确定——毕氏音节

2500 年前的一天，古希腊哲学家毕达哥拉斯外出散步，经过一家铁匠铺，发现里面传出的打铁声响，要比别的铁匠铺更加协调、悦耳。他走进铺子，量了又量铁锤和铁砧的大小，发现了一个规律，音响的和谐与发声体体积的一定比例有关。尔后，他又在琴弦上做试验，进一步发现只要按比例划分一根振动着的弦，就可以产生悦耳的音程：如 1:2 产生八度，2:3 产生五度，3:4 产生四度等等。就这样，毕达哥拉斯在世界上第一次发现了音乐和数学的联系。他继而发现声音的质的差别(如长短、高低、轻重等)都是由发音体数量等方面的差别决定的。

毕氏音节是毕达哥拉斯根据自己的发现,运用"五度相生法"确定的。

根据$(3/2)^7=17.09 \approx 2^4=16$,总共应由 7 个音组成音阶,我们在上一节的基础上用3∶2的频率比上行一次、下行一次得到由 7 个音组成的音列,其频率是

$$(2/3),1,(3/2),(3/2)^2,(3/2)^3,(3/2)^4,(3/2)^5$$

折合到八度之内就是:

$$1,8/9,64/81,3/4,2/3,16/27,128/243$$

得到常见的五度律七声音阶大调式如表 6 - 2。

考察一下音阶中相邻两音的频率之比,通过计算知道只有两种情况:do—re、re—mi、fa—so、so—la、la—si 频率之比是 9∶8,称为全音关系;mi—fa、si—do 频率之比是 256∶243,称为半音关系。

以 2∶1 与 3∶2 的频率比关系产生和谐音的法则称为五度律。在中国,五度律最早的文字记载见于典籍《管子》的《地员篇》,由于《管子》的成书时间跨度很大,学术界一般认为五度律产生于公元前 7 世纪至公元前 3 世纪。西方学者认为是公元前 6 世纪古希腊的毕达哥拉斯学派最早提出了五度律。

根据近似等式$(3/2)^{12}=129.7 \approx 2^7=128$并仿照以上方法又可制出五度律十二音阶如表 6 - 3。

表 6 - 3　五度律十二音阶

音名	C	$^\sharp$C	D	$^\sharp$D	E	F	$^\sharp$F
频率	1	$(3^7)/(2^{11})$	$(3^2)/(2^3)$	$(3^9)/(2^{14})$	$(3^4)/(2^6)$	$(2^2)/(3)$	$(3^6)/(2^9)$
音名	G	$^\sharp$G	A	$^\sharp$A	B	C	
频率	3/2	$(3^8)/(2^{12})$	$(3^3)/(2^4)$	$(3^{10})/(2^{15})$	$(3^5)/(2^7)$	2	

从毕达哥拉斯时代开始,音乐研究在本质上就被认为是数学性的,与数学连成一体了。这种联系构成了中世纪教育的内容。中世纪的教学课程包括算术、几何、球面几何学(天文学)、音乐,这就是著名的四艺。相应地,这四门课程分别被认为是纯粹的数学、静止的数学、运动的数学以及对数学的应用,因而这些课程通过数字而进一步相互联系起来了。

2.十二平均律

人们注意到五度律十二声音阶中的两种半音相差不大,如果消除这种差别对于键盘乐器的转调将是十分方便的,因为键盘乐器的每个键的音高是固定的,而不像拨弦或拉弦乐器的音高由手指位置决定。消除两种半音差别的办法是使相邻各音频率之比相等,这是一道中学生的数学题——在 1 与 2 之间插入 11 个数使它们组成等比数列,显然其公比就是,并且有如下的不等式。

就是说,某个半高音的音高是把那个音的振动次数增加约 1.06 倍后的音,全高音的音是拥有 1.06×1.06 倍震动次数的音。这样得到的音阶叫十二平均律音阶。所谓"十二平均律",就是假定高低八度之间的 12 个音,每相邻两个音的频率之比都相等。即就是将一个八度内的音分成十二个均等的半音的律制。如图 6 - 16 所示。

图 6-16　八度内的音十二均等分

用十二平均律构成的七声音阶如下：

由于"十二平均律"允许随意转调,这就让作曲家可以自由创作。以前由于各音之间的半音"不等距"的问题,有些调被认为不能写作的,现在也可以毫无阻碍的进行创作了。

值得一提的是公元 1584 年,我国明代科学家朱载堉在其《律学新说》中提出了十二平均律的计算方法,从而创立了十二平均律,比德国的巴赫还要早一百多。

3. 古代中国对音律的贡献——三分损益法

三分损益法又称五度相生律,是古代汉族发明制定音律时所用的生律法。根据某一标准音的管长或弦长,推算其余一系列音律的管长或弦长时,须依照一定的长度比例,三分损益法提供了一种长度比例的准则。三分损益法包含两个含义：

(1)"三分损一"。"损"就是减去的意思,"三分损一"指,将原有长度分作三等分,然后减去其中的一分,即 $1-\dfrac{1}{3}=\dfrac{2}{3}$。所生之音是原长度音上方的五度音。

(2)"三分益一"。"益"就是增加的意思,"三分益一"指,将原有长度分作三等分,然后添加其中的一分,即 $1+\dfrac{1}{3}=\dfrac{4}{3}$。所生之音是原长度音下方四度音。

三分损益法认为,"宫"是基本音,有了基本音"宫"之后,经过几次的三分损益,其他的四个音阶也就产生了。

中国古人所使用的音阶是"五声音阶",即"宫、商、角、徵、羽"五个音。其中,宫相当于西洋音阶的 1(dou),商相当于 2(re),角相当于 3(mi),徵相当于 5(sou),羽相当于 6(la)。当然,除了这五个基本音阶之外,后来也出现"变 徵"等其他的几个音阶,但这已经是秦汉以后的事情了。

四、和声的数学分析(傅立叶分析)

从毕达哥拉斯时代后,音乐家和数学家都试图想弄清音乐声音的本质,扩大音乐与数学的联系。19 世纪,法国数学家傅里叶对音乐的本质的研究终于达到了顶峰。他证明所有的音乐,包括器乐和声乐,都能用数学表达式来描述。他们都是一些简单的正弦周期函数之和。傅里叶使整个交响乐奏出了和谐的旋律。

我们一起来领略一下傅里叶是如何做到的。

1. 音叉的振动

音叉是最简单的乐器。用小锤击音叉的一边,音叉就振动起来,并发出声音,如图 6-17所示。当音叉第一次运动到右边时,它就撞击阻碍它向右运动的空气分子,使那些分子间的密度加大,这种现象称为压缩。压缩的空气继续向右移动,直到不拥挤的地方。这一过程将反复重复,于是,向右的压缩将会一直继续下去。接着音叉又向左运动。这样,就在音叉原来的位置留下一个比较大的地方,右边的空气分子就向这里涌过来。于是在这些空气分子先前的位

图 6 - 17　音叉

置上造成了一个稀薄的空间。这种现象称为舒张。

为了把这种声音用一个数学公式表示出来,我们先研究简谐振动。在相等的时间间隔里重复自己的运动,这类振动称之为简谐振动。音叉的振动是最简单的周期振动。它的声音可以用正弦函数表示。

如果,设受音叉作用的理想空气分子运动的振幅为 0.001。音叉使理想空气分子每秒震动 200 次。即频率为 200Hz,那么描述音叉声音的数学公式为

$$x(t) = 0.001\sin 400\pi t$$

2. 和声的数学分析(傅立叶分析)

对那些更为复杂的声音,如何从数学上说明? 我们已经清楚,一切声音都是有震动引起的。然而,乐音悦耳动听,噪音却叫人无法忍受。长笛、小号、小提琴、钢琴等各种乐器的声音各不相同,这样从数学上给以说明? 观察各种声音的图形,它们都表现出某种规律性。这种规律是:每一种声音的图形在 1 秒钟内都准确地重复若干次,表现出重复现象。这种声音听来是悦耳的。相反,噪声具有高度的不规则性。所有具有图形上的规则性或具有周期性的声音称为乐音。这样,通过图形我们把乐音和噪声区分开了。数学给出了乐音与噪声的主要区别,乐音的声波随时间呈周期变化,噪声则不是。乐音有固定的频率,听起来使人产生有固定音高的感觉,和谐的感觉. 噪声听起来不和谐、不悦耳,缺乏固定音高的感觉。

进而,傅里叶对各种规则特征不同的乐音的探索研究,发现:任何乐声的图像都是周期性的图像,它有固定的音高和频率。傅立叶定理指出,任何一个周期函数都可以表示为三角级数的形式,如任何一个周期函数都可表示为

$$f(t) = \frac{a_0}{2} + \sum_{n=1}^{\infty} (a_n\cos nt + b_n\sin nt), \text{即 } f(t) = \sum_{n=1}^{\infty} A_n\sin(nt + \varphi_n)$$

其中,频率最低的一项为基本音,其余的为泛音。由公式知,所有泛音的频率都是基本音频率的整数倍,称为基本音的谐波。

根据傅立叶定理,每个乐音都可以分解成一次谐波与一系列整数倍频率谐波的叠加。假设 do 的频率是 f,那么它可以分解成频率为 $f, 2f, 3f, 4f, \cdots\cdots$ 的谐波的叠加,即 $f_1(t) = \sin t + \sin 2t + \cdots\cdots + \sin 2nt + \cdots\cdots$ 同理,高音 do 的频率是 $2f$,同样可以分解为频率为 $,2f, 4f, 6f$ $8f, \cdots\cdots$ 的谐波的叠加,即。这两列谐波的频率有一半是相同的,所以 do 和高音 do 是最和谐的,如图 6 - 18 所示。

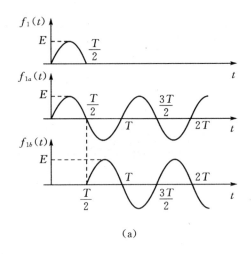

(a)

$$f_2(t) = \sin 2t + \sin 4t + \cdots\cdots + \sin 2nt + \cdots\cdots$$

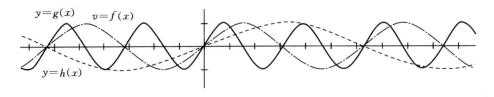

(b)

图 6 - 18　和声的数学分析

比如说,一个小提琴师演奏出的声乐,其公式基本可以表示为:

$$y \approx 0.06\sin 1000\pi t + 0.02\sin 2000\pi t + 0.01\sin 3000\pi t$$

任何复杂的乐音实际上都是简单声音构成,这一数学结论也确实可在物理上得到证实。实验表明,一根震动的弦,如小提琴的弦,弹出来的效果就像是同时发出许多简单的声音,而每一种简单声音都可以由特殊仪器测出。

傅立叶还发现每种声音都有三种品质:音调、音强、音色。音强(响度)取决于声音的幅度。音调取决于声音的平率,音色与周期函数的形状有关。是由混入基音的泛音所决定的。

自从有了傅里叶定理,世界上的声音一下子变得简单了。不管是雷鸣、鸟啼、人语或是钢琴的鸣奏,都可以归结为简单声音的组合,这些简单声音用数学表示就是正弦函数。人们终于认识到,世界上的声音是如此丰富,却又如此简单!

3. 调幅与调频

令人惊奇的是,不仅声音可以用正弦函数来描述,电流也可以用正弦函数来描述。大自然充满了统一性。这统一性就可以使的音乐能通过无线电波传送出去。

一种系统叫调幅系统。其办法是,改变高频正弦电流的振幅,使它依照要发射的声波的振幅作或高或低的相应变化。

另一种系统是调频系统。在这个系统中,随着被传送的声音一起变化的不是高频电流的振幅而是高频电流的频率。

调频广播与调幅广播相比有许多优点：（1）失真小，即保真度高；（2）抗干扰能力强；（3）频率响应宽，从很低的音频到很高的音频都有效；（4）动态范围广，即强弱变化的幅度大；（5）便于利用立体声。

4. 声学特性与艺术情趣

音乐就成了作曲、表演、欣赏三方面的感情纽带。创作是声音的设计，离不开声波的物理特性；表演者离不开发声器官（人嗓或乐器）的声学特性；欣赏者也离不开人对声波的生理反应。这就是音乐的物理性质。音乐科学的基础表面上是物理，实质上是数学。

五、数学知识在音乐中的综合运用

除了前面所述的数学与音乐理论的关系之外，数学知识在音乐中有很多的综合运用，如指数曲线，周期函数等等。这里我们先介绍一种简单的运用。

1. 音乐中的数学变换

数学中存在着平移变换，音乐中是否也存在着平移变换呢？我们可以通过图 6-19 的两个音乐小节来寻找答案。显然可以把第一个小节中的音符平移到第二个小节中去，就出现了音乐中的平移，这实际上就是音乐中的反复。把图 6-19 序码不对的两个音节移到直角坐标系中，那么就表现为图 6-20。显然，这正是数学中的平移。我们知道作曲者创作音乐作品的目的在于想淋漓尽致地抒发自己内心情感，可是内心情感的抒发是通过整个乐曲来表达的，并在主题处得到升华，而音乐的主题有时正是以某种形式的反复出现的。比如，图 6-21 就是西方乐曲 *When the Saints Go Marching In* 的主题，显然，这首乐曲的主题就可以看作是通过平移得到的。

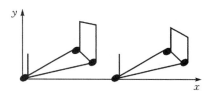

图 6-19　音节平移变换　　　　　　　　　图 6-20　音节平移的变换

此外，在音乐作品当中的转调（移调）也是一种很普遍的方式，将一首曲子全曲或者某个部分整体上行或者下行几度变成另一个调性的曲子，在音乐中可以给人一种耳目一新的层次感。这也是好多作曲家惯用的手法，其实质就是将曲子整体的平移几度而已。

如果我们把五线谱中的一条适当的横线作为时间轴（横轴 x），与时间轴垂直的直线作为音高轴（纵轴 y），那么我们就在五线谱中建立了时间-音高的平面直角坐标系。于是，图 6-21 中一系列的反复或者平移，就可以用函数，近似地表示出来，如图 6-22 所示，其中 x 是时间，y 是音高。当然我们也可以在时间-音高的平面直角坐标系中用函数把图 6-19 中的两个音节近似地表示出来。

在这里我们需要提及 19 世纪的一位著名的数学家，他就是约瑟夫·傅里叶（Joseph Fourier），正是他的努力使人们对乐声性质的认识达到了顶峰。他证明了所有的乐声，不管是器乐还是声乐，都可以用数学式来表达和描述，而且证明了这些数学式是简单的周期正弦函数的和。

Oh When the Saints   Oh When the Saints

图 6-21　When the Saimts Go Marching Zn

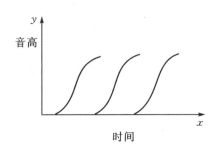

图 6-22　坐标系中的平移变换

    音乐中不仅仅只出现平移变换,可能会出现其他的变换及其组合,比如反射变换等等。图 6-23 的两个音节就是音乐中的反射变换。如果我们仍从数学的角度来考虑,把这些音符放进坐标系中,那么它在数学中的表现就是我们常见的反射变换,如图 6-24 所示。同样我们也可以在时间-音高直角坐标系中把这两个音节用函数近似地表示出来。

图 6-23　反身变换

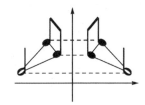

图 6-24　坐标系中的反射变换

    通过以上分析可知,一首乐曲就有可能是对一些基本曲段进行各种数学变换的结果。

2. 数列与音乐

    看一下乐器之王———钢琴的键盘吧,其上也恰好与斐波那契数列有关。我们知道在钢琴的键盘上,从一个 C 键到下一个 C 键就是音乐中的一个八度音程(见图 6-25)。其中共包括 13 个键,有 8 个白键和 5 个黑键,而 5 个黑键分成 2 组,一组有 2 个黑键,一组有 3 个黑键.2、3、5、8、13 恰好就是著名的斐波那契数列中的前几个数。

    如果说斐波那数在钢琴键上的出现是一种巧合,那么等比数列在音乐中的出现就绝非偶然了:1、2、3、4、5、6、7、i 等音阶就是利用等比数列规定的。

    再来看图 6-25,显然这个八度音程被黑键和白键分成了 12 个半音,并且我们知道下一个 C 键发出乐音的振动次数(即频率)是第一个 C 键振动次数的 2 倍,因为用 2 来分割,所以这个划分是按照等比数列而作出的.我们容易求出分割比 x,显然 x 满足 $x^{12}=2$,解这个方程可得 x 是个无理数,大约是 0.1106。于是我们说某个半音的音高是那个音的音高的 0.1106

倍,而全音的音高是那个音的音高 0.1106×2 倍.实际上,在吉它中也存在着同样的等比数列。

图 6-25　钢琴键盘

3.黄金分割在音乐中的应用

斐波那契数列在音乐中得到普遍的应用,如常见的曲式类型与斐波那契数列头几个数字相符,它们是简单的一段式、二段式、三段式和五段回旋曲式。大型奏鸣曲式也是三部性结构,如再增加前奏及尾声则又从三部发展到五部结构。黄金分割比例与音乐中高潮的位置有密切关系。

我们分析许多著名的音乐作品,发觉其中高潮的出现多和黄金分割点相接近,位于结构中点偏后的位置:小型曲式中 8 小节一段式,高潮点约在第 5 小节左右;16 小节二段式,高潮点约在第 10 小节左右;24 小节带再现三段式,高潮点在第 15 小节左右。

如《梦幻曲》是一首带再现三段曲式,由 A、B 和 A′三段构成。每段又由等长的两个 4 小节乐句构成。全曲共分 6 句,24 小节。理论计算黄金分割点应在第 14 小节(4×0.618＝14.83),与全曲高潮正好吻合。有些乐曲从整体至每一个局部都合乎黄金比例,本曲的六个乐句在各自的第 2 小节进行负相分割(前短后长);本曲的三个部分 A、B、A′在各自的第二乐句第 2 小节正相分割(前长后短),这样形成了乐曲从整体到每一个局部多层复合分割的生动局面,使乐曲的内容与形式更加完美。大、中型曲式中的奏鸣曲式、复三段曲式是一种三部性结构,其他如变奏曲、回旋曲及某些自由曲式都存在不同程度的三部性因素。黄金比例的原则在这些大、中型乐曲中也得到不同程度的体现。

一般来说,曲式规模越大,黄金分割点的位置在中部或发展部越靠后,甚至推迟到再现部的开端,这样可获得更强烈的艺术效果。如莫扎特《D 大调奏鸣曲》第一乐章全长 160 小节,再现部位于第 99 小节,不偏不依恰恰落在黄金分割点上(160×0.618＝98.88)。据美国数学家乔巴兹统计,莫扎特的所有钢琴奏鸣曲中有 94％符合黄金分割比例,这个结果令人惊叹。我们未必就能弄清,莫扎特是有意识地使自己的乐曲符合黄金分割呢,抑或只是一种纯直觉的巧合现象。然而美国的另一位音乐家认为,"我们应当知道,创作这些不朽作品的莫扎特,也是一位喜欢数字游戏的天才。莫扎特是懂得黄金分割,并有意识地运用它的。

贝多芬《悲怆奏鸣曲》Op.13 第二乐章是如歌的慢板,回旋曲式,全曲共 73 小节。理论计算黄金分割点应在 45 小节,在 43 小节处形成全曲激越的高潮,并伴随着调式、调性的转换,高潮与黄金分割区基本吻合。

肖邦的《降 D 大调夜曲》是三部性曲式。全曲不计前奏共 76 小节,理论计算黄金分割点应在 46 小节,再现部恰恰位于 46 小节,是全曲力度最强的高潮所在,真是巧夺天工。有位研究肖邦的专家称肖邦的乐谱"具有乐谱语言的数学特征。"

拉赫曼尼诺夫的《第二钢琴协奏曲》第一乐章是奏鸣曲式,这是一首宏伟的史诗。第一部分呈示部悠长、刚毅的主部与明朗、抒情的副部形成鲜明对比。第二部分为发展部,结构紧凑,主部、副部与引子的材料不断地交织,形成巨大的音流,音乐爆发高潮的地方恰恰在第三部分再现部的开端,是整个乐章的黄金分割点,不愧是体现黄金分割规律的典范。此外这首协奏曲的局部在许多地方也符合黄金比例。

再举一首大型交响音乐的范例,俄国伟大作曲家里姆斯—柯萨科夫在他的《天方夜谭》交响组曲的第四乐章中,写至辛巴达的航船在汹涌滔天的狂涛恶浪里,无可挽回地猛撞在有青铜骑士像的峭壁上的一刹那,在整个乐队震耳欲聋的音浪中,乐队敲出一记强有力的锣声,锣声延长了六小节,随着它的音响逐渐消失,整个乐队力度迅速下降,象征着那艘支离破碎的航船沉入到海底深渊。在全曲最高潮也就是"黄金点"上,大锣致命的一击所造成的悲剧性效果摄人心魂。

黄金律历来被染上瑰丽诡秘的色彩,被人们称为"天然合理"的最美妙的形式比例。世界上到处都存在数的美,对于我们的眼睛,尤其是对我们学习音乐的人的耳朵来说,"美是到处都有的,不是缺乏美,而是缺少发现"(罗丹语)。

六、乐器制作中的数学原理

讲到乐器制作中的数学原理,我们必须知道梅森定律。

古代的中国、希腊、埃及和巴比伦等国都对弦振动作了研究,积累了不少知识和经验,为后人的研究奠定了很好的基础。完整的研究出现在 17 世纪,是由梅森完成的。他根据前人的经验和自己的研究,总结出四条基本定律:

第一条 弦振动的频率与弦长成反比。这就是说,对密度、粗细、张力都不变的弦,增加它的长度会使频率降低,反之会使频率增加。

第二条 弦振动的频率与作用在弦上的张力的平方根成正比,演奏家在演出前,对乐器的弦调音时,把弦时而拉紧,时而放松,就是调整弦的张力。

第三条 弦振动的频率与弦的直径成反比。这就是说,在弦长、张力固定的情况下,直径越粗,频率越低。例如,小提琴的四条弦,细的奏高音,粗的奏低音。

第四条 弦振动的频率与弦的密度的平方根成反比。

一切弦乐器的制造都离不开这四条定律。

现在回到乐器形状问题,我们已知到,声音的频率依指数函数变化。上面的讨论指出,弦长与频率成反比。两者结合起来就知道。乐器的弦长要遵从指数函数。因为指数函数的倒数仍是指数函数。

1. 钢琴外形与指数曲线

假定一根空弦发出的音是 do,则二分之一长度的弦发出的就是高八度的 do,8/9 长度的弦发出 re,64/81 长度的先发出 mi,3/4 长度的弦发出 fa,2/3 长度的弦发出 so,16/27 长度的弦发出 la,128/243 长度的弦发出 si 等以此类推,如果我们以音作为横坐标,弦长为纵坐标,很容易就可以绘出一天近似的指数曲线。这就是为什么三角钢琴的形状近似于指数曲线了,这样不仅可以使材料最省、音质协调,而且优雅美观,如图 6-26 所示。

上面介绍了钢琴的外形与指数曲线的关系,下面我们说说真正的弦乐器吉他弦乐器。

弦乐器的声音是由弦的振动产生的。常见的弦乐器有、二胡、吉他、小提琴。弦乐器音调的高低与,弦长、弦张力、弦粗细有关。弦越长,音调越低;张力越大,音调越高;弦越粗,音调越低。

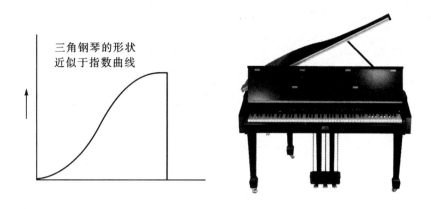

图 6 - 26　三角钢琴

2. 吉他制作中的数学知识

吉他和小提琴一样,被称为有着美女身材的乐器,不仅外形美观,构造独特,而且音色音质也是别具一格,由于其独特的音色和简单易学的特点,备受青年男女甚至是各个年龄阶段的音乐爱好者的青睐!

吉他的弦从一弦到六弦,由细到粗,长度一样,而每弦的音高都不一样,这时怎样做到的呢?这归结到我们之前所说的 $f = \dfrac{1}{2l}\sqrt{\dfrac{T}{\rho}}$ 频率公式,由于一弦和二弦粗细一样,而频率不一样,故一弦拉的紧,也就是张力 T 不一样。值得注意的是一弦和他们的音是一样的,而一弦和六弦的粗细不一样,材质不一样,故他们的 ρ 不一样,音高也自然容易控制了,如图 6 - 27 所示。

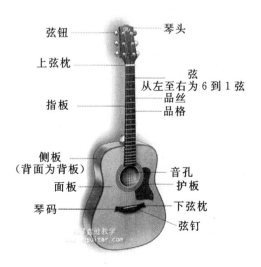

图 6 - 27　吉他

另外一点,我们知道琴颈上的品格(把位)是由宽到窄的,每向前移动一个品格,就升高半个音,而移动一个八度之后,品格的宽度刚好是低八度品格的一半。这些都并非巧合,如果需要们可以用游标卡尺和螺旋测微仪做精细的测量对比,相信在吉他制作之前也是经过严密的数学计算才能够这样轻而易举的批量生产的。

3. 笛子音孔中的数学

管乐器的声音是由管中空气的振动产生的。常见的管乐器有、笛、萧、管、号、葫芦丝。管乐器与管中空气柱的长短有关。空气柱越长,音调越低。

图6-28所示是两端开口管、下图是一端开口管。

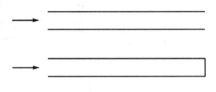

图6-28 开口管

两端开口和一端开口,在1英尺2英寸空气柱长度下,各谐音的频率表见表6-4。

表6-4 各谐音的频率

	两端开口(Hz)	一端开口(Hz)
第一谐音	500	250
第二谐音	1000=500×2	750=250×3
第三谐音	1500=500×3	1250=250×5

两端开口和一端开口,在不同空气柱长度下的第一谐音频率表见表6-5。

表6-5 第一谐音频率表

空气柱长度(英寸)	两端开口(Hz)	一端开口(Hz)
1	6700(第二谐音13400)	3350(第二谐音10050)
4	1675	838
12	558	279
40	168	84
100	67(第二谐音134)	33(第二谐音100)

图6-29所中,空气柱的长度为管口到最近开放孔的长度。

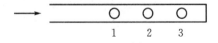

图6-29 开口管

1、2孔堵住,空气柱长度就是管口到孔3的长度。

2、3孔堵住,空气柱长度就是管口到孔1的长度。

笛子由于产地不同,所以各种材质、外形均是五花八门。你可能觉得既然如此,那么他和数学就没有关系了?其实不然,乐器都是因为发声所以称之为乐器,既然发声那么自然就离不开上面的频率公式。

笛子的发声自然是整个笛身的震动,而气柱的长度不同使得我们可以轻而易举的控制音高。观察笛子音孔的分布我们可以看到,在半音的地方,两个音孔距离很近,而在全音的地方音孔的距离是半音处的两倍,这是针对目前的七声音阶笛子,而对于中国传统的五声音阶来讲,笛子的音孔是均匀分布的。

试想,如果我们用同种材质,粗细一样的管子来制作笛子,那么只要计算好音孔的位置,以及标注好在管子上的比例,那么批量生产也是如此简单易行,这就大大地降低了笛子的制作成本。

4. 数字音乐

数字音乐是用数字格式存储的,可以通过网络来传输的音乐。由于是以数字格式记录和存储的,数字音乐具有以下这么几个特点:

(1)数字音乐抛弃了实物载体

从早期的蜡盘唱片、黑胶唱片到后来的磁带、CD,传统的音乐总是附着在某种实物介质上供人们消费和欣赏。这些音乐载体对应着不同的技术时代,其共同的特点是都具有可触摸的外在形态。

数字音乐的出现打破了这一传统。它以数字信号的方式被储存在数据库里,在网络空间中流动传输,根据人们的需要被下载和删除,它的传播不再依仗于某种实物载体。

(2)数字音乐传输速度快

数字音乐以数字信号的方式在网络空间中传输,其速度不是以物流方式进行传播的传统音乐可比拟的。尤其是在宽带技术日益成熟的今天,数字音乐在传播速度上的优势更加明显。

(3)数字音乐的音质不会产生损耗

传统音乐载体,比如磁带、CD 等,在多次使用后会产生不可避免的磨损,进而导致音乐品质下降。而数字音乐因为没有实体形态,所以不存在磨损的情况,无论被下载、复制、播放多少遍,其品质都不会发生变化。

20 世纪 40 年代初,美籍乌克兰作曲家希林格(1895—1948)在音乐理论上提出了一套新的创作原则。他认为,一切艺术均可分解为其物理存在的形式,而形式是可以用数量来测量的。按照这一观点,音乐形式与数学有关,在得出其中的数学规律后,创作就可以通过纯数学方法来完成,也就是说,可以用各种数学符号、方程或图式、表格来进行创作,将音高、时值、力度、速度、音色等方面都纳入数学计算的体系中。希林格认为,作曲可以从音乐的任何要素出发,先肯定某个要素(主要成分)的设计,然后再将其他要素(次要成分)结合进去成为主题。这种音乐体系称之为数学作曲体系。

古希腊毕达哥拉斯学派运用数学方法对琴弦震动进行了研究,提出了关于音乐的数学理论,建立了音程理论,制定了音阶数学的纽带作用:声音归结为正弦函数,电流也可以用正弦函数来刻画。正是这二者在数学中的这种统一性,我们就可以使得音乐通过无线电波传递出去,这是由声波转换为电流,有电流再转化为电磁波,然后通过接受台,最后再到扬声器振动而产生声波,在这之间数学起到了一个纽带的作用。

现在随着计算机技术的发展,希林格的观点越来越受到艺术家的重视。计算机音乐的出现就说明了这一点。

七、数学家与音乐

很少有人既精通数学又熟识音乐,这使得把计算机用于合成音乐及乐器设计等方面难于成功。数学发现周期函数是现代乐器设计和计算机音响设计的精髓。许多乐器的制造都是把它们产生的声音的图像,与这些乐器理想声音的图像相比较然后加以改进的。电子音乐的忠实再生也是跟周期图像紧密联系着的。音乐家和数学家们将在音乐的产生和再生方面,继续担任着同等重要的角色。

德国物理学家赫尔姆霍茨说:"在中国人中,有一个明朝的王子叫朱载堉,他在旧派音乐家的大反对中,倡导七声音阶。把八度分成十二个半音以及变调的方法,也是这个有天才和技巧的国家发明的。"1997年中国国家领导人出访美国,在哈佛大学演讲时说"明代朱载堉首创的十二平均律,后来成为国际通行的标准音调"。

朱载堉是世界上第一位创立"十二平均律"的科学家,是我国伟大的音乐理论家,他不仅是中国近代音乐的鼻祖,也是杰出的天文学家、物理学家、数学家和文学家。朱载堉的十二平均律理论传播到欧洲后,为欧洲学术界所惊叹。朱载堉的成就震撼了世界。朱载堉在数学、天文学、计量学、音乐学、律学、舞学等多种科学、艺术领域里取得的卓越成就,使其成为国际瞩目的世界文化名人。围绕着十二平均律的创建,朱载堉成功地登上了一个又一个科学高峰。例如在数学方面,为了解决十二平均律的计算问题,他讨论了等比数列,找到了计算等比数列的方法,并将其成功地应用于求解十二平均律。为了解决繁重的数学运算,他最早运用珠算进行开方运算,并提出了一套珠算开方口诀,这是富有创见之举。他还解决了不同进位小数的换算方法,作出了有关计算法则的总结。在数学史上,这些都是很引人注目的成就。

他在广泛的科学领域里取得了非凡的成果,为我国创造36个"世界第一":第一个创建了十二平均律理论;第一个制造出按照十二平均律理论的定音乐器——弦准;第一个发现"异径管律"的规律;第一个在数学上找到了求解等比数列的方法;第一个解决了不同进位制的换算方法;第一个在算盘上进行开方运算。在天文历法方面,精确地计算出回归年的长度值,精确计算出北京的地理位置与地磁偏角;第一个创立"舞学",并为这一学科规定了内容大纲;他谱写的大量旋宫乐曲比世界上最早的德国作曲家的《平均律钢琴曲》早300年。

音乐和科学——尤其是浸润在数学中的科学(这是爱因斯坦的科学)——在爱因斯坦身上是珠联璧合、相映成趣的。他经常在弹奏钢琴时思考难以捉摸的科学问题。据他妹妹玛雅回忆,他有时在演奏中会突然停下来激动地宣布:"我得到了它!"仿佛有神灵启示一样,答案会不期而遇地在优美的旋律中降临。据他的小儿子汉斯说:"无论何时他在工作中走入穷途末路或陷入困难之境,他都会在音乐中获得庇护,通常困难会迎刃而解。"

确实,音乐在爱因斯坦的创造中所起的作用,要比人们通常想象的大得多。从他所珍爱的音乐家的作品中我们仿佛听到了毕达哥拉斯怎样制订数的和谐,伽利略怎样斟酌大自然的音符,开普勒怎样谱写天体运动的乐章,牛顿怎样确定万有引力的旋律,法拉第怎样推敲电磁场的序曲,麦克斯韦怎样捕捉电动力学的神韵……爱因斯坦本人的不变性原理(相对论)和统计涨落思想(量子论),何尝不是在"嘈嘈切切错杂弹,大珠小珠落玉盘"的乐曲声中灵感从天而降,观念从脑海中喷涌而出的呢?

数学家欧拉、笛卡尔都有关于音乐理论的著作,1650年笛卡尔出版了《音乐概要》一书,

1731 年欧拉写了一本以声乐为主题的著作《建立在确切的谐振原理基础上的音乐理论的新颖研究》。在这两本书中，音乐与数学达到了水乳交融的地步。

类似爱因斯坦的例子有好多，从中国的朱载堉、陶哲轩到国外的傅里叶、莱布尼兹等，无数的数学家与音乐都有着许许多多有趣的故事和经历，他们研究数学，喜欢音乐，从音乐中的到了对数学启迪和感悟，用数学的方式感受他们自己独特的音乐。也许正是因为除却数学的逻辑和推理之外音乐能带给他们创造性的一颗时刻灵动和"跳跃着"的心吧！

毕达哥拉斯认为："音乐之所以神圣而崇高，就是因为它反映出作为宇宙本质的数的关系。"世界上哪里有数，哪里就有美。数学像音乐及其他艺术一样能唤起人们的审美感觉和审美情趣。在数学家创造活动中，同样有情感、意志、信念、等审美因素参与，数学家创造的定义、定理、公理、公式、法则如同所有的艺术形式如诗歌、音乐、绘画、雕塑、戏剧、电影一样，可以使人动情陶醉，并从中获得美的享受。

1731 年，大数学家欧拉写成专著，《建立在确切的谐振原理基础上的音乐理论的新颖研究》，这是一本力作，在数学和音乐两方面都下了不少功夫，致使后世有些专家认为，这本书对数学家太"音乐化了"，而对音乐家又太"数学化了"。

音乐中出现数学、数学中存在音乐并不是一种偶然，而是数学和音乐融和贯通于一体的一种体现。音乐能诠释人们的喜怒哀乐，我们通过音乐把自己对大自然、人生的态度等表现出来，即音乐抒发人们的情感。我们也可以不用语言，单是通过音乐与他人甚至是动物、植物来进行简单或者是复杂的情感上的沟通和交流。而数学则是以一种理性的、抽象的方式来描述世界，使人类对世界有一个客观的、科学的理解和认识。数学贯穿人类文明的始终，无论是生老病死，还是日常的工作生活，都不能脱离数学。数学和音乐的结合是一种感性和理性的融通，如果我们能将这种关系加以完善和利用，那么一定可以演绎出一种无与伦比的"完美境界"！

数学和音乐位于人类精神的两个极端，一个人全部创造性的精神活动就在这两个对立点的范围之内展开，而人类在科学和艺术领域中所创造出来的一切都分布在这两者之间。音乐和数学正是抽象王国中盛开的瑰丽之花。有了这两朵花，就可以把握人类文明所创造的精神财富。被称为数论之祖的希腊哲学家、数学家毕达哥拉斯认为："音乐之所以神圣而崇高，就是因为它反映出作为宇宙本质的数的关系。"

第三节　数学学科的新分支——体育数学

一、体育数学的内涵

体育数学是体育运动及其体育科学与数学学科在多层次、多方面的有机结合和渗透的产物，是一门高层次的复合学科体系。人们普遍认为体育数学应包含以下两方面的内容：其一，应用数学方法和工具来描述、定量分析体育现象，揭示其内在规律，并按照其数学分支研究建立模型，通过反馈来指导体育实践活动；其二，是将数学的思想方法和研究方法引入体育科学，促使体育科学想数学化发展。数学在各自的学科分支中建立一系列专门的理论与方法，侧重不同的体育问题研究，同时又互相联系、互相补充、互相促进，使体育数学向纵深发展，这些都会成为体育数学的发展方向。同时，体育数学本身也从这种渗透中不断发展和自我完善，建立自己完整的学科体系。

体育运动与数学的发展形成了许多分支,如:体育统计学、体育运动数学、体育模糊数学方法、体育计算学、体育测量学、计算训练学、体育决策论、体育对策论、计算训练学、体育计量管理学、体育计算机软件学、体育最优化等。

二、体育数学的特点

体育数学从体育科学的形成来看是一门综合性学科,从数学角度看则是一门边缘学科;从生物学与社会学方面来看属于软科学;从当今数理科学角度来看又属于硬科学;它与数学的其他学科相比较具有很强的实践性,与体育科学的其他科学相比较则又具有较高的理论性。这就是体育数学的总特点。

其特点可从以下几方面来讲述:

1. 综合性

体育数学是随同体育科学其他各分支一起构成的一个综合性学科,是生物学、力学、化学、统计学等学科在体育科学中得到统一的产物,所以,人们对体育运动各环节的研究,不是简单的数学抽象而是运用系统化的数学方法进行综合处理。

2. 与现代科学技术的相互依赖性

体育数学是随着现代科学技术在体育中的应用而得到发展的学科,它始终利用现代科学的理论、技术和方法取得各种数据和信息,对体育运动的问题进行数学描述,计算和处理。而现代科学理论和方法也正是通过科学推理才能在体育运动中发挥出应有的作用。

3. 普遍性与广泛性

体育数学的研究成果应用方法在体育科学领域内具有共用性,大多数理论和方法还具有可移植性,不仅在体育运动中得到应用,而且还可以直接或推广后在其他科学领域得到广泛应用。

三、体育数学的任务和内容

体育数学是以体育运动为研究对象,其主要任务是探讨体育运动中的数学理论与科学计算方法,定量地寻找和反映体育运动中的客观规律,运用这些理论、方法和规律直接或间接地为体育运动及科学研究提供或开发各种技术和战术。概括起来可分为以下三部分内容:

1. 基础理论研究

着重研究体育中带根本性质的一般规律,对体育运动中有关问题的数学理论和方法进行探讨。主要涉及到以下几方面。

(1)与其他数学分支一起:从生物学与社会学范畴出发,寻求以软科学为基础的数学理论、工具和方法,并尽可能地在新的高度上达到硬软科学中数学理论上的统一。

(2)模型理论研究:即研究建模理论和方法,对已建立的数学模型按其数学分支分类,对模型结构及其在理论上进行分析和探讨。

(3)从理论上建立:讨论各种计算方法和有关理论与概念,包括各种数值分析方法、统计计算方法以及计算方法的开发与使用提供理论和方法上的依据与准备。

(4)学科研究与应用理论研究:即研究体育数学的对象、任务、概念发展、理论方法、发展趋势以及与其他学科的关系等,加强理论与实际的相互联系。

2. 应用研究

将基础理论研究的成果或其他科学的理论和技术直接或间接地用于体育运动及其科学研究的具体问题,主要涉及到以下几方面。

(1)建立并验证实际问题的数学模型:利用体育计算数学以及其他科学的基本理论和方法建立各种问题的数学模型或方程,包括专家系统的数学模型,生物神经冲动传导过程的偏微分方程,体育战略与管理的数学规划、技术指标与生理参数的相关模型等。

(2)进行运动数值分析:对体育运动各参数数学模型进行数值分析,包括数据平滑与拟合、误差估计与消除、各种数值计算、统计计算与分析等,以此揭示了体育运动及其有关问题的客观规律,为体育运动提出了相应的参考依据和计算技术,例如有的人利用数值分析方法提供了投新标枪的参考技术。

(3)数学实验:根据数学模型的数值方法及参考分析的结果,利用计算机等先进工具设计并寻求新的技术动作等。

(4)体育软件:研究建立体育运动及其管理的专家系统,设计体育有关问题的计算机程序。

四、让体育数学正真走进体育

目前,体育界对体育数学的认识仍然不足。首先:体育科研人员的知识结构,体育院校的课程设置不足达到体育数学的精神真谛,造成体育专业人员数学基础薄弱。由此造成科研成果与具体体育实践偏差或脱钩。其次:体育比赛是一种强烈的竞争,很多运动员的成绩徘徊不前,往往突破点就是体育科研和体育定量化程度不够高。

1. 如何推进体育数学的研究

第一,尽快培养体育数学人才。我国体育教练往往经验大于理论。首先必须建立起一套适合我国国情的体育数学教材和参考书。如《体育数学基础》《实用运动数学》《体育数学方法》等。其次,加强体育院校的体育数学课程和考核。最后,普及培训,及时科学指导。在体育界举办各类不同等级的体育数学培训班或函授班,让体育专业人员接受较系统的数理知识培掌握在体育科研中常用的数学方法和工具。另一方面,可为数理基础扎实的非体育专业研究人员举办短期体育知识的培训班,让他们了解体育运动及其规律的特殊性,以便他们能在体有科学中大展宏图。

第二,深入体育领域的各个部门和训练场所、比赛现场,瞄准当代体育最迫切的问题,了解、掌握第一手资料,与体育科研人员、教练员及运动员密切配合,才能解决实际问题。针对性地选择一些体育项目和运动员,应用体育数学建立起一套科学可行的实施方案,进过使用对比。用事实说话。

2. 数学在体育运动中的一些具体应用

(1)足球表面的"黑"与"白"

不少人热爱足球运动,但似乎却很少有人留意到组成足球面上两种黑,白皮块的几何形状和数目。

一般标准的足球表面有两种正多边形,一种是黑色的正五边形,另一种是白色的正六边形。可以发现,每一个黑色的皮块的边都与其周围的白色皮块有公共边,而每一个白色皮块只有三条边与黑色皮块存在公共边。如果设黑色皮块的数目为 x，白色皮块的数目为 y，则 $5x=3y=$ 黑色皮块相邻边的总数，所以 $x:y=3:5$。利用这个关系，我们只须数一下黑色皮块的数目，便可知道整个足球皮块的总数目：

例：当知道黑色皮块为 12，则皮块的总数为 $8/3×12=32$。

(2)足球"入射角" α 的研究

足球比赛中运用技术，战术的最终目的是为了达到射门得分，所以能否在最后临门一脚或用头顶将球射进对方球门，是比赛胜负的关键，也就是我们常说的是否可以一脚定乾坤。因为射门常常是在跑动中进行的，所以对角度，距门距离的要求是非常高的，如果可以以一定的角度和距离加上合适的力度与方向，想必这球也一定会破门而入的。射门可根据距离分为：近射——11 米以内；远射——20 米以外；中距离射—介于二者之间；根据来球的高低分为：地滚球、反弹球和凌空球；根据球飞行的路线分为：射直线球和射弧线球。由于射门距离比较近，力度又非常大可以看作是直线球。

现以地滚球为例。

例如：甲方边锋从乙方所守球门附近带球过人，沿直线向前推进，已知前进方向的直线与底线垂直，交底线于球门 AB 的延长线上的 D 点。那么入射角 α 是怎样的呢？（见表 6-6）

表 6-6　边锋距与入射角

边锋距底线的距离(x)	入射角 α 的正切值($\tan\alpha$)	入射角 α
10	0.366	20 度
15	0.244	13.7 度
20	0.183	10.4 度
25	0.1464	8.3 度

若起脚后，球凌空。

$ABCD$ 为球门的垂直平面，O 为起射点，O 与 AB 确定平面 γ，水平面为 β，二面角 $\gamma-l-\beta$ 的平面角为 θ，$\tan O=2.44/x$，$\tan\angle BOC=2.44/OC$，$\tan\angle AOD=2.44/OD$，$OD>X$，$OC>X$

所以 $\angle AOD<\theta$，$\angle BOC<\theta$。所以要想使球入网，中央射球的高度角及斜射的；角必须小于 θ，若大于可能射高或射偏，若等于可能打在门框上。

(3)体育比赛为什么多采取三局两胜？

某项体育竞赛中，小李每局比赛战胜小王的概率为 0.4，而小王战胜小李的概率却为 0.6，那么选择哪一种比赛场次对小李更有利一些呢？是三战两胜，五战三胜，还是七战四胜？

对于小李而言，如果他选择了三局两胜，则小李胜出的概率为：
$$P=(0.4)^2+C_2^1 0.4·0.6·0.4=0.16+0.192=0.352$$

如果他选择了五局三胜，则小李胜出的概率为：
$$P=(0.4)^3+C_5^3 0.4^2·0.6·0.4+C_5^4 0.4^2·0.6^2·0.4=0.064+0.1152+0.13824=0.$$
31744 如果他选择了七局四胜，则小李胜出的概率为：
$$P=(0.4)^4+C_4^3 0.4^3·0.6·0.4+C_5^3 0.4^3·0.6^2·0.4+C_6^3 0.4^3·0.6^3·0.4=0.289792$$

所以由上述三种情况可以看到，比赛的局数越少，小李获胜的概率就越大，所以小李选择三局两胜制更有利于他自己。同时从上面这三种情况我们也可以总结出一种比赛设置的局数越多越有利于实力占优势的选手或者队伍,从而也就越公平公正,而比赛局数设置的过少,则有利于实力稍弱的选手或队伍,这种情况下往往容易出现爆冷的情况,因此一种体育比赛设置合理的局数是十分重要的。所以我们可以看到在一些大型重要比赛的决赛中设置的局数都相对较多:比如 NBA 总决赛的七战四胜制;斯诺克台球世锦赛决赛的 35 局 18 胜制等.这样设置的目的都是有利于实力强的一方,从而保证了比赛的公平和公正。

第四节 经济与数学

一、数学与经济生活

经济生活包括物质资料的生产、交换、分配和消费。

例 1:水果超市要在一个新区开设连锁店,该如何选址? ——选址问题

例 2:大学生评奖学金的指标如何选择? 各指标的权重如何确定? ——评价指标体系

例 3:现有若干种金融产品,如何选择自己的投资组合? ——证券投资问题

例 4:厂商为自己的产品设计了 4 种促销方式,如何找出最好的促销方式? ——试验设计问题

例 5:如何决定十字路口的交通灯转换时间,才能使等候的车辆最少? ——随机服务问题

例 6:为了解某市民 2004 年收入情况,现抽样调查 10000 人的收入。

现提出以下问题:

(1)怎样从 10000 人的收入情况去估计全体市民的平均收入? 怎样估计所有市民的收入与平均收入的偏离程度? ——参数估计问题

(2)若市政府提出了全体市民平均收入应达到的标准,从抽查得到的 10000 人收入数据,如何判断全体市民的平均收入与收入标准有无差异? 差异是否显著? ——假设检验问题

(3)抽查得到的 10000 人的收入有多有少,若这 10000 人来自不同的行业,那么,收入的差异是由于行业不同引起的,还是仅由随机因素造成的? ——试验设计问题

(4)假设收入与年龄有关,从抽查得到的 10000 人收入和年龄的对应数据,如何表述全体市民的收入与年龄之间的关系? ——回归分析问题

例 7:面试方案

设想某人在求职过程中得到了两个公司的面试通知,假定每个公司有三种不同的职位:极好的,工资 4 万;好的,工资 3 万;一般的,工资 2.5 万。估计能得到这些职位的概率为 0.2、0.3、0.4,有 0.1 的可能得不到任何职位。由于每家公司都要求在面试时表态接受或拒绝所提供职位,那么,应遵循什么策略应答呢?

极端的情况是很好处理的,如提供极好的职位或没工作,当然不用做决定了。对于其他情况,我们的方案是,采取期望受益最大的原则。

先考虑现在进行的是最后一次面试,工资的期望值为:$E_1 = 4 \times 0.2 + 3 \times 0.3 + 2.5 \times 0.4 + 0 \times 0.1 = 2.7$ 万。

那么在进行第一次面试时,我们可以认为,如果接受一般的值位,期望工资为 2.5 万,但若放弃(可到下一家公司碰运气),期望工资为 2.7 万,因此可选择只接受极好的和好的职位。这

一策略下工资总的期望值为 $4×0.2+3×0.3+2.7×0.5=3.05$ 万。

如果此人接到了三份这样的面试通知，又应如何决策呢？

最后一次面试，工资的期望值仍为 2.7 万。第二次面试的期望值可由下列数据求知：极好的职位，工资 4 万；好的，工资 3 万；一般的，工资 2.5 万；没工作（接受第三次面试），2.7 万。期望值为：$E_2=4×0.2+3×0.3+2.5×0.4+2.7×0.1=3.05$ 万。

这样，对于三次面试应采取的行动是：第一次只接受极好的职位，否则进行第二次面试；第二次面试可接受极好的和好的职位，否则进行第三次面试；第三次面试则接受任何可能提供的职位。这一策略下工资总的期望值为 $4×0.2+3.05×0.8=3.24$ 万。故此在求职时收到多份面试通知时，应用期望受益最大的原则不仅提高就业机会，同时可提高工资的期望值。

这些都是我们身边的经济生活！日常生活中的购买，主要是加减乘除，对一般人都不成问题。除了简单的计算之外，还应考虑性能与价格的比较，这是理财能力的一部分。还有决策效率的问题。大宗及贵重物品购买则需要数学的技巧和清晰的数学思维。银行按揭应考虑利率与期数的关系。一个人生活质量的高低与数学知识相关，一个人事业成功大小与数学能力相依。格兰仕的经验与教训中提出：了解市场——统计学；需求预测——概率论；计划、决策——运筹学管理；控制——管理学。

二、数学与经济学

1. 经济学简介

社会上有一种普遍的观点："经济学就是研究钱的"是这样吗？答案显然是错误的。经济学的确与货币密切相关，但经济学研究的范畴远不止于对货币的探讨。

经济学是研究价值的生产、流通、分配、消费的规律的理论。经济学的研究对象和自然科学、其他社会科学的研究对象是同一的客观规律。

经济是价值的创造、转化与实现；人类经济活动就是创造、转化、实现价值，满足人类物质文化生活需要的活动。经济学是研究人类经济活动的规律即研究价值的创造、转化、实现的规律——经济发展规律的理论，分为政治经济学与科学经济学两大类型。政治经济学根据所代表的阶级的利益为了突出某个阶级在经济活动中的地位和作用自发地从某个侧面研究价值规律或经济规律，科学经济学用科学方法自觉从整体上研究人类经济活动的价值规律或经济规律。经济学核心思想是资源的优化配置与优化再生。经济学的发展曾经分为两大主要分支，微观经济学和宏观经济学。

从现象看经济发展是社会财富快速增加；从本质看经济发展是先进生产力快速发展。社会财富快速增加不仅是高楼林立，先进生产力快速发展应落实为社会资源可再生能力、社会可持续发展能力提高与人民生活状况确实改善。改革开放发展的根本目标，就是提高、进一步提高、再进一步提高"先进生产力"——再生生产力。

2. 数学与经济学的关系

真正严谨科学的经济学研究，它离不开定量分析，自然也就离不开数字、数据、统计学、概率论与数理统计，当然更离不开数学规划、数学模型、运筹学。

经济学系统运用数学方法最早的例子，通常都认为是 17 世纪中叶英国古典政治经济学的创始人配第的著作《政治算术》，但数学真正与经济学结缘于古诺在 1838 年发表的《财富理论的数学原理研究》一书。在以后的一百多年里,用数学方法来研究经济学,从由一些经济假设出发,用抽象数学方法,建立经济机理的数学模型的数理经济学发展到由实际数据出发,用数理统计方法,建立经济现象的数学模型的计量经济学,数学对现代经济学的发展做出了重要的贡献。反过来,在经济领域中提出的许多新的课题也进一步在某些方面发展了数学。

数学在西方经济理论中的应用,近半个多世纪以来还在不断发展,一方面运用数学方法研究的理论领域还在扩大;另一方面,对前人研究过的问题还不断运用更深奥的数学方法进行更深入的探讨。前者如:英国 J. M. 凯恩斯和各派凯恩斯主义的各种宏观经济模型;个人偏好如何汇总为社会选择及其与社会福利函数的关系;最优增长理论等。后者如瓦尔拉斯首创的一般均衡体系就不断成为理论上继续研究的重点,因为他只把方程式和未知数个数相等作为得到均衡解的条件,同时却忽视均衡怎样实现和是否稳定。

从 20 世纪 30 年代起英国的 J. R. 希克斯和美国的 P. 萨缪尔森就此进行精密的数学分析和求解,但仍以微积分为主要工具,要受连续函数的不切实际假定的限制,所以 J. 冯·诺伊曼、K. J. 阿罗、G. 德布鲁等先后用集合论和线性模型展开新的探索。20 世纪 60 年代以后数理经济学和微积分、集合论、线性模型结合在一起,同时数学方法的运用几乎遍及资产阶级经济学的每个领域。第二次世界大战以后,经济生活的需要和电子计算机的发明,促使与数理经济学有关的经济计量学得到迅速发展,它反过来又推动数理经济学继续前进。

现代经济学的发展对数学的依赖可从两方面来体现。一是其涉及的内容广泛,几乎涵盖了近代数学的所有领域,包括数理统计学、概率论、随机过程、博弈论、对策论、排队论、组合数学、常微分方程、偏微分方程、差分方程、线性规划、最优规划、整数规划、投入产出、控制论、不动点理论、集合论、拓扑学、泛涵分析、映射、微分几何、群论、代数学等等。如亚当·斯密的"看不见的手"的经济思想,就是由德布罗等运用拓扑学、集合论等现代数学工具给出了最完备的证明。经济计量学的产生体现了概率论与随机理论的应用。而博弈论的引入能全面而完整地分析参人者之间如何相互作用,从而得出理性的决策,它为经济学研究提供了崭新的理论和方法,并逐渐成为现代经济学的重要组成部分。二是现代经济研究无论是理论研究还是实证研究都广泛应用各种数学方法,如比较法、平衡分析法、运筹学方法、极限法、概率论与数理统计法、数学模型法等等。这些数学方法的使用能使经济学研究理论的表述更清晰准确,逻辑推理更严密,有助于提高经济理论的实用性,以及经济政策的科学性。

数学在经济学中广泛而深入的应用是当前经济学最为深刻的变革之一。现代经济学的发展对其自身的逻辑和严密性提出了更高的要求,经济学已经越来越成为一门精确的学科,这就使得数学在经济学中占有举足轻重的地位。

但是,数学化也使经济学面临两大危机:一是过分地引入数学模型可能使经济学沦落为数学的分支,经济学作为一个单独的科学不复存在;二是运用数学模型分析经济现象不可避免地会出现变量征引不足的问题。这是因为,分析一个经济问题往往比推算围棋的套路还要困难。影响经济发展的变量无穷无尽而且互为因果,任何在变量上的粗暴取舍都可能使最终结果变得荒诞不经。经济学不仅要考虑道德问题,还要考虑政治问题、军事问题甚至外交问题。

在数学与经济学的关系中,要注意数学只是服务工具,我们既要强调其作用但也不能将其凌驾于经济学之上。

3. 新生学科

数学介入经济学使得经济学发生了深刻而巨大的变革。目前看来至少推动了几门新的经济学分支学科的诞生和发展。其中有数理经济学,计量经济学等。

(1)数理经济学

从广义上说,是指运用数学模型来进行经济分析,解释经济学现象的理论。从狭义上来说,是特指瓦尔拉斯(Walras)开创的一般均衡理论体系。通常可分为静态分析与动态分析。这个理论首先设立"人是理性的"这个假设,然后利用各种数学方法,来模拟各种经济学现象,并进推论出有关问题的解决方案。

主要代表人物有法国的瓦尔拉,意大利的帕累托以及英国的杰文斯。主张用数学符号和数学方法来研究、论证和表述经济现象及其相互依存关系,提倡数理方法是研究经济学最主要的甚至是唯一的方法。

数理经济学虽然对分析经济事物的数量关系取得一些成就,但它在一定程度上忽视经济事物的质的方面,特别是忽视对生产关系的研究。这种研究方法具有很大的局限性,特别是对揭露社会经济关系的规律和实质的研究没有多少应用的价值。

(2)计量经济学

计量经济学是以一定的经济理论和统计资料为基础,运用数学、统计学方法与电脑技术,以建立经济计量模型为主要手段,定量分析研究具有随机性特性的经济变量关系的一门经济学学科。主要内容包括理论计量经济学和应用经济计量学。理论经济计量学主要研究如何运用、改造和发展数理统计的方法,使之成为随机经济关系测定的特殊方法。应用计量经济学是在一定的经济理论的指导下,以反映事实的统计数据为依据,用经济计量方法研究经济数学模型的实用化或探索实证经济规律。

计量经济学的两大研究对象:横截面数据(Cross-sectional Data)和时间序列数据(Time-series Data)。前者旨在归纳不同经济行为者是否具有相似的行为关联性,以模型参数估计结果显现相关性;后者重点在分析同一经济行为者不同时间的资料,以展现研究对象的动态行为。

新兴计量经济学研究开始切入同时具有横截面及时间序列的资料,换言之,每个横截面都同时具有时间序列的观测值,这种资料称为追踪资料(Panel data,或称面板资料分析)。追踪资料研究多个不同经济体动态行为之差异,可以获得较单纯横截面或时间序列分析更丰富的实证结论。

计量经济学的特点是,模型类型:采用随机模型。模型导向:以经济理论为导向建立模型。模型结构:变量之间的关系表现为线性或者可以化为线性,属于因果分析模型,解释变量具有同等地位,模型具有明确的形式和参数。数据类型:以时间序列数据或者截面数据为样本,被解释变量为服从正态分布的连续随机变量。估计方法:仅利用样本信息,采用最小二乘法或者最大似然法估计变量。非经典计量经济学一般指 20 世纪 70 年代以后发展的计量经济学理论、方法及应用模型,也称现代计量经济学。

(3)金融数学

金融数学(Financial Mathematics),又称数理金融学、数学金融学、分析金融学,是利用数学工具研究金融,进行数学建模、理论分析、数值计算等定量分析,以求找到金融学内在规律并用以指导实践。金融数学也可以理解为现代数学与计算技术在金融领域的应用,因此,金融数学是一门新兴的交叉学科,发展很快,是目前十分活跃的前沿学科之一。

金融数学是在两次华尔街革命的基础上迅速发展起来的一门数学与金融学相交叉的前沿

学科。其核心内容就是研究不确定随机环境下的投资组合的最优选择理论和资产的定价理论。套利、最优与均衡是金融数学的基本经济思想和三大基本概念。在国际上,这门学科已经有 50 多年的发展历史,特别是近些年来,在许多专家、学者们的努力下,金融数学中的许多理论得以证明、模拟和完善。金融数学的迅速发展,带动了现代金融市场中金融产品的快速创新,使得金融交易的范围和层次更加丰富和多样。这门新兴的学科同样与我国金融改革和发展有紧密的联系,而且其在我国的发展前景不可限量。

美国花旗银行副总裁柯林斯(Collins)1995 年 3 月 6 日在英国剑桥大学牛顿数学科学研究所的讲演中叙述到:"在 18 世纪初,和牛顿同时代的著名数学家伯努利曾宣称:'从事物理学研究而不懂数学的人实际上处理的是意义不大的东西。'那时候,这样的说法对物理学而言是正确的,但对于银行业而言不一定对。在 18 世纪,你可以没有任何数学训练而很好地运作银行。过去对物理学而言是正确的说法现在对于银行业也正确了。于是现在可以这样说:'从事银行业工作而不懂数学的人实际上处理的是意义不大的东西'。"他还指出:花旗银行 70% 的业务依赖于数学,他还特别强调,"如果没有数学发展起来的工具和技术,许多事情我们是一点办法也没有的……没有数学我们不可能生存。"这里银行家用他的经验描述了数学的重要性。

金融数学主要的研究内容和拟重点解决的问题包括:

(1)有价证券和证券组合的定价理论

发展有价证券(尤其是期货、期权等衍生工具)的定价理论。所用的数学方法主要是提出合适的随机微分方程或随机差分方程模型,形成相应的倒向方程。建立相应的非线性 Feynman—Kac 公式,由此导出非常一般的推广的 Black—Scholes 定价公式。所得到的倒向方程将是高维非线性带约束的奇异方程。

研究具有不同期限和收益率的证券组合的定价问题。需要建立定价与优化相结合的数学模型,在数学工具的研究方面,可能需要随机规划、模糊规划和优化算法研究。

在市场是不完全的条件下,引进与偏好有关的定价理论。

(2)不完全市场经济均衡理论(GEI)

拟在以下几个方面进行研究:

①无穷维空间、无穷水平空间及无限状态

②随机经济、无套利均衡、经济结构参数变异、非线资产结构

③资产证券的创新(Innovation)与设计(Design)

④具有摩擦(Friction)的经济

⑤企业行为与生产、破产与坏债

⑥证券市场博弈。

(3)GEI 平板衡算法、蒙特卡罗法在经济平衡点计算中的应用,GEI 的理论在金融财政经济宏观经济调控中的应用,不完全市场条件下,持续发展理论框架下研究自然资源资产定价与自然资源的持续利用。

(4)精算师

精算,简单得说就是依据经济学的基本原理,运用现代数学、统计学、金融学及法学等的各种科学有效的方法,对各种经济活动中未来的风险进行分析,评估和管理,是现代保险、金融、投资实现稳健经营的基础。精算学在 17 世纪末期成为一门正式的数学学科。这些长期保障要求资金被储存起来以备将来的保险金支付。这就需要评估未来的不确定事件,例如随年龄

增长死亡率的变化,要求不断发展对储蓄及投资基金进行贴现的数学技术。

经济活动中未来的风险进行分析,评估和管理,是现代保险、金融、投资实现稳健经营的基础。精算学在17世纪末期成为一门正式的数学学科。这些长期保障要求资金被储存起来以备将来的保险金支付。这就需要评估未来的不确定事件,例如随年龄增长死亡率的变化,要求不断发展对储蓄及投资基金进行贴现的数学技术。所有这些导致了一个重要的精算概念的发展,这个概念与未来一笔资金的现值密切相关。作为集体谈判的结果,养老保险和健康保险于20世纪初期出现。用于养老基金贴现的精算方法的某些方面产生于人们对现代金融经济的批判。

精算师是处理风险及不确定性的金融风险的商业性职业。精算师专注于其中的复杂性,数学和机制,因而对金融安全系统有着深刻的理解。

精算师为了把未知事件带来的情绪失落和财务损失降到最低,要对事件发生的几率和可能导致的后果进行评测。比如死亡,许多事件都是无法避免的。因此,采取措施让事件发生时造成的财政冲击减小是很有裨益的。这些风险会对资产负债单上的借贷双方造成影响,因此,进行资产债务管理,具备评估技能都必不可缺。只有具备分析技能和商业知识,做到洞悉人类行为和信息系统的变幻莫测,才能设计和管理风险控制机制。

在华尔街日报对美国最理想的职业进行的调查中,精算师在2002年和2009年都位列第二,2015年精算师拔得头筹。调查在对职业进行排名时采取了六种主要标准:工作环境,收入,就业前景,实际需要,安全和压力。美国新闻和世界报道在2006年也曾做过类似的调查,精算师在25种最理想的职业之列,在未来拥有美好的前景。

大部份的精算师都会在财产保险或人寿保险公司工作,工作范围包括设计新品种的保险产品,计算有关产品之保费及所需的准备金,为保险公司作风险评估及制定投资方针,并定期作出检讨及跟进。其余的精算师主要在咨询公司(主要的客户是规模较细的保险公司及银行)、养老金投资公司、医疗保险公司及投资公司工作。

三、诺贝尔经济学奖与数学

1997年3月,1996年诺贝尔经济学奖获得者James Mirrcless在波兰给数学家作了一次学术报告。主持人以幽默的方式介绍他时说:"诺贝尔奖没有数学家的份,不过,数学家已找到了摘取诺贝尔桂冠的途径——那就是把自己变成经济学家!"

经济学家曾经认为运用数学方法过于抽象,但根据研究表明,现如今一篇普通的经济学论文,平均会有超过50个公式和2组数据分析。研究同时发现,诺贝尔获奖者拥有数学学位比重越来越高。最近的获奖者埃里克马斯金(Eric Maskin 2007)获得的学士学位和博士学位都是数学专业,彼得戴蒙(Peter Diamond 2010)在大学期间也主修数学专业2012年本届诺贝尔经济学奖,颁给了哈佛大学教授阿尔文·罗思(Alvin E. Roth)与加州大学洛杉矶分校教授劳埃德·沙普利(Lloyd S. Shapley)。他们的研究成果运用了大量数学知识。事实上,沙普利教授拥有的是数学博士而非经济学博士。下面我们介绍几个重要成果:

1. 博弈论

1994年诺贝尔经济学奖授予了美国数学家纳什、德国经济学家泽尔腾和美籍匈牙利经济学家海萨尼三位博弈论专家。以奖励他们在非合作对策论中的平衡分析方面的先驱工作。也就是说,这次诺贝尔经济学奖是奖给了一个数学分支——博弈论。使得纳什和博弈论成为人们关注的焦点,反映纳什传奇人生经历的电影《美丽心灵》也在的奥斯卡奖上获得空前成功。

"博弈"一词的英文单词是 Game,意为对策、游戏。因此,一谈到博弈,人们自然会想到游戏,博弈论的早期思想也确实源于游戏。在诸如下棋、打牌、划拳等游戏中,人们要解决的问题是如何才能获胜,这实际上是当事人面对一定的信息量寻求最佳行动和最优策略问题。在实际生活中,许多游戏都反映了博弈论的思想。例如,在人们非常熟悉的"石头、剪刀、布"的游戏中,我们的问题是:对方如何行动? 而我又将如何应对才是最佳? 这实际上就涉及到了博弈论的核心问题,即博弈论以对方的行为作为自己决策的依据,并寻求最佳。但博弈不仅仅是指游戏,它研究的是当人们的行为存在相互作用时的策略行为及其后果。社会生活中的许多现象,都带有相互竞争与合作的特征,可以说,一切都在博弈之中。

博弈论(Game Theory)是研究决策主体的行为在发生直接的相互作用时,人们如何进行决策以及这种决策的均衡问题。也就是说,当一个主体,好比说一个人或一个企业的选择受到其他人或其他企业选择的影响,而且反过来又影响到其他人或其他企业选择时的决策问题和均衡问题。所以在这个意义上说,博弈论又称为"对策论"。由于人与人之间、企业与企业之间相互影响的存在,所以在博弈论分析中,人们和企业总是通过选择最佳行动计划,来寻求收益或效用的最大化。加之在现实生活中人们的利益冲突与一致具有普遍性,所有的决策问题都可以认为是博弈。博弈论在政治学、军事学、生物进化学、心理学、社会学、伦理学、经济学等许多领域都有着广泛的应用。在经济学中博弈论作为一种重要的分析方法已渗透到几乎所有的领域,每一领域的最新进展都应用了博弈论,博弈论已经成为主流经济学的一部分,对经济学理论与方法正产生越来越重要的影响。

博弈论到底是经济学分支还是数学的分支,数学界和经济学界对此有过争论(更多人倾向于经济学分支),数学界认为是数学分支,他们说纳什等博弈论奠基人均为数学家,纳什在1951 年的奠基性文章就是发表在数学杂志上,而不是经济学杂志上。经济学界则认为博弈论应该是经济学的一个分支,原因在于博弈论在经济学领域得到了最广泛的应用,它改变了整个经济学乃至社会科学的面貌。

2. 信息不对称理论

1996 年的诺贝尔经济学奖授予英国经济学家 JamesA. Mirrless(1936—)和美籍加拿大经济学家 WilliamVickrey(1914—1996.10.10,去世于获奖消息发表后的第三天),以奖励他们在不对称信息条件下的经济激励理论上的基本贡献。

颁奖公告上说:"近年来经济研究最重要、最活跃的领域是探讨决策者有不同信息的形势。所谓信息的不对称性在大量情况中发生。例如,银行没有关于被贷款人今后收入的完全信息;企业主作为经营者不可能有关于成本和竞争条件的详尽的信息;保险公司不可能完全察觉到对于被保险的财产和对于影响赔偿风险的外部事件的政策制定者的责任;拍卖人没有有关潜在的买主支付愿望的完全信息;政府需要在对个体公民的收入不很了解的憎况下制定所有税制度;如此等等。"

"不完全和不对称分布的信息有一些基本结论,特别是在信息上的优势经常能够策略地开发的意义下。信息经济学研究因而针对怎样设计合约和机制来处理不同的激励和控制问题。这就使人们能更好地理解保险市场、信贷市场、拍卖、企业的内部机构、工资形式、税收系统、社会保险、竞争条件、政治制度等等。"

这两位经济学家就是通过他们对信息的不对称性起着关键作用的许多问题作出系统的解

析研究(即建立数学模型)而得奖的。Vickrey 主要研究拍卖和所得税;而 Mirrless 继续 Vickrey 的所得税研究,提出最优所得税问题。这类问题又被进一步扩大为所谓"道德风险(Moralhazard)"问题。它与通常的对策论问题类似。但是一方(例如,税收机构)不能完全观察到另一方(纳税人)的行动(有可能逃税),而要设计专门的合约或机制(税收政策),来对自身有利(保证税收)。

从诺贝尔经济学奖获得者的获奖工作我们可以看出,数学在经济学领域已经和正在发挥着很重要的作用。而经济数学,即在经济中应用的数学,是经济学与数学相互交叉的一个跨学科的领域,也是目前数学最为活跃的一个应用领域。

第五节　大数据时代与统计学

大数据不能被直接拿来使用,统计学依然是数据分析的灵魂。狭义地讲,大数据是一个大样本和高维变量的数据集合。针对样本大的问题,统计学可以采用抽样减少样本量,达到需要的精度。关于维数高的问题,需要变量选择、降维、压缩、分解。但认知高维小样本存在本质的困难。广义地讲,大数据涵盖多学科领域、多源、混合的数据,自然科学、人文社会、经济学、通讯、网络、商业和娱乐等各领域的数据集相互重叠连成了一片数据的海洋。各学科之间数据融合和贯通,学科的边界已重叠和模糊。大数据涉及各种数据类型,包括文本与语言、录像与图像、时空、网络与图形。当代的大数据不仅数据量大,还包括多种类型数据和大量数据项目集的覆盖重叠。

一、大数据时代

1. 产生背景

进入 2012 年,大数据(big data)一词越来越多地被提及,人们用它来描述和定义信息爆炸时代产生的海量数据,并命名与之相关的技术发展与创新。它已经上过《纽约时报》《华尔街日报》的专栏封面,进入美国白宫官网的新闻,现在国内一些互联网主题的讲座沙龙中,甚至被嗅觉灵敏的国金证券、国泰君安、银河证券等写进了投资推荐报告。

数据正在迅速膨胀并变大,它决定着企业的未来发展,虽然很多企业可能并没有意识到数据爆炸性增长带来问题的隐患,但是随着时间的推移,人们将越来越多的意识到数据对企业的重要性。

正如《纽约时报》2012 年 2 月的一篇专栏中所称,"大数据"时代已经降临,在商业、经济及其他领域中,决策将日益基于数据和分析而作出,而并非基于经验和直觉。

哈佛大学社会学教授加里·金说:"这是一场革命,庞大的数据资源使得各个领域开始了量化进程,无论学术界、商界还是政府,所有领域都将开始这种进程。"

2. 大数据的概念

百度知道——大数据概念

大数据(big data),或称巨量资料,指的是所涉及的资料量规模巨大到无法透过目前主流软件工具,在合理时间内达到撷取、管理、处理、并整理成为帮助企业经营决策更积极目的的资讯。大数据的 4V 特点:Volume(容量)、Velocity(速度)、Variety(种类)、Value(价值)。

互联网周刊——大数据概念

"大数据"的概念远不止大量的数据(TB)和处理大量数据的技术,或者所谓的"4 个 V"之类的简单概念,而是涵盖了人们在大规模数据的基础上可以做的事情,而这些事情在小规模数据的基础上是无法实现的。换句话说,大数据让我们以一种前所未有的方式,通过对海量数据进行分析,获得有巨大价值的产品和服务,或深刻的洞见,最终形成变革之力。

研究机构 Gartner——大数据概念

"大数据"是需要新处理模式才能具有更强的决策力、洞察发现力和流程优化能力的海量、高增长率和多样化的信息资产。从数据的类别上看,"大数据"指的是无法使用传统流程或工具处理或分析的信息。它定义了那些超出正常处理范围和大小、迫使用户采用非传统处理方法的数据集。亚马逊网络服务(AWS)、大数据科学家 JohnRauser 提到一个简单的定义:大数据就是任何超过了一台计算机处理能力的庞大数据量。研发小组对大数据的定义:"大数据是最大的宣传技术、是最时髦的技术,当这种现象出现时,定义就变得很混乱。"

3. 大数据特点

要理解大数据这一概念,首先要从"大"入手,"大"是指数据规模,大数据一般指在 10TB(1TB＝1024GB)规模以上的数据量。大数据同过去的海量数据有所区别,其基本特征可以用 4 个 V 来总结,即体量大、多样性、价值密度低、速度快。

(1)数据体量巨大。从 TB 级别,跃升到 PB 级别。

(2)数据类型繁多,如前文提到的网络日志、视频、图片、地理位置信息,等等。

(3)价值密度低。以视频为例,连续不间断监控过程中,可能有用的数据仅仅有一两秒。

(4)处理速度快。1 秒定律。最后这一点也是和传统的数据挖掘技术有着本质的不同。物联网、云计算、移动互联网、车联网、手机、平板电脑、PC 以及遍布地球各个角落的各种各样的传感器,无一不是数据来源或者承载的方式。

4. 大数据作用

大数据时代到来,认同这一判断的人越来越多。那么大数据意味着什么,他到底会改变什么? 仅仅从技术角度回答,已不足以解惑。大数据只是宾语,离开了人这个主语,它再大也没有意义。我们需要把大数据放在人的背景中加以透视,理解它作为时代变革力量的所以然。

(1)变革价值的力量

未来十年,决定中国是不是有大智慧的核心意义标准(那个"思想者"),就是国民幸福。一体现在民生上,通过大数据让有意义的事变得澄明,看我们在人与人关系上,做得是否比以前更有意义;二体现在生态上,通过大数据让有意义的事变得澄明,看我们在天与人关系上,做得是否比以前更有意义。总之,让我们从前 10 年的意义混沌时代,进入未来 10 年意义澄明时代。

(2)变革经济的力量

生产者是有价值的,消费者是价值的意义所在。有意义的才有价值,消费者不认同的,就卖不出去,就实现不了价值;只有消费者认同的,才卖得出去,才实现了价值。大数据帮助我们从消费者这个源头识别意义,从而帮助生产者实现价值。这就是启动内需的原理。

(3)变革组织的力量

随着具有语义网特征的数据基础设施和数据资源发展起来,组织的变革就越来越显得不可避免。大数据将推动网络结构产生无组织的组织力量。最先反映这种结构特点的,是各种各样去中心化的 Web2.0 应用,如 RSS、维基、博客等。大数据之所以成为时代变革力量,在于它通过追随意义而获得智慧。

5. 大数据技术

具体的大数据处理方法确实有很多,一个普遍适用的大数据处理流程,可以概括为四步,分别是采集、导入和预处理、统计和分析,最后是数据挖掘。

数据采集:ETL 工具负责将分布的、异构数据源中的数据如关系数据、平面数据文件等抽取到临时中间层后进行清洗、转换、集成,最后加载到数据仓库或数据集市中,成为联机分析处理、数据挖掘的基础。

数据存取:关系数据库、NOSQL、SQL 等。

基础架构:云存储、分布式文件存储等。

数据处理:自然语言处理是研究人与计算机交互的语言问题的一门学科。处理自然语言的关键是要让计算机"理解"自然语言,所以自然语言处理又叫做自然语言理解,也称为计算语言学。一方面它是语言信息处理的一个分支,另一方面它是人工智能的核心课题之一。

统计分析:假设检验、显著性检验、差异分析、相关分析、T 检验、方差分析、卡方分析、偏相关分析、距离分析、回归分析、简单回归分析、多元回归分析、逐步回归、回归预测与残差分析、岭回归、logistic 回归分析、曲线估计、因子分析、聚类分析、主成分分析、因子分析、快速聚类法与聚类法、判别分析、对应分析、多元对应分析(最优尺度分析)、bootstrap 技术等等。

数据挖掘:分类、估计、预测、相关性分组或关联规则、聚类、描述和可视化、复杂数据类型挖掘(Text,Web,图形图像,视频,音频等)。

模型预测:预测模型、机器学习、建模仿真。

结果呈现:云计算、标签云、关系图等。

6. 大数据的精髓

大数据带给我们的三个颠覆性观念转变:是全部数据,而不是随机采样;是大体方向,而不是精确制导;是相关关系,而不是因果关系。

不是随机样本,而是全体数据:在大数据时代,我们可以分析更多的数据,有时候甚至可以处理和某个特别现象相关的所有数据,而不再依赖于随机采样(随机采样,以前我们通常把这看成是理所应当的限制,但高性能的数字技术让我们意识到,这其实是一种人为限制)。

不是精确性,而是混杂性。研究数据如此之多,以至于我们不再热衷于追求精确度;之前需要分析的数据很少,所以我们必须尽可能精确地量化我们的记录,随着规模的扩大,对精确度的痴迷将减弱;拥有了大数据,我们不再需要对一个现象刨根问底,只要掌握了大体的发展方向即可,适当忽略微观层面上的精确度,会让我们在宏观层面拥有更好的洞察力。

不是因果关系,而是相关关系:我们不再热衷于找因果关系,寻找因果关系是人类长久以来的习惯,在大数据时代,我们无须再紧盯事物之间的因果关系,而应该寻找事物之间的相关关系;相关关系也许不能准确地告诉我们某件事情为何会发生,但是它会提醒我们这件事情正在发生。

7. 应对措施

在大数据时代,有人认为"样本=全体",我们得到的不是抽样数据而是全数据,因而只需要简单地数一数就可以下结论了,复杂的统计学方法可以不再需要了。

这是一种非常错误的观点。首先,大数据告知信息但不解释信息。就像股票市场,即使把所有的数据都公布出来,不懂的人依然不知道数据代表的信息。大数据时代,统计学依然是数据分析的灵魂。正如加州大学伯克利分校迈克尔·乔丹教授指出的,"没有系统的数据科学作为指导的大数据研究,就如同不利用工程科学的知识来建造桥梁,很多桥梁可能会坍塌,并带来严重的后果。"

其次,全数据的概念本身很难经得起推敲。全数据,顾名思义就是全部数据。这在某些特定的场合对于某些特定的问题确实可能实现。一方面,这个数据虽然是全数据,但仍然具有不确定性。另一方面,事物在不断地发展和变化。事物的发展充满了不确定性,而统计学,既研究如何从数据中把信息和规律提取出来,找出最优化的方案;也研究如何把数据当中的不确定性量化出来。

大数据和统计学之间是有密切联系的。首先,大数据虽然是通过巨型数据采集构成,构成主要涵盖非结构化数据和半结构化数据,和通常结构化数据不一样,但是它的根本依然没有离开数据的属性,统计学依然可以把大数据看做探究的主要方面。第二,大数据对于数据的通常处理过程是:搜集—统计解析—发掘—找到需要的信息,而统计活动的主要顺序则是:统计设计—数据采集—数据整理—数据解析—发现数量联系和规律,二者对于数据的处理方式在某些方面虽然有部分差异,但是基本过程也有很多相似的地方。第三,一方面统计学为大数据的研究提供基本方式,比如大量的观察、数据分组、相关解析等也是分析大数据的主要方式,另一方面因为在大数据探究和处理过程中应该借助新的信息技术,所以大数据的发展在很大范围里提升了统计学探究设施和方式,使现代信息设备和互联网技术在统计学的使用更加广泛。

大数据和统计学的主要差别体现在探究目标、数据处理对象和解析技艺上。大数据通过发现数据机遇和数据价值,寻求数据回报为最终目标,数据所触及的范围比较宽泛,运用遍布互联网、经济分析、财产管理、商业投资和医疗器械等方面,处理的数据主要是海量、全面性的非架构化数据和半结构化数据。然而统计学以发现数据后映射物体的自身关联和规律为目的,处理的数据主要为数量不大的结构化数据,使用概率论、非全面调查、抽样推断和相应回归解析等数理统计理论为探究方式。所以,相对于统计学,大数据不但在技术和工具的运用里更为全面和智能,和互联网技术的联结的也变的十分紧密,而且在所处理的数据种类和探究目标上都和统计学有所区别。

8. 大数据的处理、抽样与分析

(1)数据的预处理。大数据的预处理包括数据清洗、不完全数据填补、数据纠偏与矫正。利用随机抽样数据矫正杂乱的、非标准的数据源。统计机构的数据是经过严格抽样设计获取的,具有总体的代表性和系统误差小的优势,但是数据获取和更新的周期长,尽管调查项目有代表性,但难以无所不包。而互联网数据的获取速度快、量大、项目繁细,但是难以避免数据获取的偏倚性。将统计机构的数据作为金标准和框架对互联网数据进行矫正,将互联网数据作为补充资源对统计机构的数据进行实时更新。利用多源数据的重叠关系整合多数据库资源的方法,多种专题(panels)的数据可以相互联合,实现单一专题数据不能完成的目标。

(2)大数据环境的抽样。大数据的抽样方法目前还是有待研究的。"样本"不必使用所有"数据",不管锅有多大,只要充分搅匀,品尝一小勺就知道其滋味。针对大数据流环境,需要探索从源源不断的数据流中抽取足以满足统计目的和精度的样本。需要研究新的适应性、序贯性和动态的抽样方法。根据已获得的样本逐步调整感兴趣的调查项目和抽样对象,使得最近频繁出现的"热门"数据,也是感兴趣的数据进入样本。建立数据流的缓冲区,记录新发生数据的频数,动态调整不在样本中的数据进入样本的概率。

(3)大数据的分析与整合。针对大数据的高维问题,需要利用降维和分解的方法压缩大数据。直接对压缩的数据核进行传输、运算和操作,除了常规的统计分析方法,包括高维矩阵、降维方法、变量选择之外,还需要大数据的实时分析、数据流算法。

(4)网络图模型。网络图模型用图的结构描述高维变量之间的相互关系,包括无向图概率模型、贝叶斯网络、因果网络等。网络图模型是处理和分析高维大数据和多源数据库的有效工具。网络图模型可以用于分解大数据集合,处理多源数据库,利用局部数据,进行并行计算。网络图模型还可以引入隐变量简化复杂的关联关系。利用关联网络图进行基于关联关系的预测。

9. 大数据时代统计学面临的挑战

在大数据时代,数据分析的很多根本性问题和小数据时代并没有本质区别。当然,大数据的特点,确实对数据分析提出了全新挑战。一个新生事物的出现将必定导致传统观念和技术的革命。数码照相机的出现导致传统胶卷和影像业的已近消亡。如果大数据包含了所有父亲和儿子的身高数据,只要计算给定的父亲身高下所有儿子的平均身高就可以预测其儿子身高了。模型不再重要,当年统计学最得意的回归预测方法将被淘汰。大数据的到来将对传统的统计方法进行考验。统计学会不会象科学哲学那样,只佩戴着历史的光环,而不再主导和引领人们分析和利用大数据资源。现在其他学科和行业涌入大数据的热潮,如果统计学不抓紧参与的话,将面临着被边缘化的危险。

首先,改变统计学内容。当下统计学主要内容是概率论和数理统计、抽样抽查、统计形式和有关的统计运用学科,基本以结构化数据为主要的处理对象。许多传统统计方法应用到大数据上,巨大计算量和存储量往往使其难以承受;对结构复杂、来源多样的数据,如何建立有效的统计学模型也需要新的探索和尝试。对于新时代的数据科学而言,这些挑战也同时意味着巨大的机遇,有可能会产生新的思想、方法和技术。

其次,加强人才培养。依据大数据时代对数据处理高端人士素养和技术的需求,目前统计学的内容已经不可以满足非结构和半结构的海量数据探究和商业运用对人才培育的需求。所以,统计学的教育应该看清形势,以对统计专业人士的现实需要为核心,不停地提升原来的科目内容,开设新的课程,才可以确保教育内容跟上大数据时代前行的步伐。2015年教育部开设了"数据科学与大数据技术专业",首批只有北京大学、中南大学和对外经济贸易大学三所学校申报成功。随后很多院校先后开设与大数据相关的专业和课程。主要培养大数据科学与工程领域的复合型高级技术人才。

二、云能进行数学计算

云计算是并行计算、分布式计算、和网格计算的发展,或者说是这些计算科学概念的商业实现。云计算是虚拟化、效用计算、将基础设施作为服务、将平台作为服务和将软件作为服务等概念混合演进并跃升的结果。云计算对数学模型没有要求。

1. 云计算思想的产生

传统模式下,企业建立一套 IT 系统不仅仅需要购买硬件等基础设施,还有买软件的许可证,需要专门的人员维护。当企业的规模扩大时还要继续升级各种软硬件设施以满足需要。对于企业来说,计算机等硬件和软件本身并非他们真正需要的,它们仅仅是完成工作、提供效率的工具而已。对个人来说,我们想正常使用电脑需要安装许多软件,而许多软件是收费的,对不经常使用该软件的用户来说购买是非常不划算的。可不可以有这样的服务,能够提供我们需要的所有软件供我们租用?这样我们只需要在用时付少量"租金"即可"租用"到这些软件服务,为我们节省许多购买软硬件的资金。

我们每天都要用电,但我们不是每家自备发电机,它由电厂集中提供;我们每天都要用自来水,但我们不是每家都有井,它由自来水厂集中提供。这种模式极大得节约了资源,方便了我们的生活。面对计算机给我们带来的困扰,我们可不可以像使用水和电一样使用计算机资源?这些想法最终导致了云计算的产生。

云计算的最终目标是将计算、服务和应用作为一种公共设施提供给公众,使人们能够像使用水、电、煤气和电话那样使用计算机资源。

云计算模式即为电厂集中供电模式。在云计算模式下,用户的计算机会变的十分简单,或许不大的内存、不需要硬盘和各种应用软件,就可以满足我们的需求,因为用户的计算机除了通过浏览器给"云"发送指令和接受数据外基本上什么都不用做便可以使用云服务提供商的计算资源、存储空间和各种应用软件。这就像连接"显示器"和"主机"的电线无限长,从而可以把显示器放在使用者的面前,而主机放在远到甚至计算机使用者本人也不知道的地方。云计算把连接"显示器"和"主机"的电线变成了网络,把"主机"变成云服务提供商的服务器集群。

在云计算环境下,用户的使用观念也会发生彻底的变化:从"购买产品"到"购买服务"转变,因为他们直接面对的将不再是复杂的硬件和软件,而是最终的服务。用户不需要拥有看得见、摸得着的硬件设施,也不需要为机房支付设备供电、空调制冷、专人维护等等费用,并且不需要等待漫长的供货周期、项目实施等冗长的时间,只需要把钱汇给云计算服务提供商,我们将会马上得到需要的服务。

2. 概念

云计算的概念最初提出是在2001年,从云计算的概念提出至今,业界一直没有一个公认的定义。美国国家标准与技术研究院(NIST)定义:云计算是一种按使用量付费的模式,这种模式提供可用的、便捷的、按需的网络访问,进入可配置的计算资源共享池(资源包括网络,服务器,存储,应用软件,服务),这些资源能够被快速提供,只需投入很少的管理工作,或与服务供应商进行很少的交互。

云计算技术是将计算资源集中到一起,然后通过专门的管理软件实现自动管理,不需要人为的参与。当用户需要某种服务的时候,用户动态的向服务器申请部分资源,以支持各种应用程序的运转,用户方面无需为繁琐的细节而烦恼,如此使得用户能够更加专注于自己的业务,这样的话,就有利于提高工作效率、降低成本和技术创新,同时也提高了商业经营的敏捷性。

云计算常与网格计算、效用计算、自主计算相混淆。

网格计算:分布式计算的一种,由一群松散耦合的计算机组成的一个超级虚拟计算机,常用来执行一些大型任务;

效用计算:IT资源的一种打包和计费方式,比如按照计算、存储分别计量费用,像传统的电力等公共设施一样;

自主计算:具有自我管理功能的计算机系统。

事实上,许多云计算部署依赖于计算机集群(但与网格的组成、体系结构、目的、工作方式大相径庭),也吸收了自主计算和效用计算的特点。

3. 特点

云计算是通过使计算分布在大量的分布式计算机上,而非本地计算机或远程服务器中,企业数据中心的运行将与互联网更相似。这使得企业能够将资源切换到需要的应用上,根据需求访问计算机和存储系统。

好比是从古老的单台发电机模式转向了电厂集中供电的模式。它意味着计算能力也可以作为一种商品进行流通,就像煤气、水电一样,取用方便,费用低廉。最大的不同在于,它是通过互联网进行传输的。

被普遍接受的云计算特点如下:

超大规模、虚拟化、高可靠性、通用性、高可扩展性、按需服务、极其廉价、潜在的危险性。

4. 演化

云计算主要经历了四个阶段才发展到现在这样比较成熟的水平,这四个阶段依次是电厂模式、效用计算、网格计算和云计算。

电厂模式阶段:电厂模式就好比是利用电厂的规模效应,来降低电力的价格,并让用户使用起来更方便,且无需维护和购买任何发电设备。

效用计算阶段:在 1960 年左右,当时计算设备的价格是非常高昂的,远非普通企业、学校和机构所能承受,所以很多人产生了共享计算资源的想法。1961 年,人工智能之父麦肯锡在一次会议上提出了"效用计算"这个概念,其核心借鉴了电厂模式,具体目标是整合分散在各地的服务器、存储系统以及应用程序来共享给多个用户,让用户能够像把灯泡插入灯座一样来使用计算机资源,并且根据其所使用的量来付费。但由于当时整个 IT 产业还处于发展初期,很多强大的技术还未诞生,比如互联网等,所以虽然这个想法一直为人称道,但是总体而言"叫好不叫座"。

网格计算阶段:网格计算研究如何把一个需要非常巨大的计算能力才能解决的问题分成许多小的部分,然后把这些部分分配给许多低性能的计算机来处理,最后把这些计算结果综合起来攻克大问题。可惜的是,由于网格计算在商业模式、技术和安全性方面的不足,使得其并没有在工程界和商业界取得预期的成功。

云计算阶段:云计算的核心与效用计算和网格计算非常类似,也是希望 IT 技术能像使用电力那样方便,并且成本低廉。但与效用计算和网格计算不同的是,2014 年在需求方面已经有了一定的规模,同时在技术方面也已经基本成熟了。

三、雾计算

1. 雾计算的概念

雾计算的概念在 2011 年被人提出,在 2012 年被作了详细定义。正如云计算一样,雾计算也定义得十分形象。云是高高的天上,十分抽象,而雾则接近地面,与你我同在。雾计算没有强力的计算能力,只有一些弱的,零散的计算设备。雾是介于云计算和个人计算之间的,是半虚拟化的服务计算架构模型。当我们发现云计算时,开始时欢呼雀跃,但接下来却发现实施起来很困难,数据中心现有的发展阶段根本满足不了云计算这个高层计算算法,这就为雾计算的产生提供了空间。也有人提出云端计算,更加强调边缘计算设备的作用,其含义和雾计算都类似,都是希望计算要在物理节点上分散,而不是集中。

雾计算是以个人云,私有云,企业云等小型云为主,这和云计算完全不同。云计算是以 IT 运营商服务,社会公有云为主的。雾计算以量制胜,强调数量,不管单个计算节点能力多么弱都要发挥作用。云计算则强调整体计算能力,一般由一堆集中的高性能计算设备完成计算。雾计算扩大了云计算的网络计算模式,将网络计算从网络中心扩展到了网络边缘,从而更加广泛地应用于各种服务。

2. 雾计算的主要特点

雾计算有几个明显特征:低延时和位置感知,更为广泛的地理分布,适应移动性的应用,支持更多的边缘节点。这些特征使得移动业务部署更加方便,满足更广泛的节点接入。

3. 与云计算的区别

与云计算相比,雾计算所采用的架构更呈分布式,更接近网络边缘。雾计算将数据、数据处理和应用程序集中在网络边缘的设备中,而不像云计算那样将它们几乎全部保存在云中。数据的存储及处理更依赖本地设备,而非服务器。所以,云计算是新一代的集中式计算,而雾计算是新一代的分布式计算,符合互联网的"去中心化"特征。

雾计算不像云计算那样,要求使用者连上远端的大型数据中心才能存取服务。除了架构上的差异,云计算所能提供的应用,雾计算基本上都能提供,只是雾计算所采用的计算平台效能可能不如大型数据中心。

云计算承载着业界的厚望。业界曾普遍认为,未来计算功能将完全放在云端。然而,将数据从云端导入、导出实际上比人们想象的要更为复杂和困难。由于接入设备(尤其是移动设备)越来越多,在传输数据、获取信息时,带宽就显得捉襟见肘。随着物联网和移动互联网的高速发展,人们越来越依赖云计算,联网设备越来越多,设备越来越智能,移动应用成为人们在网络上处理事务的主要方式,数据量和数据节点数不断增加,不仅会占用大量网络带宽,而且会加重数据中心的负担,数据传输和信息获取的情况将越来越糟。

因此,搭配分布式的雾计算,通过智能路由器等设备和技术手段,在不同设备之间组成数据传输带,可以有效减少网络流量,数据中心的计算负荷也相应减轻。雾计算可以作为介于 M2M(机器与机器对话)网络与云计算之间的计算处理,以应对 M2M 网络产生的大量数据——运用处理程序对这些数据进行预处理,以提升其使用价值。

四、霾计算

有了上面的知识,那么"霾计算"就比较好理解了,可以简单理解为垃圾云或雾计算,因为云计算或者雾计算虽然概念先进,但也不是没有缺点。缺点主要有:隐私与安全的保障、网络延迟或者中断、应用软件性能不够稳定、数据可能不值得放在云上、规模过大难以扩展、缺乏人力资本等等。

霾计算的概念可以很好地形容比较差的云计算或者雾计算,如果"云"或"雾"提供的服务,存在着丢失泄露、传输不稳定、费用严重超支等问题,其优势则可能远不如对用户的伤害,恰如"霾"对人体健康的危害。

当然,无论是"云"还是"雾",都不想成为"霾"。但是以上这些问题却事实地存在着,如果得不到慎重的预防及认真的解决,它们随时可以把"云"或"雾"变成"霾"。目前云计算、雾计算方兴未艾,相关市场还很不成熟,随着云、雾计算的深入发展,各种问题也会接踵而来,如何预防、解决这些问题,却已经必须被提到日程表的重要位置了。但就目前的云计算安全问题来看,仍是非常棘手的全球性问题,目前很多云服务提供商还缺乏实际的安全规划。

对于明智的用户来说,无论身处"云"中还是"雾"中,都要做好防"霾"的准备。

第六节　没有度量的几何学——射影几何的产生

自然界中的物体都是立体的,而画家作画、建筑师绘图都是使用画布、墙壁、纸张这样的平面,如果要让画在平面上的物体具有凹凸不平的立体感,就得探讨人的视觉规律。

为此,数学家和艺术家们从不同角度研究投影的性质。达·芬奇首先提出了聚焦透视法,确切、形象地阐述了透视原理的基本思想。他强调,画画要画一只眼睛看到的景物,从景物的每一个能看到的点发出的光线进入人的眼睛,经过瞳孔的折射,最后在视网膜上形成物体的影像。

假如在人们眼睛与景物之间放一片透明薄膜,从景物的各点进入眼睛的每一条光线,穿过这张薄膜时形成点,所有这些点的集合就形成了景物在薄膜上的像。整个这一过程就叫透视,几何学上称为中心射影。

射影几何就是研究图形在中心射影下位置关系的学科。这门新学科广泛应用于航空摄影、绘画测量等领域。射影几何的某些内容在公元前就已经出现了,基于绘图学和建筑学的需要,古希腊几何学家就开始研究透视法,也就是投影和截影。早在公元前 200 年左右,阿波罗尼奥斯就曾把二次曲线作为正圆锥面的截线来研究。在 4 世纪帕普斯的著作中,出现了帕普斯定理。但射影几何直到 19 世纪才形成独立体系,趋于完备。它的发现是许多数学家相继努力的结果。

一、达·芬奇

射影几何的最早起源是绘画。达·芬奇是一位思想深邃,学识渊博,多才多艺的画家、发明家、哲学家、音乐家、医学家、建筑和军事工程师。他广泛地研究与绘画有关的光学、数学、地质学、生物学等多种学科。

在《绘画专论》一书中,他对透视法作了详尽的论述。他的代表作《最后的晚餐》是基督教传说中最重要的故事。这幅画就是严格采用透视法的。

在数学方面,他巧妙地用圆柱滚动一周的方法解决了化圆为方的难题,另外他还研究过等腰梯形、圆内接多边形的作图,四面体的重心等。

此外,达·芬奇还发现了液体压力的概念,提出了连通器原理。达·芬奇在生理解剖学上也取得了巨大的成就,被认为是近代生理解剖学的始祖。他绘制了比较详细的人体解剖图。

在建筑方面,达·芬奇也表现出了卓越的才华。他设计过桥梁、教堂、城市街道和城市建筑。达·芬奇的研究和发明还涉及到了军事领域。他发明了簧轮枪、子母弹、三管大炮、坦克车、浮动雪鞋、潜水服及潜水艇、双层船壳战舰、滑翔机、直升飞机和旋转浮桥等。

看过《达·芬奇密码》的人大概都知道达·芬奇密码筒。达·芬奇设计的这种密码筒造型古典,内涵着文艺复兴特质,设计优雅。要打开密码筒,必须解开一个 5 位数的密码,密码筒上有 5 个转盘,每个转盘上都有 26 个字母,可能作为密码的排列组合多达 11881376 种。

达·芬奇长达 1 万多页的手稿(现存约 6000 多页)至今仍在影响着科学研究。达·芬奇被誉为"艺术家中的科学家,科学家中的艺术家"。

二、笛沙格的新思想

1639 年,自学成才的法国建筑师笛沙格提出一个新观点:由中心射影可以推出,两条平行线应在无穷远处相交。他称平行线的交点为理想点,并把添进了理想点的欧氏空间(直线或平面)叫做射影空间。

笛沙格认为,在射影空间里,无论是抛物线、椭圆,还是双曲线都能由最简单的圆锥曲线——圆经中心射影得到,因此,只须从圆出发便能了解所有圆锥曲线的性质。这种研究圆锥曲线的独特而巧妙的方法,是笛沙格的创新。

笛沙格发现的定理:"如果两个三角形对应边的交点共线,那么这两个三角形的对应顶点的连线共点",被认为是射影几何中最漂亮的定理。该定理以他的名字命名。

设有点 O(见图 6 - 30)及三角形 ABC,则 OB,OC,OA 可看作三条投影线,ABC 的一个截景为 $A'B'C'$,其中 A 与 A'对应,B 与 B'对应,C 与 C'对应. 显然,AA',BB' 和 CC'交于一点 O,设 AB 与 $A'B'$交于 Q,AC 与 $A'C'$交于 P,BC 与 $B'C'$交于 R,笛沙格证明了:Q,P,R 必在一条直线上。这就是著名的笛沙格定理,逆定理也同样成立。

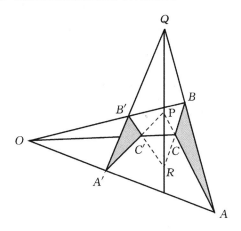

图 6 - 30 笛沙格定理

笛沙格的创造性工作在射影几何发展过程中具有决定性意义,但由于同时代人热衷于笛卡尔的解析几何,加之他在著作中使用了些古怪术语,所以当时没人能接受他的新思想,他的著作很快全部流失。200 多年之后,法国几何史专家沙尔偶然得到一本手抄本,才使其功绩得以肯定。

三、帕斯卡的神秘六边形

差不多与笛沙格同时,对射影几何作出重要贡献的是数学天才帕斯卡。1623 年,他出生在法国克勒芒,小时候虽体弱多病,却很早就显出非凡的数学才能。父亲不让小帕斯卡过早接触数学,怕过度紧张的思考损害他的健康,将所有的数学书籍都藏起来。

严格的禁令反而激发了小帕斯卡的好奇心,12岁时他问父亲:"几何学究竟是什么?"

父亲回答说:"几何学是一门提供正确作图,并找出各图形之间存在的关系的学科。"说完马上强调以后再不能谈论数学问题了。

然而帕斯卡听了父亲的谈话后,激动的心情不能自已。他自立定义,把欧氏几何中的线段叫"棒棒",圆叫"圈圈",整日迷恋着棒棒和圈圈组成的图形。当父亲知道他自行证明,独立地发现了三角形的内角和定理时,不禁惊喜交加,叹服他的几何才能,从此不再阻止他学习数学了,还送给他一部《几何原本》。

从14岁起,帕斯卡经常随父亲参加巴黎一群数学家的每周聚会(法国科学院就是从这发展起来的),耳濡目染,使帕斯卡在科学之路上迅速成长。1639年,当笛沙格构造的射影空间遭非议,受排斥时,只有帕斯卡为其新思想所吸引。他用笛沙格的射影观点研究圆锥曲线,得到许多令人欣喜的新发现。

1640年,16岁的帕斯卡发表了《试论圆锥曲线》的8页论文,文中包含了三条定义,三个引理和一些定理。其中一个定理被认为是射影几何上最重要的定理:"圆锥曲线的内接六边形,延长相对的边得到三个交点,这三点必共线"。如图6-31所示,P,Q及R在同一直线上。若六边形的对边两两平行,则P,Q,R在无穷远线上。该定理命名为帕斯卡定理,定理中的六边形叫做"神秘六边形"。据说帕斯卡从这个定理导出了400多条推论。帕斯卡定理向人们展示了射影几何深刻、优美的直观魅力,其宏伟壮观的气势令人惊叹!

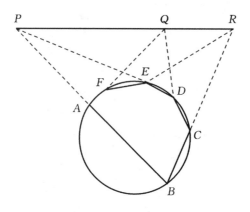

图6-31　帕斯卡定理

作为笛卡尔的学生,在解析法风靡一时,同时代人都不愿意接受射影观点的潮流下,帕斯卡独树一帜,用纯几何的方法发现了神秘六边形,取得了自古希腊阿波罗尼斯以来研究圆锥曲线的最佳成果,为射影几何大厦奠定了基石。帕斯卡的精神难能可贵。据说笛卡尔读了他的著作后大为叹服,竟不相信是出自自己的学生,一位16岁少年之手。

四、一度沉沦又复兴

受解析几何与微积分巨浪的冲击,射影几何未及发展就被压了下去,衰落了200多年。直到19世纪初,一批几何学家为复兴射影几何大声疾呼,不断推出令人瞩目的研究成果,才使之发展完善、日趋成熟。

为复兴射影几何作出杰出贡献的第一人是法国数学家彭色列。1812年他在参加拿破仑的俄罗斯之战时不幸被俘入狱。他在狱中凭记忆构思了巨著《论图形的射影性质》,此书于1822 年出版,彭色列在他的著作中分离出了几何图形的一类射影性质,找到了考察射影空间内部结构的两个特殊工具——对偶原理和连续原理。这部著作是几何学上的一个里程碑,给射影几何的研究以巨大的动力,开创了射影几何史上的黄金时代。

史坦纳是从一个识字不多的瑞士牧羊儿成长起来的世界知名的几何学者。他最先接受彭色列的观点,在其主要著作《论几何映射的系统分析》中,阐述了运用射影概念从简单图形出发构成复杂图形的原理,同时注重图形分类和对偶命题,从而系统地发展了射影几何。

德国的几何学家斯陶特对射影几何的基本概念"交比"作了深入的研究。他在《位置几何学》里提出了称之为"投"的作图方法,第一个给出交比不依赖于长度的定义,从而建立了射影几何的基本工具,使这门几何分支从基础到上层建筑都体现出"没有度量"的纯射影特点。斯陶特的功绩使射影几何得以更迅速的发展。

奇妙无比的莫比乌斯带是德国数学家莫比乌斯发现的射影平面的模型,它使射影空间形象生动不再抽象。莫比乌斯是用代数法研究射影几何的代表。他在著作《重心计算》中,从一个固定三角形出发,用重心概念引出了平面上点的齐次坐标的定义,建立起射影坐标系,为用代数方法研究射影几何提供了可能。

以彭色列为首的一大批几何学家的共同努力,迎来了 19 世纪射影几何蓬勃发展的春天。新概念、新思想层出不穷,新发现、新成果激动人心。射影几何以其直观优美、宏伟深刻的新姿独领风骚,一朵颓萎了 200 多年的蓓蕾终于开出了艳丽之花!

五、基本内容

概括的说,射影几何学是几何学的一个重要分支学科,它是专门研究图形的位置关系的,也是专门用来讨论在把点投影到直线或者平面上的时候,图形的不变性质的科学。

(1)中心射影:设空间两个平面 Ⅱ 和 Ⅱ′(彼此不一定平行),在两个平面外取一点 O,在 Ⅱ 上任取一点 A,连接 OA 并延长,交 Ⅱ′ 上一点 $A′$。这样 Ⅱ 与 Ⅱ′ 间的对应就实现了平面到平面的中心射影。点 O 称为射影中心,AO 叫射影线,Ⅱ′ 称为在这些射影下的像,Ⅱ 称为的原像。当然,这个对应也可以看成是平面 Ⅱ 到平面 Ⅱ′ 的中心射影。

(2)平行射影:用一组平行直线作射影线,建立平面 Ⅱ 上的点与 Ⅱ′ 上的点的一一对应,就得到了两平面间的平行射影。

用同样的方法可以得到平面 Ⅱ 上的一条直线 l 到平面 Ⅱ′ 上的直线 $l′$ 间的中心射影、平行射影以及同一平面上两条直线间的点与点之间的射影。用单个的中心射影或平行射影把图形 l 变成 $l′$ 的变换,称为透视变换。用一系列有限次这样的射影把一个图 F 变成 $F′$ 的任何变换称为射影变换,显然,射影变换是一串透视变换所构成的透视链。

全体射影变换构成射影变换类,或称为射影变换"群"。群这个术语,当它应用于变换类时是指连续应用某一变换类中的两个变换,相当于该类中的一个变换,而且该类中的每一个变换的逆变换仍属于该类。

在射影几何里,把点和直线叫做对偶元素,把"过一点作一直线"和"在一直线上取一点"叫做对偶运算。在两个图形中,把其中一图形里的各元素改为它的对偶元素,各运算改为它的对偶运算,结果就得到另一个图形。这两个图形叫做对偶图形。在一个命题中叙述的内容只是关于点、直线和平面的位置,可把各元素改为它的对偶元素,各运算改为它的对偶运算的时候,结果就得到另一个命题。这两个命题叫做对偶命题。

对偶原理:在射影平面上,如果一个命题成立,那么它的对偶命题也成立,这叫做平面对偶原则。同样,在射影空间里,如果一个命题成立,那么它的对偶命题也成立,叫做空间对偶原则。

射影变换有两个重要的性质:

(1)同素性。即点的射影像仍然是点,直线的射影像仍然是直线。

(2)点和线的结合性(或称关联性)不变。即若点 A 在直线 l 上,则在某一射影变换下,点 A 的像 A' 也一点在直线 l' 的像上。这表明,共线点仍变成共线点,共点线仍变成共点线。因此。关联、共线、共点都是射影性质。相反,线段的长度,角度,线段长度的比等都不是射影不变量。

例如在图 6 - 32 图形中,S 为中心点,从 S 画出四条射线组成一个固定的线束。另一条直线与线束分别交于 A、B、C、D。$AB/CD:AD/BC$ 或 $AB \cdot CD/BC \cdot AD$ 叫做这个线束上的交比。不论直线 L 怎样取法(如 l'),只要线束固定,交比的值总是不变的。交比的不变性,就是射影变换下不变性质中最基本一种性质。射影几何里许多重要的性质都是从交比性质推导出来的。

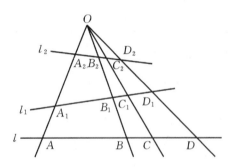

图 6 - 32

如果就几何学内容的多少来说,射影几何学<仿射几何学<欧氏几何学,这就是说欧氏几何学的内容最丰富,而射影几何学的内容最贫乏。比如在欧氏几何学里可以讨论仿射几何学的对象(如简比、平行性等)和射影几何学的对象(如四点的交比等),反过来,在射影几何学里不能讨论图形的仿射性质,而在仿射几何学里也不能讨论图形的度量性质。

第七章　神秘的分形与混沌

分形与混沌是近几年发展起来的两个相互联系密切的新兴学科，它们是复杂多变的自然界的真实反映，是非线性科学的重要组成部分。

第一节　几何怪物——分形

一、几个现象

1. 英国的海岸线有多长？

在 20 世纪 70 年代，美籍法国数学家和计算机专家曼德勃罗（Mandelbrot）在他的著作中探讨了"英国的海岸线有多长"这个问题。

这依赖于测量时所使用的尺度。如果用公里作测量单位，从几米到几十米的一些弯折会被忽略；改用米来做单位，测得的总长度会增加，但是一些厘米量级以下的就不能反映出来。由于涨潮落潮使海岸线的水陆分界线具有各种层次的不规则性。海岸线在大小两个方向都有自然的限制，取不列颠岛外缘上几个突出的点，用直线把它们连起来，得到海岸线长度的一种下界。使用比这更长的尺度是没有意义的。还有海沙石的最小尺度是原子和分子，使用更小的尺度也是没有意义的。在这两个自然限度之间，存在着可以变化许多个数量级的"无标度"区，长度不是海岸线的定量特征，就要用分数维。

2. 几个图形

Cantor 集 C，也叫康托尔粉尘，这是康托尔 1883 年创造的，如图 7 - 1 所示。它既不满足某些简单条件的点的轨迹，也不是一个简单的方程的解集。它是一个新的几何对象。

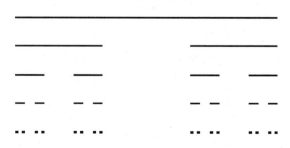

图 7 - 1　康托尔粉尘

谢尔平斯基（Sierpinski）垫片。波兰数学家谢尔平斯基于 1916 年提出的一种分形图形，如图 7 - 2 所示。

图 7-2　谢尔平斯基垫片

Koch 雪花(见图 7-3)。瑞典人科赫于 1904 年提出著名的 Koch 雪花。这个曲线的特点是:周长无限增大;曲线围成的图形的面积是一个定值;曲线处处连续,但处处不可导。

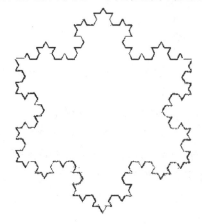

图 7-3　kod 雪花

曼德尔布罗特(B. B. Mandelbrot)集合(见图 7-4)。复函数 $f(z)$ 作迭代映射。

$$f(z) = z^2 + C$$

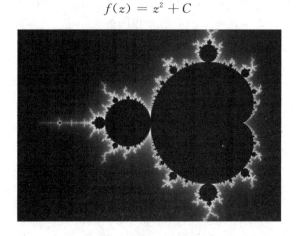

图 7-4　曼德尔布罗特集合

康托尔粉尘和谢尔平斯基垫片以自然界中弯弯曲曲的海岸线、起伏不平的山脉,粗糙不堪的断面,变幻无常的浮云,九曲回肠的河流,纵横交错的血管,令人眼花缭乱的满天繁星等。怎么描述它们的特征、维数?怎么用计算机模拟?

它们同样具有共同特点:局部与整体的相似——自相似性。

二、分形几何

1. 分形几何的产生

经典几何在人类社会的发展中占据的重要性已经由人类文明历史中得到了证明。经典几何的研究对象主要是点、线、面之间的关系。进入 20 世纪后,科技迅猛发展,人们对物质世界以及人类社会的认识有了重新的看法。许多对象已经很难用经典几何研究。

19 世纪末,20 世纪初。数学家讨论了一些特殊的集合(图形),如 Cantor 集,Koch 曲线等。这些在连续观念下的"病态"集合往往以反例的形式出现在在不同的场合,其深层次的含义没有被人们发现理解。

1973 年,曼德勃罗在法兰西学院讲课时,首次提出了分数维和分形几何的设想。1975 年,曼德勃罗在《分形对象:形,机遇和维数》一书中首次应用分形一词。分形(fractal)这个词源于这本书。它是从意思是"不规则的或者断裂的"拉丁语"fractus"派生出来的。

2. 什么是分形

我们很难给出分形的定义,但我们认为一个分形集合应该有如下的特征:(1)具有无限精细的结构;(2)比例的自相似性;(3)一般情况下,它的分数维数大于它的拓扑维数;(4)可以有非常简单的方法,并由递归迭代产生。

上述(1)、(2)两项说明分形在结构上的内在规律性。自相似性是分形的灵魂,自相似性使得分形的任何一个片段都包含了整个分形信息。第(3)项说明了分形的复杂性。第(4)项则说明了分形的生成机制。

分形几何学的基本思想是:客观事物具有自相似的层次结构,局部与整体在形态、功能、信息、时间、空间等方面具有统计意义上的相似性,成为自相似性。例如,一块磁铁中的每一部分都象整体一样具有南北两极,不断分割下去,每一部分都具有和整体磁铁相同的磁场。这种自相似的层次结构,适当的放大或缩小几何尺寸,整个结构不变。分形几何的研究对象是自相似集。

3. 分形的维数

维数是几何对象的一个重要特征量,它是几何对象中一个点的位置所需的独立坐标数目。在欧氏空间中,人们习惯把空间看成三维的,平面或球面看成二维,而把直线或曲线看成一维。(有长度没面积的叫曲线,可以看作一维,有面积没体积的叫曲面,可以看作二维,有体积的,那是三维的)也可以稍加推广,认为点是零维的,还可以引入高维空间,对于更抽象或更复杂的对象,只要每个局部可以和欧氏空间对应,也容易确定维数。但通常人们习惯于整数的维数。

维数与测量有密切关系。测量一个几何图形时要用一个与图形的维数 d 相一致的单位"l"去测量,才会有确定的结果。例如,测量体积要用立方体的体积 l^3 为单位,测量面积要用正方形的面积 l^2,测量长度要用线段长度 l 为单位。如果"单位"的维数 n 与几何图形的维数 d 不相等的话,这个"单位"不能用来测量几何图形。

通俗的讲,我们首先画一个线段、正方形和立方体,它们的边长都是 1。将它们的边长二等分,此时,原图的线度缩小为原来的 $\frac{1}{2}$,而将原图等分为若干个相似的图形。其线段、正方形、立方体分别被等分为 2^1、2^2、2^3 个相似的子图形,其中的指数 1、2、3,正好等于与图形相应的经验维数。

曼德勃罗发明了"分数维"的概念,来定量地度量事物的不规则性和碎裂程度,即在不同比例尺下事物的自相似性。

分形理论认为维数也可以是分数,这类维数是物理学家在研究混沌吸引子等理论时需要引入的重要概念。为了定量地描述客观事物的"非规则"程度,1919 年,数学家从测量的角度引入了维数概念,将维数从整数扩大到分数,从而突破了一般拓扑集维数为整数的界限。

定义:一般说来,如果一个自相似的某图形是由把原图缩小为 $\frac{1}{a}$ 的相似的 b 个图形所组成,有 $a^D = b$,$D = \dfrac{\lg b}{\lg a}$,则 D 称为自相似维数。

目前已算出的自然分形和人工分形的分数维数

海岸线的维数 $1 < D < 1.3$

山地表面的维数 $2.1 < D < 2.9$

河流水系的维数 $1.1 < D < 1.85$

云的维数目前已算出的自然分形和人工分形的分数维数 $D = 1.35$

金属断裂的维数 $1.25 < D < 1.29$

人脑表面维数 $2.73 < D < 2.79$

人肺的维数 $D = 2.17$

分形虽复杂,但其复杂程度却可以用非整数维去定量化。

4. 分形几何与经典几何的区别

经典几何是建立在公理之上的逻辑体系,其研究的是在旋转、平移、对称变换下各种不变的量,如角度、长度、面积、体积,其适用的对象是规则、平整、光滑的。

分形几何与传统几何相比有以下特点:

(1)从整体上看,分形几何图形是处处不规则的。例如,海岸线和山川形状,从远距离观察,其形状是极不规则的。

(2)在不同尺度上,图形的规则性又是相同的。上述的海岸线和山川形状,从近距离观察,其局部形状又和整体形态相似,它们从整体到局部,都是自相似的。当然,也有一些分形几何图形,它们并不完全是自相似的。其中一些是用来描述一般随即现象的,还有一些是用来描述混沌和非线性系统的。

分形作为一种新概念、新方法,正在许多领域开展应用探索。美国著名物理学家惠勒说过:今后谁不熟悉分形,谁就不能被称为科学上的文化人。

三、分形图形

分形图形同常见的工程图迥然不同,分形图形一般都有自相似性,这就是说如果将分形图形的局部不断放大并进行观察,将发现精细的结构,如果再放大,就会再度出现更精细的结构,可谓层出不穷，永无止境，如图 7-5 所示。艺术家在分形画面的不同区域涂上不同的色彩，展现在我们面前的，将会是非常美丽的画面。以德国布来梅大学的数学家和计算机专家佩欧根与雷切特等为代表，在当时最先进的计算机图形工作站上制作了大量的分形图案；首先在西方发达国家，接着在中国，分形逐渐成为脍炙人口的词汇，甚至连十几岁的儿童也迷上了计算机上的分形游戏。我国北京的北方工业大学计算机图形学小组于 1992 年完成了一部计算机动画电影《相似》，这部电影集中介绍了分形图形的相似性，这也是我国采用计算机数字技术完成的第一部电影，获得当年电影电视部颁发的科技进步奖。

　　网上有很多"分形图画软件"可以下载，比如说"chaospro"、"Ultra Fractal"、"Tiera—zon"等等，稍经学习，普通人就可以做出让人惊艳的分形美图，如图 7-5 所示。不过类似的软件，很多都有点"走火入魔"的味道。它们只是用了部分的分形算法，在很大程度上都任由艺术家随意发挥，所以由此生成的图片常常连大体的"自相似"都做不到。

图 7-5　分形图

第二节　奇哉混沌

一、奇哉混沌

1. 蝴蝶效应

什么是蝴蝶效应？先从美国麻省理工学院气象学家洛伦兹的发现谈起。1963 年,为了预报天气,他用计算机求解仿真地球大气的 13 个方程式。为了更细致地考察结果,他把一个中间解 0.506 取出,将提高精度的值 0.506127 再送回。而当他喝了杯咖啡以后回来再看时竟大吃一惊:本来很小的差异,结果却偏离了十万八千里! 计算机没有毛病,于是,洛伦兹认定,他发现了新的现象:"对初始值的极端不稳定性",即:"混沌"。1979 年 12 月,洛伦兹在美国科学促进会的一次演讲中提出:一只蝴蝶在巴西拍拍翅膀,将使美洲的德克萨斯州引起一场龙卷风! 从此,"蝴蝶效应"之说就不胫而走,成为大家耳熟能详的普通名词。

这个发现非同小可,以致科学家都不理解,几家科学杂志也都拒登他的文章,认为"违背常理":相近的初值代入确定的方程,结果也应相近才对,怎么能大大地远离呢?

2. 混沌

混沌的原意是指无序和混乱的状态(混沌译自英文 Chaos)。这些表面上看起来无规律、不可预测的现象,实际上有它自己的规律。

科学家给混沌下的定义是:混沌是指发生在确定性系统中的貌似随机的不规则运动,一个确定性理论描述的系统,其行为却表现为不确定性、不可重复、不可预测,这就是混沌现象,不是来自外部干扰,而是来源于内。进一步研究表明,混沌是非线性动力系统的固有特性,是非线性系统普遍存在的现象。牛顿确定性理论能够充分处理的多维线性系统,而线性系统大多是由非线性系统简化来的。因此,在现实生活和实际工程技术问题中,混沌是无处不在的!

3. 混沌的特点

(1)确定系统的内在随机性

混沌现象是由系统内部的非线性因素引起的,是系统内在随机性的表现,而不是外来随机扰动所产生的不规则结果。混沌理论的研究表明,只要确定性系统中有非线性因素作用,系统就会在一定的控制参数范围内产生一种内在的随机性,即确定性混沌。

混沌现象是确定性系统的一种"内在随机性",它有别于由系统外部引入不确定随机影响而产生的随机性。为了与类似大量分子热运动的外在随机性和无序性加以区别,我们称所研究的混沌为非线形动力学混沌,而把系统处于平衡态时究所呈现的杂乱无章的热运动混乱状态称为平衡态热力学混沌。

它们间的重要差别在于:平衡态热力学混沌所表现出的随机现象是系统演化的短期行为无法确定。比如掷骰子,第一次掷的结果就无法确定,而长期则服从统计规律;非线形动力学混沌则不然,系统的短期演化结果是确定的,是可以预测的;只有经过长期演化,其结果才是不确定的,不可预测的。比如天气预报,三天以内的天气状况是可以预测的,三天以后的就无法预测了。

（2）对初值的敏感性

这是混沌系统的典型特征。意思是说，初始条件的微小差别在最后的现象中产生极大的差别，或者说，起初小的误差引起灾难性后果。洛伦兹在他的天气模型中发现了这一特性。

我们可以用在西方流传的一首民谣对此作形象地说明。这首民谣说：丢失一个钉子，坏了一只蹄铁；坏了一只蹄铁，折了一匹战马；折了一匹战马，伤了一位骑士；伤了一位骑士，输了一场战斗；输了一场战斗，亡了一个帝国。马蹄铁上一个钉子是否会丢失，本是初始条件的十分微小的变化，但其"长期"效应却是一个帝国存与亡的根本差别。这就是军事和政治领域中的所谓"蝴蝶效应"。有点不可思议，但是确实能够造成这样的恶果。一个明智的领导人一定要防微杜渐，看似一些极微小的事情却有可能造成集体内部的分崩离析，那时岂不是悔之晚矣？横过深谷的吊桥，常从一根细线拴个小石头开始。有些小事可以糊涂，有些小事如经系统放大，则对一个组织、一个国家来说是很重要的，就不能糊涂。2004 年好莱坞就有部影片以其为根据片名叫《蝴蝶效应》。信息从小尺度传向大尺度，把初始的随机性放大。在社会经济活动中，某些因素可促使成千上万个业主一夜之间改变策略，从而导致经济形势的巨变，我们至少从 1997 年东南亚金融危机中感到了这一点。

（3）非平衡过程产生的混沌是一种"奇异吸引子"

任何物理理论，在一定意义上都是研究物质在时空中运动的规律。一个物质系统的运动将向何处？它有没有一定的归宿？是返回原状态，还是会达到某种新的稳定状态？这是人们感兴趣的课题。

例如单摆运动，如果没有摩擦或其他消耗（保守系统），单摆将周而复始地摆下去，运动永不停止。如果有摩擦（耗散系统），振动将逐渐减小，最终将停在中间位置，这个状态（不动点）就叫做一个吸引子。耗散系统最终要收缩到相空间的有限区域即吸引子上。0 维的吸引子是一个不动点，一维是一个极限环，二维是一个面，等等。这些吸引子通常叫做普通吸引子或平凡吸引子。混沌状态也是非平衡非线形系统演化的一种归宿，它相当于一个吸引子，它是耗散运动收缩到相空间有限区域的一种形式。

但与平凡吸引子相比，它又有一些奇特的性质。系统在吸引子外的所有状态都向吸引子靠拢，这是吸引作用，反映系统运动"稳定"的一面；而一旦到达吸引子内，其运动又是互相排斥的，这对应着不稳定的一面。也可以说在整体上是稳定的，而在局部上是不稳定的。在混沌区内，两个靠的很近的点，随着时间的推移会指数发散开来；两个相距很远的点，有可能无限的接近；它们将在混沌区中自由的游荡，又不跳出混沌区去，因此无法描写它们的"轨迹"，无法预测其未来的状态。1971 年，法国物理学家茹勒和泰肯首次把混沌的这种性质叫奇异吸引子或奇怪吸引子

（4）混沌区具有分数维数

奇异吸引子往往具有分数维数。系统到达混沌区后，被限制在奇异吸引子内。在吸引子中，可以到处游荡，各态历经，但其轨道又不能充满整个区域，它们彼此间有无穷多的空隙。

（5）混沌区具有无穷嵌套的自相似结构

在混沌区内，从大到小，一层一层类似洋葱头或套箱，具有自相似结构。这些自相似结构无穷无尽的互相套叠，从而形成了"无穷嵌套的自相似结构"。我们任取其中一小单元，放大来看都和原来混沌区一样，具有和整体相似的结构，包含整个系统的"信息"。由此可见，混沌现象既具有紊乱性，又具有规律性。

4. 混沌学的意义

混沌学的任务:就是寻求混沌现象的规律,加以处理和应用。

20世纪60年代混沌学的研究热悄然兴起,渗透到物理学、化学、生物学、生态学、力学、气象学、经济学、社会学等诸多领域,成为一门新兴学科。

混沌的发现和混沌学的建立,同相对论和量子论一样,是对牛顿确定性经典理论的重大突破,为人类观察物质世界打开了一个新的窗口。所以,许多科学家认为,20世纪物理学永放光芒的三件事是:相对论、量子论和混沌学的创立。

二、混沌与分形的关系

在非线性科学中,分形于混沌有着不同的起源,但它们又都是非线性方程所描述的非平衡的过程和结果,这表明它们有着共同的数学祖先——动力系统,混沌吸引子就是分形集,或者说混沌是时间上的分形,而分形是空间上的混沌。混沌事件在不同的时间标度下表现出相似的变化模式,这与分形在空间标度下表现出的自相似性十分相像。

混沌主要讨论非线性动力学系统的不稳定、发散的过程,但系统在相空间总是收敛于一定的吸引子,这与分形的生成过程十分相像。因此,如果说混沌主要研究非线性系统状态在时间上演化过程的行为特征,那么分形则主要研究吸引子在空间上的结构。

混沌运动的随机性与初始条件有关;而分形结构的具体形式或其无规则性也与初始状态有密切关系。混沌吸引子与分形结构都具有自相似性。所以,它们是从不同侧面来研究同一个问题的。

分形来自于几何学的研究,而混沌则产生于物理学的研究。动力系统存在着混沌必须满足的三个条件:初始条件的敏感依赖性,拓扑传递性质和周期点的稠密性。对应物理学中产生混沌现象的三个条件:不可预测性,不可分解性以及有一定的规律成分。

分形与混沌的起源不同,发展过程也不同。但是它们的研究内容从本质上讲存在着极大的相似性,混沌主要在于研究过程的行为特征,分形更注重于吸引子本身结构的研究。混沌吸引子就是分形集,分形集就是动力系统中那些不稳定轨迹的初始点的集合。或者说混沌是时间上的分形,而分形是空间上的混沌。混沌事件在不同的时间标度下表现出相似的变化模式,这与分形在空间标度下表现出的自相似性十分相像。

用一句话来说明它们的关系:混沌是时间上的分形,分形是空间上的混沌。

三、分形、混沌的应用

分形、混沌理论的应用范围越来越来广泛,涉及哲学、数学、物理学、化学、冶金学、材料学、计算机科学、生物学、心理学、人口学、情报学、天文学、医学、美学、电影学、制图学、经济学神经网络、模糊分析,人工智能等。

1. 分形与石油

分形几何的思想为被复杂现象所困扰的石油工程师们带来了新鲜的空气和锐利的武器,根本上是因为分形对象具有相似性或遵从标度率。这包含两层意思:首先,遵从分形表度率的油藏,其物性具有长程相关性,这意味着可以用局部区域的少量数据描述大块区域的性质;第二,小区域和大区域的数据之间可以通过与自相似变化相应的简单迭代联系起来,因而和传统的方法相比分形方法实质上就更简单、快捷,特别是当采集到的数据不全甚至很少时,传统方法寸步难行,而分形方法可以大显身手。

例如,边远地区(如沙漠)和海洋地区钻井成本极其昂贵,怎样才能以少量探井查明勘探地区的地质和物性分布情况。石油开采工作中弄清储集层非均匀性已经成为提高采收率的关键。如果使用现行实践的方法,需要 20~30 口井的资料才能描绘出地层物性剖面,但使用分形方法却只需要 2~3 口井的资料就可以达到同样的目标。

近年来,分形几何在石油地质、岩石物性、石油勘探、开发和运输诸方面已经得到广泛应用,许多研究成果已取得了十分明显的经济效益。我国许多石油科技工作者在积极开展分形应用研究的工作中,也已经取得了一批很有意义的成果,这更进一步证明了分形几何这门学科的强大威力。

2. 分形与经济研究

分形在经济学领域能够得到广泛应用,必然有传统经济方法无可比拟的优势。

(1)可以不依附于主流经济研究方法

主流经济学研究方法有两个最主要的特点,其一是用货币将经济问题定量化。不可用货币数量表达的经济问题,尽管对经济有重大影响,比如政治问题,被排除在"纯粹"经济学的范畴之外;其二是经济现象的"渐进"性可以用数学中的连续函数来表达。用数学术语说是"可微分"的。经济学研究方法似乎不如此就不正宗,就会被排斥于"主流"之外。

然而,用主流经济学方法对现实经济生活进行研究的准确性是值得怀疑的。首先,经济学的一些问题(如优化问题)本身就不需要引入定量化研究,也不需要以货币形式来表达。其次,各种经济现象不可能全部用货币数量来表达,例如,在一个经济体中,我们必须承认社会的一切要素都与经济有关,政治和人们的经济行为动机无疑是影响宏观和微观经济发展的变数之一,但它们却不能用数量形式来表达。再次,经济现象所表现出来的"连续性"是值得怀疑的。正如马克思指出的那样,"经济人"的身份属性是不同的,"消费需求"上如果大致可以看作"连续"的话,那么各种身份在"生产需求"上的动机是截然不同的,"不连续"的现象是非常明显的。这说明西方社会所谓的主流经济学研究方法有明显的理论缺陷,尤其是在研究社会现象及微观行为"动机"等领域的时候更是无能为力。

经济学分形理论及其方法的引入,直接从非线性复杂系统的本身入手,从未简化和抽象的研究对象本身去认识事物,使人们对整体与部分的思维方法由线性发展到非线性,解释了貌似混乱、无规则、随机现象的内部规律,恰能分析传统方法所不能研究的那些处处不光滑、处处不可微、支离破碎的、混乱的一大类极其复杂的经济现象的"形状和结构"。例如,受政策方面的影响,中国的股票指数在市场发展过程中时常大起大落,不能客观地预测和反映其自身与宏观经济之间的规律。股指走势虽然呈现出不规则且不均匀的形态,但各阶段股票指数的形态却存在着相似性。目前,一些研究已经运用多标度分形方法刻画出这类市场波动的复杂特征,弥补了传统风险刻度指标在有效市场条件下的不足,从而有利于指导投资者的投资行为以及政府经济调控部门的风险管理工作。

(2)能模拟和再现复杂经济现象的系统特征

与其他社会科学一样,经济学的思想都是从局部的、实证性的探索中发展起来的。经济学家们愿意将复杂的经济现象分解成独立单元的集合,通过内省、演绎及逻辑推理等方法得出一些整体性的结论,并试图将经济学的微观分析与宏观分析进行有效的统一。然而,经济学研究的微观分析与宏观分析相统一并不那么简单,尤其是不能用单一的经济研究方法同时解释宏观和微观复杂的经济现象并得出相对一致的结论。例如,科斯的交易费用理论对公共经济学的研究也产生了重大影响。科斯的发现是从"为什么要有企业"这样的问题入手的。据此,同样可以研究:"为什么要有国家",但是如果从由"公共选择"决定的国家制度来描述由"公共选择"决定的企业制度则势必造成微观经济领域的许多麻烦。

相比较而言,在复杂经济现象的研究中,分形理论不仅能提供一个描述上述无规则特性的有效构架,而且可根据一些容易分析或确定的目标有效地形成和反映不规则分布的复杂特性。

(3)有利于使复杂经济问题简单化

研究人员利用分形的方法探索复杂系统局部与整体自相似关系的同时,还注意到一个新的现象,即所有的分形结构都具有分数维的特征。传统的概念模型或机理模型一般需要根据因果关系或统计关系来分析不同事物之间的内在联系,当问题涉及的维数或相关因素较多时,模型必将包含大量参数,使问题复杂化,这时,即使是运用欧氏维数、拓扑维数等这类整数维数也无法对这种参差不齐、有无限细微结构的复杂形状进行准确刻画。而当利用分形所研究对象的相似性来解决这类问题时,则能用很少的参数描述复杂的分布,从而合理确定差异系数,有利于关键问题的解决,这是传统数学方法所不能比拟的。

城市、城市中的区域以及区域内的辖区等共同构成了多维度经济复杂系统。我们运用分形与分数维原理可进行不同边界的分形模拟、城市内部基础设施的公共投入、城市规模设计以及布局,即区域经济体功能设计,使其他相似形态地区的商业网点、学校、医院、邮政、交通设施的合理布局等问题均可较为容易地得到解决。

经济学不均等问题经常在不同政府层级和不同地区资源配置公平的研究中出现,该类问题传统分析法(如方差,调整极差,变异系数,基尼系数,塞尔系数等方法)需要在各级面板数据基础上进行分析,样本量大,采样工作复杂。运用非线性多重分形来再现非均匀分布只需要抽样调查某一层次的数据或同一系列的样本就能再现不均匀的状态,保证取样具有一般性和代表性,使在任何一个研究尺度上的模拟结果与实际分布能够得到有效统计。

3. 混沌与经济学——温州炒楼风

温州炒楼风的肆意蔓延,少不掉一个炒楼故事的推波助澜:"1999 年,温州人余先生以每平方米 2700 元的价格在杭州城西买下 28 套商品房,当该楼盘全部售完时,房价已升到每平方米近 5000 元,余先生将手上的房子卖出,平均每套房子净赚了 20 多万元……"。

此故事曾经无数次出现在报纸、网络、电视、书籍上,甚至是导游小姐的口中,最终演变成了一个炒楼神话。

温州炒楼风的扇动条件

第一,该区域的人均 GDP 已经接近或突破了四千美元,已经悄悄进入了城市房地产市场发展的高速增长期。

第二,该区域的房价在当时多数仍徘徊在每平方米两千元左右(上海、杭州稍高),有较大的上浮空间。其中杭州市中心房价从四五千元,炒至上万元,而上海市中心从七八千元炒至一万五六以上,平均房价升幅每年达 25% 以上。

第三,温州是中国最著名的民营经济区,造就了成千上万的百万富翁乃至亿万富翁,据专业人士估计,按人均三万元闲钱,就达 2000 亿以上;而劳动密集型的产业经济存在发展瓶颈,因此大量民间游资急需寻找出路。

第四，苏杭两市为历史闻名的人间天堂，而上海蓬勃发展的经济正在成为亚洲新的龙头，因此，都具有极大的区域竞争优势，有条件吸引大量国内和海外的购房者，可以说是中国最广泛的一个消费者来源区。外来购房者巨大的购买力，在一定程度上成为了"炒楼风"的帮凶。

第五，制度上的漏洞。炒楼花在深圳早已被限制，但在沪、苏、杭一带，早期交几千元定金就可以订个房号（后期最多就是二、三成首付），然后价格上涨时抛出套利。后期上海、杭州、南京等地虽然出台各种"禁炒令"，但已经属亡羊补牢。

然而，在不具备潜在力量的"风暴区域"，温州人的翅膀就无法"兴风作浪"，比如深圳：供求基本平衡、十年来房价基本维持在每平方米五千多元、相邻年份的涨跌幅度从未超过每平方米300元、市民的房价收入比基本控制在六比一左右、超过九成的自主需求等。一年来，转战其他不具备"潜在风暴力量"的城市，温州购房团总是雷声大雨点小，从未掀起大的风暴。

风暴的警示：

第一，炒楼风是一种蝴蝶效应（混沌现象），是一种改变房地产市场初始条件的行为，而房地产市场秩序和价格的稳定性对这种行为极为敏感，所以，严密控制房地产炒家的投机行为，把炒家的投机行为消灭在萌芽状态，是防止出现价格泡沫最重要的手段。

第二，要分清"投机"和"投资"的不同，能够引发蝴蝶效应的，一般只是投机行为，但广泛地说，投机只是投资中的一种"短、平、快"方式（多数时间只有几个月至两年），各地政府要严格控制的，也正是这种"短、平、快"的投机行为，而对中长期的投资方式，应该是非常欢迎的，因此，不能对温州购房团一概而论，关键是要完善"游戏规则"。

第三，房地产市场和股票市场一样容易产生价格操纵行为（极易产生蝴蝶效应），"炒房团"所带来的虚假繁荣对地产业相当危险，因此，那种期望"炒房者"刺激本地经济增长，无异于饮鸩止渴。

4. 与教育的关系

教育行政、课程与教学、教育研究、教育测验等方面已经有些许应用的例子。由于教育的对象是人，人是随时变动起伏的个体，而教育的过程基本上依循一定的准则，并历经长期的互动，因此，相当符合混沌理论的架构。也因此，依据混沌理论，教育系统容易产生无法预期的结果。此结果可能是正面的，也有可能是负面的。不论是正面或是负面的，重要的是，教育的成效或教育的研究除了短期的观察之外，更应该累积长期数据，从中分析出可能的脉络出来，以增加教育效果的可预测性，并运用其扩大教育效果。

5. 分形对哲学的影响

部分与整体的关系是一对古老的哲学范畴关系，也是分形理论的研究对象。把复杂事物分解为要素来研究是一条方法论原则——简单性原则。哲学史上，人们很早就认识到，整体由部分组成，可通过认识部分来反映整体。系统中每一个元素都反映和含有整个系统的性质和信息，即元素映现系统，这可能是分形论的哲学基础之一。

从分析事物的视角方面来看，分形论和系统论分别体现了从两个极端出发的思路。它们之间的互补恰恰完整地构成了辩证的思维方法。系统论由整体出发来确立各部分的系统性质，它是沿着宏观到微观的方向考察整体与部分之间的相关性。而分形论则相反，它是从部分出发确立了部分依赖于整体的性质，沿着微观到宏观的方向展开的。系统论强调了部分依赖于整体的性质，而分形论则强调整体对部分的依赖性质。于是二者构成了"互补"。

每一部分都与其他部分相似并包含整体的信息的思想在《易经》和《皇帝内经》中也有反映。道教认为,世界上所有现象都是道的一部分,而这种道是自然界固有的。《道德经》中有"人法地,地法天,天法道,道法自然"。这里的道,也可以认为是分形的实质,即自相似性和嵌套性。不仅如此,在西方的思想里也有自相似的影子。例如,威廉·布莱克就有这样著名的诗句:

从一粒砂看整个世界,一砂一世界

从一朵野花看整个天堂。一花一天堂

用手掌把握永远,手中有无限

在一刻钟把握永恒。

第三节　几何学发展简史

几何学研究的主要内容为讨论不同图形的各类性质。它可以说是与人类生活最密不可分的。远自巴比伦、埃及时代。人们已经知道利用一些图的性质来丈量土地,划分田园,但是并没有把它当作一门独立的学问来看。只是把它当作人类生活中的一些基本常识而已。真正认真去研究它,则是从古希腊时代才开始的。于是,我们将几何学的发展,大致地分为以下几个阶段。

一、古希腊的几何学的发展

古希腊地理范围很广,包括希腊半岛、爱琴海群岛和小亚细亚西岸一带。希腊文明大约可以追溯到公元前 2800 年,一直延续到公元 600 年,它对现代西方文化的影响极大。古希腊一直没有形成统一的国家,长期以来,它由许多大小奴隶制城邦国家组成;公元前 5 世纪为全盛时期,公元前 4 世纪开始渐衰,被罗马帝国征服;公元前 146 年沦为罗马帝国的一个省;公元 395 年并入拜占庭帝国;公元 415 年,世界上第一位女数学家希帕蒂亚被野蛮杀害,她的死标志着希腊文明的衰落;公元 641 年,亚历山大城被阿拉伯人攻陷,从此战争频繁,过去气势磅礴的亚历山大也消失了。

古希腊数学主要指公元前 700 年到公元 600 年。

希腊人可谓是天才的哲学家。哲学家所关心的核心问题,是抽象的概念和最具有普遍性的命题。哲学家最基本的工具就是演绎推理,因此希腊人在数学研究上也具有这种特色并偏爱这种方法,尤其是第一次数学危机的产生,使他们更认为所有的数学结论只有通过演绎推理才能确定。古巴比伦人和古埃及人只能回答"应该怎么做",而古希腊人在探究前人数学的时候,有意识地解决了"为什么要这样做"的问题,将人类早期的"经验数学"逐步转化为"理论数学"。希腊人认为数学是一门艺术,就如同建筑是一门艺术一样,富有条理性、一致性和完整性。正因为如此,数学家和哲学家、艺术家一样具有较高的社会地位,演绎推理也因此受人偏爱。

在公元前 600 年至公元前 200 年间,古希腊曾产生了一大批杰出的数学家,主要有泰勒斯、毕达哥拉斯、芝诺、柏拉图、欧多克索斯、亚里士多德、欧几里得、阿基米德和阿波罗尼奥斯等。被誉为古希腊七贤之首和公认为希腊哲学鼻祖的古希腊第一位伟大的数学家泰勒斯(Thales,约公元前 625—前 547)开启了论证数学之先河,是数学史上一次不同寻常的飞跃,

"泰勒斯定理"(即"半圆上的圆周角是直角")也成为数学史上第一个以数学家命名的定理。科学史上的第一个数学史家欧德莫斯曾经写到:"(泰勒斯)将几何学研究(从埃及)引入希腊,他本人发现了许多命题,并指导学生研究那些可以推出其他命题的基本原理。"此外,泰勒斯在天文、测量学方面有很多成果,曾准确地预测过一次日食,并利用太阳影子成功地计算出了金字塔的高度。泰勒斯被誉为古希腊天文学和几何学之父。他对几何学的主要贡献是第一个证明了下列的几何性质:

(1)一个圆被它的一个直径所平分。

(2)三角形内角和等于两直角之和。

(3)等腰三角形的两个底角相等。

(4)半圆上的圆周角是直角。

(5)对顶角相等。

(6)全等三角形的角—边—角定理。

这些定理古埃及人和古巴比伦人都已经知道。泰勒斯不是第一个发现这些定理的人,而是第一个证明这些定理的人。这就是前希腊数学与希腊数学的本质区别。这样,演绎数学就在希腊诞生了。

在泰勒斯之后,以毕达哥拉斯为首的一批学者,对数学做出了极为重要的贡献。毕达哥拉斯(Pythagoras,约公元前560—前480年)生于靠近小亚细亚海岸的萨摩斯岛,是古希腊著名的哲学家、数学家、天文学家、音乐家、教育家,师从泰勒斯。经过在埃及、古巴比伦、印度等长达19年的游历,吸收了大量的数学知识和神秘主义学说,在南意大利的希腊殖民地克罗托内建立了一个既信仰神秘主义,也信仰理性主义的集政治、科学、宗教三位一体的社团,称为毕达哥拉斯学派,主要致力于研究哲学、科学和数学,在几何学、数论等方面有杰出的贡献。著名的有被西方人成为"毕达哥拉斯定理"的勾股定理,也正是这个定理,导致了无理数的发现,并导致了第一次数学危机。

欧多克索斯(Eadoxus)创立了穷尽法。所谓穷尽法就是"无穷的逼近"的观念,主要构思是为了求圆周率 π 的近似值。所以理论上说,欧多克索斯是微积分的开山祖师。欧多克索斯的另一项贡献是对比例问题做系统的研究。

比毕达哥拉斯学派更广为人知的是柏拉图学园,学园维持了长达900年之久,该学园的学生以亚里士多德最为著名。柏拉图(Plto,公元前427——前347年)出生于雅典一个显赫、有势力的家庭,他是苏格拉底的拥护者。柏拉图主张,存在着一个物质世界——地球以及其上的万物,通过感官使我们能感觉到这个世界;同时,还存在着一个精神世界,一个神所显示的世界,一个诸如美、正义、智慧、善良、完美无缺和非尘世的理性世界。这种抽象的东西就如同神对于神秘主义者,上帝对于基督徒一样。这与数学中的抽象概念无疑地属于相同的精神层次。柏拉图并非数学家,但热心于数学,他深信数学的重要性,并在柏拉图学园入口刻着箴言"不懂几何者,不得入内",柏拉图学园成为那个时代希腊数学活动的中心。柏拉图把逻辑学思想方法引人了几何,使得原始的几何知识受逻辑学的指导,逐步向系统和严密的方向发展。他在雅典给他的学生讲授几何学,已经运用逻辑推理的方法对几何中的一些命题做出了论证。

伟大的古希腊哲学家亚里士多德(Aristotle,公元前384—前322年)生于马其顿的史太其拉,18岁开始一直在柏拉图学园跟随柏拉图从事研究,并建立了自己的学派——吕圆学派,是亚历山大大帝的老师,其著作涉及机械学、物理学、数学、逻辑、气象学、植物学、心理学、动物学、伦理学、文学、形而上学、经济学和其他许多领域,被马克思称为"古希腊最博学的人"。亚里士多德关于数学的本质及其与物理世界的关系的研究对古希腊数学产生了深远的影响。亚里士多德是逻辑学的创始人,建立了著名的"三段论"逻辑体系:三段论是由三个判断构成,其中两个判断是前提(大前提和小前提),一个判断是结论。例如:所有人会死(大前提),柏拉图是人(小前提),柏拉图会死(结论)。亚里士多德的逻辑思想为把几何理论在严密的体系之中创造了必要的条件,奠定了基础,为形成一门独立的几何理论做好了充分的准备。不久后,孕育了欧几里得的巨著《几何原本》。

欧几里得(Euclid,约公元前 330—前 275 年)生于雅典,在雅典的柏拉图学园接受教育,毕业后应埃及托勒密国王邀请客居埃及亚历山大,从事教学工作,是亚历山大前期第一位数学家、教育家,被认为是所有纯粹数学家中对世界历史的进程最有影响力的一位。其最负盛名的著作《几何原本》约在公元前 300 年形成。

《几何原本》是整个科学史上发行最广、使用时间最长的书,2000 多年来在几何教学中一直占据统治地位,是古希腊数学成果、思想、方法和精神的结晶,其影响已远远超出数学,成为整个人类文明史上的里程碑,对西方思想产生了极为深远的影响。

欧几里得从定义、公设和公理出发,演绎出了几乎所有古希腊大师们已经掌握的最重要的结论,全书共收入 465 个命题。欧几里得几何的创立,对人类的主要贡献在于:

(1)成功地将零散的数学理论编为一个从基本假设到复杂结论的整体结构。

(2)对命题作了公理化演绎。从定义、公理、公设出发建立了几何学的逻辑体系,并成为其后所有数学的范本。

(3)几个世纪以来,已成为训练逻辑推理的最有力的教育手段。

(4)演绎的思考首先出现在几何学中,而不是在代数学中,使得几何学具有更加重要的地位。这种状态一直保持到解析几何的诞生。

欧氏几何是演绎数学的开始。演绎方法是组织数学的最好方法。它可以极大程度地消除我们认识上的不清和错误,如果有怀疑的地方都回到基本概念和公理。德国学者赫尔穆霍斯说"人类各种认识中,没有那一种知识发展到了几何学这样完善的地步,……没有哪一种知识像几何一样受到这样少的批评和怀疑。"

数学之神阿基米德(Archimedes,公元前 287—前 212 年)是古代最伟大的智者之一,出生于西西里岛上希腊人殖民地叙拉古,其父是天文学家、数学家。阿基米德从小就受到了良好的家庭教育。阿基米德的工作是亚历山大时代特征的最好体现,他开创了希腊数学发展的黄金时代,在数学史上被称为著名的"亚历山大时期"。阿基米德在亚历山大跟随欧几里得的学生学习,后返回叙拉古,终生致力于科学研究和科学的实际应用,阿基米德的著作极为丰富,但大多类似当今杂志上的论文,写的完整、简练。有 10 部著作流传至今,有迹象表明他的另一些著作失传了。现存的这些著作都是杰作,计算技巧高超,并表现了高度的创造性。在这些著作中,他对数学做出的最引人注目的贡献是积分方法的早期发现。阿基米德的著作涉及数学、力学和天文学等,其中流传于世的有《圆的度量》《论球和圆柱》《论板的平衡》《论劈锥曲面体和球体》《论浮体》《数砂数》《牛群问题》《抛物线的求积》《螺线》《方法》等。在阿基米德的科学发现中,有著名的以他的名字命名的浮力定理、杠杆原理和"阿基米德螺线"等。

阿基米德具有超人的智力,对实用、理论两方面都用浓厚的兴趣,并在机械制造方面有着非凡的技巧,至于他的想象力,伏尔泰认为他比荷马还要丰富,受到了人们极大的尊敬和爱戴。

阿基米德之死,与他生活一样是那个时代的缩影。公元前 212 年秋天,当一个人侵叙拉古的罗马士兵盘问 75 岁高龄的阿基米德时,由于他专心思考问题,没有听到这个士兵的问话,于是遭到杀害,尽管罗马司令有令在先,不准伤害阿基米德。为此,罗马人为阿基米德修筑了一座精致的墓,并在墓碑上刻下著名的定理,墓碑上雕刻了一个球,使它外切一个圆柱,使其体积之比为 2:3(阿基米德的一个重要发现:圆柱体的内切球体积与该圆柱的体积之比为 2:3。而且球的表面积与圆柱的表面积之比也是 2:3)。从此亚历山大的希腊文明开始退化,希腊数学也停滞不前。

古希腊数学的成果造就了后世的科学发展,为后世诸多的科学试验提供了理论依据和方法趋势。毕达哥拉斯带来了数的理性,为后世的研究构建了数学框架,欧几里得的《几何原本》为后世塑造了一个及其巨大而又极其完备的几何图书馆,为后来的研究提供了有力的理论体系,而阿基米德作为实验的鼻祖将数学和实验研究完美结合起来,为后来提供了理性实验的精神,并作为了科学研究的精髓流传至今。总的来说,古希腊几何学作为后世科学大楼的地基以及人类探索未知的敲门砖有着不可埋没的功劳。

二、解析几何学的发展

解析几何学由法国数学家笛卡尔和费马等人创立,其思想是借助坐标系,用代数方法研究几何对象之间的关系和性质,是几何学的一个分支,亦叫坐标几何。其思想来源可上溯到公元前 2000 年。

美索不达米亚地区的巴比伦人已能用数字表示点到另一个固定点、直线或物体的距离,已有原始的坐标思想。公元前 4 世纪,古希腊的数学家门奈赫莫斯发现了圆锥曲线,并对这些曲线的性质做了系统的阐述。公元前 200 左右,阿波罗尼阿斯在他的《圆锥曲线论》中,全面论述了圆锥曲线的各种性质,其中采用了一种"坐标";以圆锥体底面的直径为横坐标,过顶点的垂线为纵坐标,加之所研究的内容,可以看作是解析几何的萌芽。到 16 世纪末,法国数学家韦达提出了用代数方法解几何问题的想法,他的思想给笛卡尔很大的启发,此外开普勒发现行星运动的三大定律,伽利略研究抛物体运动轨迹,都要求数学从运动变化的观点研究和解决问题,这些研究促进了解析几何学的创立。

1637 年,法国伟大的数学家笛卡尔出版了一部哲学著作《科学中正确运用理性和追求真理的方法论》,书中有三个附录,其中之一是《几何学》(共 3 卷)。这是笛卡尔唯一的数学论著,阐述了他关于解析几何的思想,后人把它作为解析几何的起点。在笛卡尔系统阐述解析几何基础的同时,另一位法国天才数学家费马也全神贯注地研究这一问题,出身于皮货商家庭的费马在图卢茨大学学习法律,毕业后任律师。他博闻饱学,数学只是他的业余爱好,但他对解析几何、微积分和概率论的创立具有重要的贡献,他还是近代数论的开拓者。笛卡尔是从几何到方程,费马是从代数到几何,两人用不同的方法,各自独立发现解析几何,共享发明权荣誉。

解析几何的基本思想是坐标系的概念。解析几何的发现具有伟大的意义:

(1)数学的研究方向发生了一次重大的转折;古代以几何为主导的数学转化为以代数和分析为主导的数学。

(2)以常量为主导的数学转化为以变量为主导的数学,为微积分的诞生奠定了基础。可以说,解析几何的发明是变量数学的第一个里程碑。

(3)使代数和几何融合一体,实现了几何图形的数字化。

如从代数方程 $x^2+y^2=1$ 中,我们能够找出它所表示的几何图形圆,中心在原点,半径为 1 的所有性质,坐标 (x,y) 与 $(-x,-y)$ 同时满足方程,说明,其所表示的图形关于 x 轴,y 轴,原点皆对称。坐标满足:$|x|\leqslant 1$,$|y|\leqslant 1$,说明其所表示的图形是有界的,介于正方形内,等等。

(4)用代数方法证明新的几何原理,用几何方法解代数方程。

数学家常采用变换——求解——还原的方法去求解数学问题,解析几何是利用这种方法的典范。它首先把一个几何问题变换为一个相应的代数问题,然后求解这个代数问题,最后把代数解还原为几何解,或者先把一个代数问题变换为一个相应的几何问题,然后求解这个几何问题,最后把几何解还原为代数解。

(5)使人们可以借助类比,从三维空间进入高维空间。

如 $x^2+y^2=1$,表示以原点为中心,半径为 1 的圆,且圆的完美形状、对称性、无终点等都是蕴含在方程中,在这个代数方程中,我们能够找出几何在圆的所以性质。

在四维空间中,方程 $x_1^2+x_2^2+x_3^2+x_4^2=1$ 就表示它们关于四维超球对称,这样,我们已经将几何对象转化为代数对象,并赋予某些代数性质以几何意义。这使我们可以借助形象思维处理代数问题。

三、非欧几何的发展

所谓非欧几何,是与欧氏几何相对而言的,欧氏几何即欧几里得几何。非欧几何是一门大的数学分支。一般来讲,有广义、狭义、通常意义这三个方面的不同含义。所谓广义的非欧几何是泛指一切和欧几里得的几何学不同的几何学;狭义的非欧几何只是指罗氏几何;通常意义的非欧几何指罗氏几何(即双曲几何)和黎曼几何(即椭圆几何)。

公元前 3 世纪左右,希腊数学家欧几里得在他的巨著《几何原本》中把几何总结成系统的理论体系,其中的主要内容——平面几何和立体几何,仍然是当今中学数学教材的核心内容之一。《几何原本》是用公理法建立演绎推理体系的最早典范,在《几何原本》第一卷中,开始就列出了五个公设和五个公理。

最后一条公设通常称为第五公设,也称为平行公设或平行线公理,因为它等价于命题"过直线外一点有且仅有一条平行直线"。欧几里得直到证明第 29 个命题时才第一次用到第五公设,而且以后再也没有让它出现过,于是引起人们疑问:莫非第五公设只是一个定理,只因为欧几里得当时没有能够给出证明,才不得不把它作为公设? 由此激发了人们证明第五公设的尝试和努力,这种尝试一直持续了 2000 多年,历史上许多数学家为此付出了终生的代价,但均已失败告终。因此第五公设被法国是达朗贝尔称谓"欧氏几何原理中的家丑"。

非欧几何的创始人是高斯、波约和罗巴切夫斯基,他们各自独立地发现了同一种非欧几何——双曲几何。起初高斯也曾试图证明第五公设,后来才逐渐认识到第五公设是不可能证明的,由此开始发展了新几何,即非欧几何。但他"怕引起哀波提亚人的嚎叫"(哀波提亚人是古希腊的一个部落,一向以愚昧著称)。因此生前没有把这一重大发现公布于世,只是把部分成果写在日记里和与朋友往来的书信中。

波约的父亲也是一位数学家,他和高斯是好朋友,也曾经证过平行公设,但没有成功。因此反对儿子继续从事这种看起来毫无希望的研究。但波约不顾父亲的反对,坚持研究下去,终于发现了非欧几何。他把他的发现的成果通过他父亲寄给高斯评阅,希望能够得到高斯的赞许。高斯读了以后对他的父亲说："我无法夸赞他，因为这样做就等于夸奖我自己。"高斯的态度使波约十分生气，以为高斯是想剽窃自己的成果。1840年，俄国数学家罗巴切夫斯基关于非欧几何的德文著作的出版，再次给波约一个沉重的打击，从此他不在做研究，也就不在发表数学论文了。

罗巴切夫斯基，1793年出生于俄国高尔基城，1807年考进喀山大学，毕业后留校任教。他保留了欧氏几何的其他公设，把第五公设换成命题："过直线外一点，至少可以做两条直线与原直线平行。"因此出发，得到一个全新的几何理论体系，称为"罗氏几何"。

非欧几何的产生引起人们的非议和责难，因为它动摇了人们对欧氏几何的绝对真理观。如同其他新生事物一样，非欧几何不但没有消亡，而是越来越显示出它强大的生命力。它的革命思想不仅为新几何学的诞生开辟了道路，而且为20世纪相对论的产生奠定了坚实的理论基础。罗巴切夫斯基不畏艰险，捍卫科学的精神为世人所敬仰，因此他被称为几何学的"哥白尼"。

自从罗氏几何产生以后，出现了许多不同的非欧几何，其中最著名的是由高斯的学生，著名数学家黎曼提出的。他把第五公设换为命题："在平面上，过一只直线外一点，不能做直线与原直线平行"。由此出发得到的几何体系称为黎曼几何。

非欧几何的诞生具有划时代的伟大意义。

罗氏几何出现后，科学家给这种几何构造出多种模型，它们都表明：作为一个演绎系统来看，罗氏几何与欧式几何一样，都有相容的。于是就产生了这样的问题：这两个中哪个才是物理世界的几何描述？回答应该是以实践的检验为准则。高斯曾做过一个实验，他准确地测量了有三个相距较远的山顶形成的三角形的三个内角，结果在实验误差范围内，它们的和仍然是180°，但若从人造卫星或宇宙飞船上看地球的形状，设想把一个点定在北极，另两个点是赤道与0°经线与90°经线的交点，则这个三角形（把球面上的测地线——大圆看成直线）的内角和是270°，这就表明欧氏几何与非欧几何只是在大范围才有所不同（球面上的内涵几何是与罗氏几何不同的另一种非欧几何）。在一定的经验意义上来说，我们生活在地球表明上，可以说是生活在一个非欧平面上。事实上，只有距离较小的范围内，欧氏几何的描述才更简单、方便。类似于牛顿力学和爱因斯坦相对论的差别，它们在速度小的时候，给出的结论是一致的，但速度很大时，两者就有差别了。

同样，罗氏几何在天体物理，原子物理中都能成为描述其物理空间的数学模型。

非欧几何与哥白尼的日心说、牛顿的万有引力定律、达尔文的进化论一样，对科学、哲学、宗教都产生了革命性影响。非欧几何的出现，使人们认识到数学空间和物理空间有着本质的区别，这种区别对理解现代数学和科学的发展至关重要。

同时，非欧几何的建立摧毁了人们对真理的信仰。长期以来，人们一直坚信绝对真理的存在，并认为数学是一个典范，认为欧氏几何是绝对真理。现在，非欧几何的诞生使得绝对真理破灭了。非欧几何也把逻辑思维的方向推向了又一个高峰，提供了一个理性智慧摒弃感觉经验的范例。

尽管数学的真理性不在绝对，数学的体系是人们思维的自由创造。但是，灵感不能创造出有意义的公理体系，只有在外部世界和理论本身需求的引导下，自由的思维才能做出有科学价值的成果来。

四、微分几何的发展

微分几何的产生和发展是和微积分密切相连的。在这方面第一个做出贡献的是瑞士数学家欧拉。1736 年他首先引进了平面曲线的内在坐标这一概念,即以曲线弧长这一几何量作为曲线上点的坐标,从而开始了曲线的内在几何的研究。19 世纪初,法国数学家蒙日首先把微积分应用到曲线和曲面的研究中去,并于 1807 年出版了他的《分析在几何学上的应用》一书,这是微分几何最早的一本著作。在这些研究中,可以看到力学、物理学与工业的日益增长的要求是促进微分几何发展的因素。

1827 年,德国数学家高斯发表了《关于曲面的一般研究》的著作,这在微分几何的历史上有重大的意义,它的理论奠定了曲面论的基础。高斯抓住了微分几何中最重要的概念和根本性的内容,建立了曲面的内蕴几何学。其主要思想是强调了曲面上只依赖于第一基本形式的一些性质,例如曲面上曲线的长度、两条曲线的夹角、曲面上的某一区域的面积、测地线、测地曲率和总曲率等等。

1854 年德国数学家黎曼在他的就职演讲中将高斯的理论推广到 n 维空间,这就是黎曼几何的诞生。其后许多数学家,开始沿着黎曼的思路进行研究。其中比安基是第一个将"微分几何"作为书名的作者。

1870 年德国数学家克莱因在德国埃尔朗根大学作就职演讲时,阐述了他的《埃尔朗根纲领》,用变换群对已有的几何学进行了分类。在《埃尔朗根纲领》发表后的半个世纪内,它成了几何学的指导原理,推动了几何学的发展,导致了射影微分几何、仿射微分几何、共形微分几何的建立。特别是射影微分几何起始于 1878 年阿尔方的学位论文,后来 1906 年起经以威尔辛斯基为代表的美国学派所发展,1916 年起又经以富比尼为首的意大利学派所发展。在仿射微分几何方面,布拉施克也做出了决定性的工作。

微分几何学以光滑曲线(曲面)作为研究对象,所以整个微分几何学是由曲线的弧线长、曲线上一点的切线等概念展开的。既然微分几何是研究一般曲线和一般曲面的有关性质,则平面曲线在一点的曲率和空间的曲线在一点的曲率等,就是微分几何中重要的讨论内容,而要计算曲线或曲面上每一点的曲率就要用到微分的方法。

在曲面上有两个重要概念,就是曲面上的距离和角。比如,在曲面上由一点到另一点的路径是无数的,但这两点间最短的路径只有一条,叫做从一点到另一点的测地线。在微分几何里,要讨论怎样判定曲面上一条曲线是这个曲面的一条测地线,还要讨论测地线的性质等。另外,讨论曲面在每一点的曲率也是微分几何的重要内容。

在微分几何中,为了讨论任意曲线上每一点邻域的性质,常常用所谓"活动标形的方法"。对任意曲线的"小范围"性质的研究,还可以用拓扑变换把这条曲线"转化"成初等曲线进行研究。

在微分几何中,由于运用数学分析的理论,就可以在无限小的范围内略去高阶无穷小,一些复杂的依赖关系可以变成线性的,不均匀的过程也可以变成均匀的,这些都是微分几何特有的研究方法。

微分几何学的研究工具大部分是微积分学。力学、物理学、天文学以及技术和工业的日益增长的要求则是微分几何学发展的重要因素。尽管微分几何学主要研究三维欧几里得空间中的曲线、曲面的局部性质,但它形成了现代微分几何学的基础则是毋庸置疑的。因为依赖于图形的直观性及由它进行类推的方法，即使在今天也未失其重要性。

值得一提的是，美籍华人数学家陈省身为微分几何的发展作出了不朽的贡献。他在整体微分几何上的卓越贡献，影响了整个数学的发展。

还有其他类型的几何学如拓扑学、代数几何等，这里就不一一介绍了。

第四节　数学学科概述

一、数学学科概况

数学起源于人类远古时期生产、获取、分配、交易等活动中的计数、观测、丈量等需求，并很早就成为研究天文、航海、力学的有力工具。17 世纪以来，物理学、力学等学科的发展和工业技术的崛起，与数学的迅速发展形成了强有力的相互推动。到 19 世纪，已形成了分析、几何、数论和代数等分支，概率已成为数学的研究对象，形式逻辑也逐步数学化。与此同时，在天体力学、弹性力学、流体力学、传热学、电磁学和统计物理中，数学成为不可缺少的定量描述语言和定量研究工具。

20 世纪中，数学科学的迅猛发展进一步确立了它在整个科学技术领域中的基础和主导地位，并形成了当代数学的三个主要特征：数学内部各学科高度发展和相互之间不断交叉、融合的趋势；数学在其他领域中空前广泛的渗透和应用；数学与信息科学技术之间巨大的相互促进作用。

在 21 世纪，科学技术的突破日益依赖学科界限的打破和相互渗透，学科交叉已成为科技发展的显著特征和前沿趋势，数学也不例外。随着实验、观测、计算和模拟技术与手段的不断进步，数学作为定量研究的关键基础和有力工具，在自然科学、工程技术和社会经济等领域的发展研究中发挥着日益重要的作用。

二、数学学科内涵

数学，是以形式化、严密化的逻辑推理方式，研究客观世界中数量关系、空间形式及其运动、变化，以及更为一般的关系、结构、系统、模式等逻辑上可能的形态及其变化、扩展。数学的主要研究方法是逻辑推理，包括演绎推理与归纳推理。演绎推理是从一般性质对特定对象导出特定性质，归纳推理是从若干个别对象的个别性质导出一般性质。

由于数量关系、空间形式及其变化是许多学科研究对象的基本性质，数学作为这些基本性质的严密表现形式，成为一种精确的科学语言，成为许多学科的基础。20 世纪，一方面，出现了一批新的数学学科分支，如泛函分析、拓扑学、数理逻辑等，创造出新的研究手段，扩大了研究对象，使学科呈现出抽象程度越来越高、分化越来越细的特点；另一方面，尤其是近二三十年来，不同分支学科的数学思想和方法相互交融渗透，许多高度抽象的概念、结构和理论，不仅成为数学内部联系的纽带，也已越来越多地成为科学技术领域广泛适用的语言。

作为 20 世纪中影响最为深远的科技成就之一，电子计算机的发明本身，也已充分展现了数学成果对于人类文明的辉煌贡献。从计算机的发明直到它最新的进展，数学都在起着关键性的作用；同时，在计算机的设计、制造、改进和使用过程中，也向数学提出了大量带有挑战性的问题，推动着数学本身的发展。计算机和软件技术已成为数学研究的新的强大手段，其飞速进步正在改变传统意义下的数学研究模式,并将为数学的发展带来难以预料的深刻变化。数值模拟、理论分析和科学实验鼎足而立,已成为当代科学研究的三大支柱。

三、数学学科分类

按中国国家学科分类标准,数学学科分为:

1. 数理逻辑与数学基础

a:演绎逻辑学(亦称符号逻辑学)b:证明论(亦称元数学)c:递归论 d:模型论 e:公理集合论 f:数学基础 g:数理逻辑与数学基础其他学科

2. 数论

a:初等数论 b:解析数论 c:代数数论 d:超越数论 e:丢番图逼近 f:数的几何 g:概率数论 h:计算数论 i:数论其他学科

3. 代数学

a:线性代数 b:群论 c:域论 d:李群 e:李代数 f:Kac－Moody 代数 g:环论(包括交换环与交换代数,结合环与结合代数,非结合环与非结 合代数等)h:模论 i:格论 j:泛代数理论 k:范畴论 l:同调代数 m:代数 K 理论 n:微分代数 o:代数编码理论 p:代数学其他学科

4. 几何学

a:几何学基础 b:欧氏几何 c:非欧几何学(包括黎曼几何学等)d:球面几何学 e:向量和张量分析 f:仿射几何学 g:射影几何学 h:微分几何 i:分数维几何 j:计算几何学 k:几何学其他学科

5. 拓扑学

a:点集拓扑学 b:代数拓扑学 c:同伦论 d:低维拓扑学 e:同调论 f:维数论 g:格上拓扑学 h:纤维丛论 i:几何拓扑学 j:奇点理论 k:微分拓扑学 l:拓扑学其他学科

6. 数学分析

a:微分学 b:积分学 c:级数论 d:数学分析其他学科

7. 函数论

a:实变函数论 b:单复变函数论 c:多复变函数论 d:函数逼近论 e:调和分析 f:复流形 g:特殊函数论 h:函数论其他学科

8. 常微分方程

a:定性理论 b:稳定性理论 c:解析理论 d:常微分方程其他学科

9. 偏微分方程

a:椭圆型偏微分方程 b:双曲型偏微分方程 c:抛物型偏微分方程 d:非线性偏微分方程 e:偏微分方程其他学科

10. 动力系统

a:微分动力系统 b:拓扑动力系统 c:复动力系统 d:动力系统其他学科

11. 泛函分析

a:线性算子理论 b:变分法 c:拓扑线性空间 d:希尔伯特空间 e:函数空间 f:巴拿赫空间

g:算子代数 h:测度与积分 i:广义函数论 j:非线性泛函分析 k:泛函分析其他学科

12. 计算数学

a:插值法与逼近论 b:常微分方程数值解 c:偏微分方程数值解 d:积分方程数值解 e:数值代数 f:连续问题离散化方法 g:随机数值实验 h:误差分析 i:计算数学其他学科

13. 概率论

a:几何概率 b:概率分布 c:极限理论 d:随机过程(包括正态过程与平稳过程、点过程等)e:马尔可夫过程 f:随机分析 g:鞅论 h:应用概率论(具体应用入有关学科)i:概率论其他学科

14. 数理统计学

a:抽样理论(包括抽样分布、抽样调查等)b:假设检验 c:非参数统计 d:方差分析 e:相关回归分析 f:统计推断 g:贝叶斯统计(包括参数估计等)h:试验设计 i:多元分析 j:统计判决理论 k:时间序列分析 l:数理统计学其他学科

15. 应用统计数学

a:统计质量控制 b:可靠性数学 c:保险数学 d:统计模拟

16. 运筹学

a:线性规划 b:非线性规划 c:动态规划 d:组合最优化 e:参数规划 f:整数规划 g:随机规划 h:排队论 i:对策论 亦称博弈论 j:库存论 k:决策论 l:搜索论 m:图论 n:统筹论 o:最优化 p:运筹学其他学科

其他二级学科:

数学史;代数几何学;非标准分析;积分方程;组合数学;模糊数学;量子数学;应用数学(具体应用入有关学科);数学其他学科

四、一些数学学科简介

1. 拓扑学

拓扑学(topology)是近代发展起来的一个数学分支,用来研究各种"空间"在连续性的变化下不变的性质。在 20 世纪,拓扑学发展成为数学中一个非常重要的领域。

有关拓扑学的一些内容早在 18 世纪就出现了。那时候发现一些孤立的问题。后来在拓扑学的形成中占着重要的地位。譬如哥尼斯堡七桥问题、多面体的欧拉定理、四色问题等都是拓扑学发展史的重要问题。

Topology 原意为地貌,起源于希腊语 Τοπολογγ。形式上讲,拓扑学主要研究"拓扑空间"在"连续变换"下保持不变的性质。简单的说,拓扑学是研究连续性和连通性的一个数学分支。

拓扑学起初叫形势分析学,是德国数学家莱布尼茨 1679 年提出的名词。19 世纪中期,德国数学家黎曼在复变函数的研究中强调研究函数和积分就必须研究形势分析学。从此开始了现代拓扑学的系统研究。

在拓扑学里不讨论两个图形全等的概念,但是讨论拓扑等价的概念。比如,圆和方形、三角形的形状、大小不同,但在拓扑变换下,它们都是等价图形;足球和橄榄球,也是等价的——从拓扑学的角度看,它们的拓扑结构是完全一样的。而游泳圈的表面和足球的表面则有不同的拓扑性质,比如游泳圈中间有"洞"。在拓扑学中,足球所代表的空间叫做球面,游泳圈所代

表的空间叫环面,球面和环面是"不同"的空间。

"连通性"是最简单的拓扑性质。上面所举的空间的例子都是连通的。而"可定向性"是一个不那么平凡的性质。我们通常讲的平面、曲面通常有两个面,就像一张纸有两个面一样。这样的空间是可定向的。而德国数学家莫比乌斯(1790—1868)在 1858 年发现了莫比乌斯曲面。这种曲面不能用不同的颜色来涂满。莫比乌斯曲面是一种"不可定向的"空间。可定向性是一种拓扑性质。这意味着,不可能把一个不可定向的空间连续的变换成一个可定向的空间。

连续性与离散性这对矛盾在自然现象与社会现象中普遍存在着,数学也可以粗略地分为连续性的与离散性的两大门类。拓扑学对于连续性数学自然是带有根本意义的,对于离散性数学也起着巨大的推进作用。例如,拓扑学的基本内容已经成为现代数学工作者的常识。拓扑学的重要性,体现在它与其他数学分支、其他学科的相互作用。拓扑学在泛函分析、实分析、群论、微分几何、微分方程其他许多数学分支中都有广泛的应用。

2. 数理逻辑

数理逻辑又称符号逻辑、理论逻辑。它既是数学的一个分支,也是逻辑学的一个分支。是用数学方法研究逻辑或形式逻辑的学科。其研究对象是对证明和计算这两个直观概念进行符号化以后的形式系统。数理逻辑是基础数学的一个不可缺少的组成部分。虽然名称中有逻辑两字,但并不属于单纯逻辑学范畴。

数理逻辑的主要分支包括:逻辑演算(包括命题演算和谓词演算)、模型论、证明论、递归论和公理化集合论。数理逻辑和计算机科学有许多重合之处,两者都属于模拟人类认知机理的科学。许多计算机科学的先驱者既是数学家、又是逻辑学家,如阿兰·图灵、邱奇等。

程序语言学、语义学的研究从模型论衍生而来,而程序验证则从模型论的模型检测衍生而来。

柯里——霍华德同构给出了"证明"和"程序"的等价性,这一结果与证明论有关,直觉逻辑和线性逻辑在此起了很大作用。λ 演算和组合子逻辑这样的演算现在属于理想程序语言。

计算机科学在自动验证和自动寻找证明等技巧方面的成果对逻辑研究做出了贡献,比如说自动定理证明和逻辑编程。

3. 数理语言学

数理语言学(mathematical linguistics),运用数学原理帮助掌握、运用和研究英语等语言的边缘学科,由乐炯从用"代入法"解英语选择填空题(将各选择项一一代入空格后分析)中受到启发后创立,他把语言中的各部分作为不同的量(常量、变量、恒量等),各部分的具体内容作为各项量的值,处理这些量的关系。它使语言学与现代数学、计算机科学、控制论以及人工智能等学科发生密切的联系。

数理语言学主要包括 3 个方面:①代数语言学,②统计语言学,③应用数理语言学。代数语言学是采用集合论、数理逻辑、算法理论、模糊数学、图论、格论等离散的、代数的方法来研究语言,统计语言学是采用概率论、数理统计和信息论等统计数学的方法来研究交际过程中语言成分使用的频率和概率(统计规律),而把代数语言学和统计语言学应用于机器翻译、人机对话以及情报检索的技巧和方法的研究,就是应用数理语言学的内涵。

4. 抽象代数

抽象代数(Abstract algebra)又称近世代数(Modern algebra),它产生于 19 世纪。伽罗瓦

在 1832 年运用"群"的概念彻底解决了用根式求解代数方程的可能性问题。他是第一个提出"群"的概念的数学家,一般称他为近世代数创始人。他使代数学由作为解方程的科学转变为研究代数运算结构的科学,即把代数学由初等代数时期推向抽象代数。

抽象代数包含群论、环论、伽罗瓦理论、格论、线性代数等许多分支,并与数学其他分支相结合产生了代数几何、代数数论、代数拓扑、拓扑群等新的数学学科。抽象代数也是现代计算机理论基础之一。

5. 运筹学

在中国战国时期,曾经有过一次流传后世的赛马比赛,相信大家都知道,这就是田忌赛马。田忌赛马的故事说明在已有的条件下,经过筹划、安排,选择一个最好的方案,就会取得最好的效果。可见,筹划安排是十分重要的。

现在普遍认为,运筹学是近代应用数学的一个分支,主要是将生产、管理等事件中出现的一些带有普遍性的运筹问题加以提炼,然后利用数学方法进行解决。前者提供模型,后者提供理论和方法。

运筹学主要研究经济活动和军事活动中能用数量来表达的有关策划、管理方面的问题。当然,随着客观实际的发展,运筹学的许多内容不但研究经济和军事活动,有些已经深入到日常生活当中去了。运筹学可以根据问题的要求,通过数学上的分析、运算,得出各种各样的结果,最后提出综合性的合理安排,以达到最好的效果。

运筹学作为一门用来解决实际问题的学科,在处理千差万别的各种问题时,一般有以下几个步骤:确定目标、制订方案、建立模型、制定解法。

虽然不大可能存在能处理极其广泛对象的运筹学,但是在运筹学的发展过程中还是形成了某些抽象模型,并能应用解决较广泛的实际问题。

随着科学技术和生产的发展,运筹学已渗入很多领域里,发挥了越来越重要的作用。运筹学本身也在不断发展,线性规划;非线性规划;整数规划;组合规划、图论、网络流、决策分析、排队论、可靠性数学理论、库存论、博弈论、搜索论、模拟等。

运筹学有广阔的应用领域,它已渗透到诸如服务、搜索、人口、对抗、控制、时间表、资源分配、厂址定位、能源、设计、生产、可靠性等各个方面。

运筹学是软科学中"硬度"较大的一门学科,是系统工程学和现代管理科学中的一种基础理论和不可缺少的方法、手段和工具。运筹学已被应用到各种管理工程中,在现代化建设中发挥着重要作用。

6. 模糊数学

模糊数学又称 Fuzzy 数学,是研究和处理模糊性现象的一种数学理论和方法。

模糊数学的研究内容主要有以下三个方面:

第一,研究模糊数学的理论,以及它和精确数学、随机数学的关系。

查德以精确数学集合论为基础,并考虑到对数学的集合概念进行修改和推广。他提出用"模糊集合"作为表现模糊事物的数学模型。并在"模糊集合"上逐步建立运算、变换规律,开展有关的理论研究,就有可能构造出研究现实世界中的大量模糊的数学基础,能够对看来相当复杂的模糊系统进行定量的描述和处理的数学方法。

在模糊集合中,给定范围内元素对它的隶属关系不一定只有"是"或"否"两种情况,而是用介于 0 和 1 之间的实数来表示隶属程度,还存在中间过渡状态。比如"老人"是个模糊概念,70岁的肯定属于老人,它的从属程度是 1;40 岁的人肯定不算老人,它的从属程度为 0;按照查德给出的公式,55 岁属于"老"的程度为 0.5;即"半老";60 岁属于"老"的程度 0.8。查德认为,指明各个元素的隶属集合,就等于指定了一个集合。当隶属于 0 和 1 之间值时,就是模糊集合。

第二,研究模糊语言学和模糊逻辑。

人类自然语言具有模糊性,人们经常接受模糊语言与模糊信息,并能做出正确的识别和判断。

为了实现用自然语言跟计算机进行直接对话,就必须把人类的语言和思维过程提炼成数学模型,才能给计算机输入指令,建立合适的模糊数学模型,这是运用数学方法的关键。查德采用模糊集合理论来建立模糊语言的数学模型,使人类语言数量化、形式化。

如果我们把合乎语法的标准句子的从属函数值定为 1,那么,其他近义的,以及能表达相仿的思想的句子,就可以用以 0 到 1 之间的连续数来表征它从属于"正确句子"的隶属程度。这样,就把模糊语言进行定量描述,并定出一套运算、变换规则。现在,模糊语言还很不成熟,语言学家正在深入研究。

人们的思维活动常常要求概念的确定性和精确性,采用形式逻辑的排中律,即:非真即假,然后进行判断和推理,得出结论。现有的计算机都是建立在二值逻辑基础上的,它在处理客观事物的确定性方面,发挥了巨大的作用,但是却不具备处理事物和概念的不确定性或模糊性的能力。

为了使计算机能够模拟人脑高级智能的特点,就必须把计算机转到多值逻辑基础上,研究模糊逻辑。现在,模糊逻辑还很不成熟,尚需继续研究。

第三,研究模糊数学的应用。

模糊数学是以不确定性的事物为其研究对象的。模糊集合的出现是数学适应描述复杂事物的需要,查德的功绩在于用模糊集合的理论找到解决模糊性对象加以确切化,从而使研究确定性对象的数学与不确定性对象的数学沟通起来,过去精确数学、随机数学描述感到不足之处,就能得到弥补。在模糊数学中,现今已有模糊拓扑学、模糊群论、模糊图论、模糊概率、模糊语言学、模糊逻辑学等分支。

模糊数学是一门新兴学科,它已初步应用于模糊控制、模糊识别、模糊智能化聚类分析、模糊决策、模糊评判、系统理论、信息检索、医学、生物学等各个方面。在气象、结构力学、控制、心理学等方面已有具体的研究成果。然而模糊数学最重要的应用领域是计算机智能,不少人认为它与新一代计算机的研制有密切的联系。

现时,世界上发达国家正积极研究、试制具有智能化的模糊计算机,1986 年日本山川烈博士首次试制成功模糊推理机,它的推理速度是 1000 万次/秒。1988 年,我国汪培庄教授指导的几位博士也研制成功一台模糊推理机——分立元件样机,它的推理速度为 1500 万次/秒。这表明我国在突破模糊信息处理难关方面迈出了重要的一步。

第八章 数学猜想与数学名题

第一节 希尔伯特的 23 个问题

一、希尔伯特的 23 个问题

希尔伯特(Hilbert,1862 年—1943 年)德国数学家,是 19 世纪末和 20 世纪上半叶最伟大的数学家之一。希尔伯特领导的数学学派是数学界的一面旗帜,希尔伯特被称为"数学界的无冕之王",他是天才中的天才。

1900 年 8 月在巴黎召开的国际数学家大会上,年仅 38 岁的希尔伯特做了题为《数学问题》的著名讲演,根据 19 世纪数学研究的成果和发展趋势提出 23 个问题,成为数学史上的一个重要里程碑。

在世纪之交提出的这 23 个问题,涉及现代数学的许多领域。一个世纪以来,这些问题激发着数学家们浓厚的研究兴趣,对 20 世纪数学的发展起着巨大的推动作用。

1. 希尔伯特的 23 个问题

(1)康托的连续统基数问题。1874 年,康托猜测在可数集基数和实数集基数之间没有别的基数,即著名的连续统假设。1938 年,侨居美国的奥地利数理逻辑学家哥德尔证明连续统假设与 ZF 集合论公理系统的无矛盾性。1963 年,美国数学家科思(P. Choen)证明连续统假设与 ZF 公理彼此独立。因而,连续统假设不能用 ZF 公理加以证明。在这个意义下,问题已获解决。

(2)算术公理系统的无矛盾性。欧氏几何的无矛盾性可以归结为算术公理的无矛盾性。希尔伯特曾提出用形式主义计划的证明论方法加以证明,奥地利数学家哥德尔(Godel)1931年发表不完备性定理作出否定。根茨(Gentaen)1936 年使用超限归纳法证明了算术公理系统的无矛盾性。

(3)只根据合同公理,证明等底等高的两个四面体有相等之体积是不可能的。问题的意思是:存在两个等高等底的四面体,它们不可能分解为有限个小四面体,使这两组四面体彼此全等。德思(M. Dehn)1900 年已解决。

(4)两点间以直线为距离最短线问题。此问题提的一般。满足此性质的几何很多,因而需要加以某些限制条件。1973 年,苏联数学家波格列洛夫(Pogleov)宣布,在对称距离情况下,问题获解决。

(5)拓扑学成为李群的条件(拓扑群)。这一个问题简称连续群的解析性,即是否每一个局部欧氏群都一定是李群。1952 年,由格里森(Gleason)、蒙哥马利(Montgomery)、齐宾(Zippin)共同解决。1953 年,日本的山迈英彦已得到完全肯定的结果。

(6)对数学起重要作用的物理学的公理化。1933年,苏联数学家柯尔莫哥洛夫将概率论公理化。后来,在量子力学、量子场论方面取得成功。但对物理学各个分支能否全盘公理化,很多人有怀疑。

(7)某些数的超越性的证明。需证:如果α是代数数,β是无理数的代数数,那么$\alpha\beta$一定是超越数或至少是无理数(例如,$2\sqrt{2}$和$e\pi$)。苏联的盖尔封特(Gelfond)1929年、德国的施奈德(Schneider)及西格尔(Siegel)1935年分别独立地证明了其正确性。但超越数理论还远未完成。目前,确定所给的数是否超越数,尚无统一的方法。

(8)素数分布问题,尤其对黎曼猜想、哥德巴赫猜想和孪生素数问题。素数是一个很古老的研究领域。希尔伯特在此提到黎曼(Riemann)猜想、哥德巴赫(Goldbach)猜想以及孪生素数问题。黎曼猜想至今未解决。哥德巴赫猜想和孪生素数问题目前也未最终解决,其最佳结果均属中国数学家陈景润。

(9)一般互反律在任意数域中的证明。1921年由日本的高木贞治,1927年由德国的阿廷(Artin)各自给以基本解决。而类域理论至今还在发展之中。

(10)能否通过有限步骤来判定不定方程是否存在有理整数解?求出一个整数系数方程的整数根,称为丢番图(约210—290,古希腊数学家)方程可解。1950年前后,美国数学家戴维斯(Davis)、普特南(Putnan)、罗宾逊(Robinson)等取得关键性突破。1970年,巴克尔(Baker)、费罗斯(Philos)对含两个未知数的方程取得肯定结论。1970年。苏联数学家马蒂塞维奇最终证明:在一般情况下,答案是否定的。尽管得出了否定的结果,却产生了一系列很有价值的副产品,其中不少和计算机科学有密切联系。

(11)一般代数数域内的二次型论。德国数学家哈塞(Hasse)和西格尔(Siegel)在20世纪20年代获重要结果。60年代,法国数学家魏依(Weil)取得了新进展。

(12)类域的构成问题。即将阿贝尔域上的克罗内克定理推广到任意的代数有理域上去。此问题仅有一些零星结果,离彻底解决还很远。

(13)一般七次代数方程以二变量连续函数之组合求解的不可能性。七次方程$x^7+ax^3+bx^2+cx+1=0$的根依赖于3个参数a、b、c;$x=x(a,b,c)$。这一函数能否用两变量函数表示出来?此问题已接近解决。1957年,苏联数学家阿诺尔德(Arnold)证明了任一在$(0,1)$上连续的实函数$f(x_1,x_2,x_3)$可写成形式$\sum h_i(\xi_i(x_1,x_2),x_3)$ $(i=1,\cdots,9)$,这里h_i和ξ_i为连续实函数。柯尔莫哥洛夫证明$f(x_1,x_2,x_3)$可写成形式$\sum h_i(\xi_{i1}(x_1)+\xi_{i2}(x_2)+\xi_{i3}(x_3))$ $(i=1,\cdots,7)$这里h_i和ξ_i为连续实函数,ξ_{ij}的选取可与f完全无关。1964年,维土斯金(Vituskin)推广到连续可微情形,对解析函数情形则未解决。

(14)某些完备函数系的有限的证明。即域K上的以$x_1,x_2,\cdots x_n$为自变量的多项式$f_i(i=1,\cdots,m)$,R为$K[X_1,\cdots,X_m]$上的有理函数$F(X_1,\cdots,X_m)$构成的环,并且$F(X_1,\cdots,X_m)\in K[X_1,\cdots,X_m]$,试问$R$是否可由有限个元素$F_1,\cdots,F_N$的多项式生成?这个与代数不变量问题有关的问题,日本数学家永田雅宜于1959年用漂亮的反例给出了否定的解决。

(15)舒伯特(Schubert)计数演算的严格基础。一个典型的问题是:在三维空间中有四条直线,问有几条直线能和这四条直线都相交?舒伯特给出了一个直观的解法。希尔伯特要求将问题一般化,并给以严格基础。现在已有了一些可计算的方法,它和代数几何学有密切的关系。但严格的基础至今仍未建立。

(16) 代数曲线和曲面的拓扑研究。此问题前半部涉及代数曲线含有闭的分枝曲线的最大数目。后半部要求讨论备 $dx/dy = Y/X$ 的极限环的最多个数 $N(n)$ 和相对位置，其中 X、Y 是 x、y 的 n 次多项式。对 $n = 2$（即二次系统）的情况，1934 年福罗献尔得到 $N(2) \geqslant 1$；1952 年鲍廷得到 $N(2) \geqslant 3$；1955 年苏联的波德洛夫斯基宣布 $N(2) \leqslant 3$，这个曾震动一时的结果，由于其中的若干引理被否定而成疑问。关于相对位置，中国数学家董金柱、叶彦谦 1957 年证明了 (E_2) 不超过两串。1957 年，中国数学家秦元勋和蒲富金具体给出了 $n = 2$ 的方程具有至少 3 个成串极限环的实例。1978 年，中国的史松龄在秦元勋、华罗庚的指导下，与王明淑分别举出至少有 4 个极限环的具体例子。1983 年，秦元勋进一步证明了二次系统最多有 4 个极限环，并且是 $(1,3)$ 结构，从而最终地解决了二次微分方程的解的结构问题，并为研究希尔伯特第 (16) 问题提供了新的途径。

(17) 半正定形式的平方和表示。实系数有理函数 $f(x_1, \cdots, x_n)$ 对任意数组 $(x_1, \cdots, x_n)$ 都恒大于或等于 0，确定 f 是否都能写成有理函数的平方和？1927 年阿廷（奥地利数学家）已肯定地解决。

(18) 用全等多面体构造空间。德国数学家比贝尔巴赫（Bieberbach）1910 年，莱因哈特（Reinhart）1928 年作出部分解决。

(19) 正则变分问题的解是否总是解析函数？德国数学家伯恩斯坦（Bernrtein,1929）和苏联数学家彼德罗夫斯基（1939）已解决。

(20) 研究一般边值问题。此问题进展迅速，已成为一个很大的数学分支。目前还在继读发展。

(21) 具有给定奇点和单值群的 Fuchs 类的线性微分方程解的存在性证明。此问题属线性常微分方程的大范围理论。希尔伯特本人于 1905 年、勒尔（H. Rohrl）于 1957 年分别得出重要结果。1970 年法国数学家德利涅（Deligne）作出了出色贡献。

(22) 用自守函数将解析函数单值化。此问题涉及艰深的黎曼曲面理论，1907 年克伯（P. Koebe）对一个变量情形已解决而使问题的研究获重要突破。其他方面尚未解决。

(23) 发展变分学方法的研究。这不是一个明确的数学问题。20 世纪变分法有了很大发展。

2. 适当的问题对科学发展的价值

(1) 有问题的学科才有生命力

问题，在学科进展中的意义是不可否认的。一门学科充满问题，它就充满生命力；而如果缺乏问题，则预示着该学科的衰落。正是通过解决问题，人们才能够发现学科的新方法、新观点和新方向，达到更为广阔和高级的新境界。数学问题的动力，不仅来自数学以外的客观世界，也来自数学内部的逻辑发展。例如：素数的理论；非欧几何；伽罗瓦理论；代数不变量理论。

(2) 提出问题是解决问题的一半

问题不是随便提的，它必须是人们关心的、有价值的。要想预先判断一个问题的价值是困难的。问题的价值最终取决于科学从该问题得到的收益。只有对该学科的知识有广泛而深入了解的学者，对该学科的发展有清醒的认识和深刻洞察力的学者，才能提出有较大价值的"好的问题"。

(3) "好的问题"的标准

为此，希尔伯特在他的演讲中就提出了这样的标准。

（ⅰ）清晰易懂："一个清晰易懂的问题会引起人们的兴趣,而复杂的问题使人们望而生畏";

（ⅱ）难而又可解决;

（ⅲ）对学科发展有重大推动意义。

问题解决的意义,不是局限于问题本身,而是波及整个学科,推动整个学科的发展。"好的问题"举例:费马大定理;五次方程根式解;最速降线问题;三体问题等。

3. "希尔伯特问题"解决的现状及意义

经过整整一个世纪,希尔伯特的 23 个问题中,将近一半已经解决或基本解决。有些问题虽未解决,但也取得了重要进展。能够解决一个或基本解决一个希尔伯特问题的数学家,就自然地被公认为世界一流水平的数学家,由此也可见希尔伯特问题的特殊地位。

希尔伯特问题的研究与解决,大大推动了许多现代数学分支的发展,包括:数理逻辑、几何基础、李群、数学物理、概率论、数论、函数论、代数几何、常微分方程、偏微分方程、黎曼曲面论、变分法等。第二问题和第十问题的研究,还促进了现代计算机理论的成长。

解决著名猜想的人很牛! 提出这些猜想的人更牛! 如此集中地提出一批猜想,并持久地影响了一门学科的发展,史无前例!

在 20 世纪末,人们也想模仿 19 世纪末的希尔伯特,提出一批有价值的数学问题。但由于20 世纪数学的分支越来越细,已没人能像当年的希尔伯特那样涉足数学的广泛领域。于是人们想到了组成一个数学家小组,并且已经付诸行动。

新世纪的数学难题:七个由美国克雷数学研究所（Clay Mathematics Institute, CMI）于2000 年 5 月 24 日公布的数学难题,称为千禧难题。但是,千禧年难题只是想记载重大的未解决问题,而不是要去指导数学。当然,希尔伯特当年也不是尽善尽美的。一些评论者认为,其局限性是,希尔伯特问题未包括拓扑、抽象代数和微分几何,这三者在 20 世纪也成了数学的前沿和热点,这是希尔伯特没有预见到的;除数学、物理外很少涉及应用数学,更不曾预料到电脑发展将对数学产生的重大影响。20 世纪数学的发展实际上远远超出了希尔伯特所预示的范围。

二、希尔伯特其人

希尔伯特生于东普鲁士哥尼斯堡（前苏联加里宁格勒）附近的韦劳。中学时代,希尔伯特就是一名勤奋好学的学生,对于科学特别是数学表现出浓厚的兴趣,善于灵活和深刻地掌握以至应用老师讲课的内容。1880 年,他不顾父亲让他学法律的意愿,进入哥尼斯堡大学攻读数学。1884 年获得博士学位,后来又在这所大学里取得讲师资格和升任副教授。1893 年被任命为正教授,1895 年,转入哥廷根大学任教授,此后一直在哥廷根生活和工作,于是 1930 年退休。在此期间,他成为柏林科学院通讯院士,并曾获得施泰讷奖、罗巴切夫斯基奖和波约伊奖。1930 年获得瑞典科学院的米塔格米－莱福勒奖,1942 年成为柏林科学院荣誉院士。

希尔伯特是对 20 世纪数学有深刻影响的数学家之一,他领导了著名的哥廷根学派,使哥廷根大学成为当时世界数学研究的重要中心,并培养了一批对现代数学发展做出重大贡献的杰出数学家。他一生多次转换研究方向（涉及群论、数论、几何、分析学和数学基础等 5 大方面及物理学）,并均取得骄人的成绩。希尔伯特的数学工作可以划分为几个不同的时期,每个时期他几乎都集中精力研究一类问题。按时间顺序,他的主要研究内容有:不变量理论、代数数域理论、几何基础、积分方程、物理学、一般数学基础,其间穿插的研究课题有:狄利克雷原理和变分法、华林问题、特征值问题、"希尔伯特空间"等。在这些领域中,他都做出了重大的或开创性的贡献。希尔伯特认为,科学在每个时代都有它自己的问题,而这些问题的解决对于科学发展具有深远意义。他指出:"只要一门科学分支能提出大量的问题,它就充满着生命力,而问题缺乏则预示着独立发展的衰亡和终止。"

希尔伯特的《几何基础》(1899)是公理化思想的代表作,书中把欧几里得几何学加以整理,成为建立在一组简单公理基础上的纯粹演绎系统,并开始探讨公理之间的相互关系与研究整个演绎系统的逻辑结构。1904 年,又着手研究数学基础问题,经过多年酝酿,于 20 世纪 20 年代初,提出了如何论证数论、集合论或数学分析一致性的方案。他建议从若干形式公理出发将数学形式化为符号语言系统,并从不假定实无穷的有穷观点出发,建立相应的逻辑系统。然后再研究这个形式语言系统的逻辑性质,从而创立了元数学和证明论。希尔伯特的目的是试图对某一形式语言系统的无矛盾性给出绝对的证明,以便克服悖论引起的危机,一劳永逸地消除对数学基础以及数学推理方法可靠性的怀疑。然而哥德尔在 1931 年获得了否定的结果,证明了希尔伯特方案是不可能实现的。但正如哥德尔所说,希尔伯特有关数学基础的方案"仍不失其重要性,并继续引起人们的高度兴趣。"希尔伯特的著作有《希尔伯特全集》(三卷,其中包括他的著名的《数论报告》)、《几何基础》《线性积分方程一般理论基础》等,与其他人合著的有《数学物理方法》《理论逻辑基础》《直观几何学》《数学基础》。

数学中,希尔伯特空间是欧几里德空间的一个推广,其不再局限于有限维的情形。与欧几里德空间相仿,希尔伯特空间也是一个内积空间,其上有距离和角的概念(及由此引申而来的正交性与垂直性的概念)。此外,希尔伯特空间还是一个完备的空间,其上所有的柯西序列等价于收敛序列,从而微积分中的大部分概念都可以无障碍地推广到希尔伯特空间中。希尔伯特空间为基于任意正交系上的多项式表示的傅立叶级数和傅立叶变换提供了一种有效的表述方式,而这也是泛函分析的核心概念之一。希尔伯特空间是公式化数学和量子力学的关键性概念之一。

三、高尚的品德

希尔伯特不仅是一位伟大的数学家,而且有很高尚的品德,令人尊敬的不只是他的数学成就,也包括他优秀的人品。

1. 第一次世界大战时拒绝在"宣言"上签字

在第一次世界大战爆发时,德国政府让它的一批最著名的科学家和艺术家出来发表一个"宣言",声明他们拥护德国皇帝威廉二世。

"宣言"的第一句是:"说德国人发动了战争,这不是事实"。"宣言"的题目是《告文明世界》,邀请了一批知名人士签字。数学家中只邀请了世界声望最高的希尔伯特和克莱因两人签名。发表过埃尔朗根纲领、用不变量观点统一几何学的那位数学家克莱因,未有什么怀疑就签了名。但希尔伯特仔细阅读后,却表示他不能判断"宣言"内容的真实性,从而拒绝签字。在宣言上签字的,除了克莱因,还有德国的另一些著名的科学家,如普朗克,伦琴等。这份 1914 年 10 月 15 日发表的"宣言",使文明世界震惊:那些素来受人尊敬的科学家们怎么会同意在这样一份欺骗文明世界的"宣言"上签字?希尔伯特拒绝签字,也特别引人注目。在国内,似乎他是一个卖国贼。当 1914 年 11 月开学时,许多学生不再来听希尔伯特的课。但是希尔伯特的大多数同行理解和同情他。克莱因也很快就后悔自己的所谓"爱国"行动。当时世界上最著名的巴黎科学院开除了克莱因,希尔伯特则更加受到尊重。

2. 为法国数学家达布写悼念文章

"达布上和"、"达布下和",在定积分理论中为大家所熟知。达布是法国人,而当时法国是与德国交战的敌国。所以 1917 年达布逝世时,德国人不敢悼念他。而希尔伯特对达布非常敬佩,他写了一篇悼念文章。文章发表后,一群学生到希尔伯特的家门口示威,要他收回和销毁这篇悼念"敌人数学家"的文章。希尔伯特断然拒绝这一无理要求,并且到校长那里提出辞职。结果希尔伯特很快收到了校方的道歉信。悼念达布的文章也继续刊登。希尔伯特一生只写过四篇悼念文章,除这篇外,其余三篇分别是悼念魏尔斯特拉斯(创造 ε—δ 语言者)、闵可夫斯基(苹果树下散步者)和赫尔维茨(苹果树下散步者)。

希尔伯特在海德尔堡上了一学期以后,接下来的一个学期,本来可以允许他再转到柏林去听课,但他念家,于是他又回到了哥尼斯堡大学。1882 年春天,赫尔曼·闵可夫斯基从柏林学习了三个学期后也回到了哥尼斯堡大学。闵可夫斯基从小就数学才能出众,据说有一次上数学课,老师因把问题理解错了而"挂了黑板",同学们异口同声叫道:"闵可夫斯基去帮帮忙!"在柏林上学时,他因为出色的数学工作曾得到过一笔奖金。这件事轰动了整个哥尼斯堡。希尔伯特的父亲因此曾告诫自己的儿子不要冒冒失失地去和"这样知名的人"交朋友。但由于对数学的热爱和共同的信念,希尔伯特和比他小两岁的闵可夫斯基很快成了好朋友。

1884 年春天,25 岁的阿道夫·赫尔维茨从哥廷根来到哥尼斯堡担任副教授,他在函数论方面已有出色的研究成果。希尔伯特和闵可夫斯基很快就和他们的新老师建立了密切的关系。三个年轻人每天下午准 5 点必定相会去苹果树下散步。

希尔伯特回忆道:"日复一日的散步中,我们全都埋头讨论当前数学的实际问题;相互交换对问题新近题、新近获得的理解,交流彼此的想法和研究计划。"在他们三人中,赫维尔茨有着"坚实的基础知识,又经过很好的整理,"所以理所当然的是带头人。但后来者居上。当时希尔伯特发现,这种学习方法比钻在教室或图书馆里啃书本不知要好多少倍! 这种例行的散步一直持续了整整八年半之久。以有趣的学习方式,他们探索了数学的"每一个角落",考察着数学世界的每一个王国。希尔伯特回忆道:"那时从没有想到我们竟会把自己带到那么远!"三个人就这样结成了终身的友谊。

3. 对康托集合论的支持

康托的集合论打出实无限的旗帜,遭到另一些持潜无限观点的数学家的反对,包括他的老师克罗涅克尔的反对。克罗涅克尔个性专横、语言刻薄,利用他的威望和权势压制康托,所以康托当年的地位和待遇都不好。而希尔伯特则客观、公正地评价康托的学术成就,并给予支持,这表现了希尔伯特的学术公正和为人正直。

4. 对女数学家诺特的支持

数学家艾米·诺特是德国犹太人的女儿,生于 1882 年 4 月 23 日,1935 年 4 月 14 日去世,享年 53 岁。十八岁前的诺特,喜欢唱歌、跳舞,擅长语言(英语与法语),但是,由于其父是哥廷根大学的数学教授,小诺特成了哥廷根大学的旁听生(那时,女孩子不能进哥廷根大学),后来才得以"转正"。在大学期间,诺特逐渐显露出她的数学才能,25 岁取得博士学位,留校任教,但是,四年没有工资,因为,在当时女性不能担任哥廷根大学的教授。后来,经过大数学家希尔伯特的干预,诺特才得以"正名"。

5. 奇闻异享

以希尔伯特命名的数学名词多如牛毛,有些连希尔伯特本人都不知道。比如有一次,希尔伯特问系里的同事"请问什么叫做希尔伯特空间?"

希尔伯特有一次主持一个研讨会,会上,有个学生做的报告中用了一个定理,很巧妙地解决了问题。希尔伯特非常高兴,连忙问:"这真是一个妙不可言的定理啊,是谁发现的呢?"他的学生听了之后,默然良久,最后终于说:"教授,是您发现的……"。

以上两则轶事,都反映了希尔伯特对数学的痴迷和忘我,或许正是这种痴迷让希尔伯特取得了不俗的成就,而希尔伯特也的确雄心万丈。

第二节　费马大定理

一、业余数学王子——费马

费马(Fermat),1601 年 8 月出生在法国一个皮革商人家中,逝世于 1665 年 1 月。他的一生过得极其平凡,没有任何传奇经历。然而这个度过平静一生的性情淡泊、为人谦逊、诚实正直的人,却谱写出了数学史上最美妙的故事之一。作为 17 世纪最卓越的数学家,费马最初的职业却是律师,后来又以图卢兹议会议员的身份终其一生。他年近三十才开始认真研究数学,并且只是利用业余的时间从事这种研究。然而这并不妨碍他在数学上取得累累成果。几何学、概率论、微积分和数论等众多数学领域都留下了他的足迹。

和笛卡尔同时或较早,费马得到了解析几何的要旨,因而与笛卡尔分享着创立解析几何的荣誉;他与帕斯卡在一段有趣的通信中一起奠定了古典概率论的基础,因而与帕斯卡被公认为是概率论的创始人;他提出光学的"费马原理",给后来变分法的研究以极大的启示;他是创建微积分学的杰出先驱者。

任何人,即便只是完成了上述工作中的某一项,就足以使自己在数学史上留下不朽的名声,更不用说能同时拥有这众多的成果了。然而,费马的成就尚不止于此,他将更多的业余时间、剩余精力奉献给了自己最喜爱的消遣:数论。他对这门被"数学王子"高斯称之为"数学皇后"的纯数学理论进行了深入研究。在研究中,他显示出自己过人的才华,完成了自己最伟大的工作。可以说,近代数论是从费马真正开始的,连素数的近代定义也是首先由他给出的,是他奠定了近代数论的基础,因而他被当之无愧地称之为"近代数论之父"。

然而,费马在生前却很少公开发表自己的成果,他只是按照当时流行的风气,以书信的形式,向一些有学问的朋友报告自己的研究心得。他去世后,很多论述遗留在旧纸堆里,或书页的空白处,或在给朋友的书信中。幸亏他的儿子对此进行了搜集、整理最后汇编成书出版,才使他的研究成果能够在他去世后得以流传。这些研究成果极大地丰富了 17 世纪的数学宝库,直接推动了后来数学的发展,同时围绕费马大定理的故事也正是在此背景下展开的。

二、费马大定理

1. 费马小定理(费尔马小猜想)

1640 年,费尔马在研究质数性质时,发现了一个有趣的现象:

当 $n=1$ 时，$2^{2^n}+1=2^{2^1}+1=5$；

当 $n=2$ 时，$2^{2^n}+1=2^{2^2}+1=17$；

当 $n=3$ 时，$2^{2^n}+1=2^{2^3}+1=257$；

当 $n=4$ 时，$2^{2^n}+1=2^{2^4}+1=65537$；

猜测：只要 n 是自然数，$2^{2^n}+1$ 一定是质数

1732 年，欧拉算出 $F_5=641\times6700417$，也就是说 $F5$ 不是质数，宣布了费马的这个猜想不成立，它不能作为一个求质数的公式。

费马小定理：

如果 p 是一个质数，那么对于任何自然数 $n,n^{p-1}-1$ 一定能够被 p 整除。

这个猜想已证明是正确的，这个猜想被称为"费马小定理"。利用费马小定理，是目前最有效的鉴定质数的方法。

费马小定理是数论四大定理（威尔逊定理，欧拉定理（数论中的欧拉定理，即欧拉函数），中国剩余定理和费马小定理）之一，在初等数论中有着非常广泛和重要的应用。实际上，它是欧拉定理的一个特殊情况。

2. 费马大定理产生的历史性背景

费马大定理亦称"费马猜想"。

古希腊，丢番图《算术》第 Ⅱ 卷第八命题："将一个平方数分为两个平方数"

即求方程 $x^2+y^2=z^2$ 的正整数解。

1621 年，费马买了一本丢番图的《算术学》。1637 年，他以批注的形式将费马大猜想写在丢番图著作空白处："将一个高于二次的幂分为两个同次的幂，这是不可能的。关于此，我确信已发现一种美妙的证法，可惜这里空白的地方太小，写不下。"

费马的儿子在他去世后，在其图书室里发现了他的这个手迹，并于 1670 年公诸于世。人们曾找遍了费马的藏书、遗稿、笔记等一切可能的地方去寻找他那"美妙的证法"，都没有找到。费马绝没有想到，他写在书边上的寥寥数语，留给后人的却是数学上最大的不解之谜。费尔马大定理，启源于两千多年前，挑战人类三个多世纪，多次震惊全世界，耗尽人类最杰出大脑的精力，也让千千万万业余者痴迷。

3. 漫长而艰辛的证明之路

$n=4$ 的证明

费马在给朋友贝西的信中，曾经提及他已证明了 $n=4$ 的情况。但没有写出详细的证明步骤。1674 年，贝西在少量提示下，给出这个情形的证明。证明步骤主要使用了"无穷递降法"。

欧拉 1770 年提出 $n=3$ 的证明。

欧拉的策略：证明某结论对于简单情形成立，再证明任何使情形复杂化的操作都将继续保持该结论的正确性。

$n=5$ 的证明

勒让德（Legendre，1752—1833）法国人，1823 年，证明了 $n=5$。狄利克雷（Dirichlet，1805—1859）德国人，1828 年，独立证明了 $n=5$，1832 年，解决了 $n=14$ 的情况。1832 年，热尔曼初步完成了 $n=5$ 的证明和 $n=7$ 的证明

拉梅（Lamé，1795—1870）法国人，1839 年，证明了 $n=7$。同时，柯西（Cauchy）亦宣布他早

已取得"费马大定理"的初步证明。3月22日,两人同时向巴黎科学院提出自己的证明。不过,对于"唯一分解定理"的问题,二人都未能成功地解决。5月24日,德国数学家库麦尔发表了一封信,指出"唯一分解定理"的必要性,亦清楚地显示,拉梅和柯西的方法是行不通的,从而平息了二人的争论。

德国的沃尔夫斯克勒(Wolfskehl,1856—1908),德国商人,学习医学,1883年跟库麦尔学习。他曾为一个女人而打算自杀,但在打算自杀的晚上,他阅读和验证库麦尔计算上的错算,结果错过了自杀的时间,从而取消了自杀得计划。订立遗嘱,悬赏十万马克,奖赏在他死后一百年内能证明"费马大定理"的人。

1941年,雷麦证明,当$n<253747887$时,"费马大定理"的第一种情况成立。1977年,瓦格斯塔夫证明。当$n<125000$时,"费马大定理"成立。1983年德国数学家G. 法尔廷斯证明:对于每一个大于2的指数n,方程$x^n+y^n=z^n$至多有有限多个解。赢得1986年的菲尔兹奖。1988年,日本数学家宫冈洋一宣布以微分几何的角度,证明了"费马大定理"! 不过,该证明后来被发现有重大而无法补救的缺陷,证明不成立!

费马大定理被彻底征服的途径涉及到的领域让所有前人出乎意外,最后的攻坚路线跟费马本人、欧拉和库莫尔等人的完全不同,他是现代数学诸多分支(椭圆曲线论、模形式理论、伽罗华表示理论等等)综合发挥作用的结果。其中最重要的武器是椭圆曲线和模形式理论。

谷山—志村猜想:1954年,志村五郎于东京大学结识谷山丰。之后,就开始了二人对"模形式"的研究。1955年,谷山开始提出他的惊人猜想。1958年,谷山突然自杀身亡。其后,志村继续谷山的研究,并提出以下猜想:谷山—志村猜想。每一条椭圆曲线,都可以对应一个模形式。

"模形式"的起源庞加莱(Poincaré,1854—1912)法国数学家,发明"自守函数"。所谓"自守函数",就是周期函数的推广,而"模形式"可以理解为在复平面上的某种周期函数。起初,大多数数学家都不相信"谷山—志村猜想"。20世纪60年代后期,众多数学家反复地检验该猜想,既未能证实,亦未能否定它。到了70年代,相信"谷山—志村猜想"的人越来越多,甚至以假定"谷山—志村猜想"成立的前提下进行论证。1984年秋,弗赖提出以下的观点:如果"费马大定理"不成立,那么"谷山—志村猜想"也是错的! 再换句话说,如果"谷山—志村猜想"正确,那么"费马大定理"就必定成立! 可惜的是弗赖在1984年的证明中出现了错误,他的结果未获承认。因此只能称之为"猜想"。美国数学家里贝特经过多番尝试后,终于在1986年的夏天成功地证得以下结果:如果"谷山—志村猜想"对每一个半稳定椭圆曲线都成立,则费马大定理成立。里贝特的工作使得费马大定理不可摆脱地与谷山—志村猜想联结在了一起。

三个半世纪以之后,费马大定理这个孤立的问题,这个在数学的边缘上使人好奇的而无法解答地谜,现在又重新回到台前。17世纪的最重要的问题与20世纪最有意义的问题结合在了一起,一个在历史上和感情上极为重要的问题与一个可能引起现代数学革命的猜想联结在了一起。

怀尔斯(Wiles)英国人,出生于1953年。10岁已立志要证明"费马大定理"。1975年,开始在剑桥大学进行研究,专攻椭圆曲线及岩泽理论。在取得博士学位后,就转到美国的普林斯顿大学继续研究工作。

1986年,当里贝特提出ε猜想后,怀尔斯就决心要证明"谷山—志村猜想"。由于不想被别人骚扰,怀尔斯决定秘密地进行此证明。经过三年的努力,他开始引入"伽罗瓦表示论"来处理将"椭圆曲线"的分类问题。到了 1991 年,怀尔斯发觉无法以"水平岩泽理论"完成"类数公式"的计算。在一个数学会议中,他得到了一个新的计算方法。怀尔斯将此方法改造后,成功地解决了有关问题。

1993 年 6 月 23 日,在剑桥大学的牛顿研究所,怀尔斯以"模形式、椭圆曲线、伽罗瓦表示论"为题,发表了他对"谷山—志村猜想"(即"费马大定理")的证明。演讲非常成功,"费马大定理"已被证实的消息,很快便传遍世界。演讲会过后,怀尔斯将长达二百多页的证明送给数论专家审阅。起初,只发现稿件中的有些细微的打印错误。但是同年 9 月,证明被发现出现了问题,尤其是"科利瓦金—弗莱契方法",并未能对所有情况生效!

怀尔斯以为此问题很快便可以修正过来,但结果都失败!怀尔斯已失败的传闻,不胫而走。同年 12 月,怀尔斯发出了以下的一份电子邮件:

标题:费马状况
日期:1993 年 12 月 4 日

对于我在谷山—志村猜想和费马大定理方面的种种推测,我要作一个简短的说明。在审查过程中,我们发现了许多问题,其中大部分已经解决,只剩一个问题仍然存在。我相信不久后,我就能用在剑桥演讲中说明的概念解决它。基于尚有许多工作未能完成,所以目前不适宜发送预印本。我将对这工作给出一个详细的说明。

安德鲁·怀尔斯

1994 年 1 月,怀尔斯重新研究他的证明。但到了同年 9 月,依然没有任何进展。其间,不断有数学家要求怀尔斯公开他的计算方法。更有人怀疑:既然过去都无法证明"费马大定理",到底现在又能否证实"谷山—志村猜想"呢?但在 9 月 19 日的早上,当怀尔斯打算放弃并作最后一次检视"科利瓦金—弗莱契方法"时,……终于有了突破性进展。

经过努力,怀尔斯终于证实了"谷山—志村猜想"和"费马大定理"!1995 年 5 月,怀尔斯长一百页的证明,在杂志《数学年鉴》中发表。1996 年怀尔斯获美国国家科学院奖,菲尔兹特别奖,1997 年怀尔斯获得沃尔夫斯克勒 10 万马克悬赏大奖。

三、意义

费马大定理只是千千万万个丢番图方程中的一个,其他许许多多丢番图问题并未解决,或者并没有彻底解决,而这些方程仍将成为数学继续前进的动力。

费马大定理引出的代数数论已经成为一门独立的前沿学科,它经历代数理论、类域论、局部理论、非阿贝尔理论,现在已汇入伟大的朗兰兹纲领的框架之中,与许多学科,如代数 K 理论,群表示等密切相关。另外,它的一些原始问题如类数的计算仍是令人头痛的事。

代数数论与代数几何已密不可分,特别是韦依猜想证明之后,这种关系越发密切,有一些统一的猜想,如贝林森猜想等正等待大手笔的解决。代数曲线论仍有一些遗留问题,特别是椭圆曲线的三大猜想仍然迫在眉睫,但人们已经开始向代数曲线进军了。代数曲面问题很难,但是这条路肯定要走。

第三节　哥德巴赫猜想

数学是自然科学的皇后;数论是皇后的王冠;"哥德巴赫猜想"则是皇后王冠上的明珠!

一、什么是哥德巴赫猜想

哥德巴赫猜想的表述极为简单：任何一个大于 2 的偶数都可以表示成两个素数之和，例如 $4=2+2,6=3+3,8=3+5$。小学生都看得懂这道题目，让人误以为其证明也会像中小学数学题那么简单，这是为什么有那么多没有受过专业数学训练，甚至只有中小学文化程度的人都自以为比大数学家更有能耐，灵机一动能破解了这一超级难题。

哥德巴赫猜想是希尔伯特 23 个问题的第 8 个。

哥德巴赫(Goldbach,1690—1764)德国数学家。1725 定居俄罗斯，圣彼得堡帝国科学院院士，1728 年，任彼得二世的宫廷教师。

1742 年在与好友欧拉的通信中提出了两个有关正整数和素数的命题；其中，第二个问题很容易由第一个推得。而第一个问题就是著名的哥德巴赫猜想！

歌德巴赫的两个问题：

1. 每个不小于 6 的偶数都是两个奇素数之和，简单记为 $1+1$；
2. 每个不小于 9 的奇数都是三个奇素数之和。

二、哥德巴赫猜想的证明历程

验证工作：

$6=3+3$，

$8=3+5$，

$10=5+5=3+7$，

$12=5+7$，

$14=7+7=3+11$，

$16=5+11,18=5+13,\cdots\cdots$ 等等，直到 330 000 000 的偶数都对，但欧拉等人也都无法证明！

1920 年挪威数学家布朗用一种古老的筛法证明，得出了一个结论：每一个比较大的偶数都可以表示为 $(9+9)$。

布朗筛法的思路是这样的：

任一偶数(自然数)可以写为 $2n$，这里 n 是一个自然数。$2n$ 可以表示为 n 个不同形式的一对自然数之和：

$$2n =1+(2n-1)$$
$$=2+(2n-2)$$
$$=3+(2n-3)$$
$$=\vdots$$
$$=n+n$$

再筛去不适合哥德巴赫猜想结论的所有那些自然数对之后，如果能够证明至少还有一对自然数未被筛去，例如记其中的一对为 p_1 和 p_2，并且 p_1 和 p_2 都是素数，即得 $n=p_1+p_2$，这样哥德巴赫猜想就被证明了。

这种缩小包围圈的办法很管用，科学家们于是从 $(9+9)$ 开始，逐步减少每个数里所含质数因子的个数,直到最后使每个数里都是一个质数为止,这样就证明了哥德巴赫猜想。

在陈景润之前,关于偶数可表示为 s 个质数的乘积与 t 个质数的乘积之和(简称"$s+t$"问题)之进展情况如下:

1920 年,挪威的布朗证明了"$9+9$";

1924 年,德国的拉特马赫证明了"$7+7$";

1932 年,英国的埃斯特曼证明了"$6+6$";

1937 年,意大利的蕾西先后证明了"$5+7$","$4+9$","$3+15$";

1938 年,苏联的布赫夕太勃证明了"$5+5$";

1940 年,苏联的布赫夕太勃证明了"$4+4$";

1948 年,匈牙利的瑞尼证明了"$1+c$",其中 c 是一很大的自然数;

1956 年,中国的王元证明了"$3+4$";

1957 年,中国的王元先后证明了"$3+3$"和"$2+3$";

1962 年,中国的潘承洞和苏联的巴尔巴恩证明了"$1+5$",中国的王元证明了"$1+4$";

1965 年,苏联的布赫夕太勃和小维诺格拉多夫,及意大利的朋比利证明了"$1+3$";

1966 年,中国的陈景润证明了"$1+2$"。

陈景润的成果发表时,英国数学家哈伯斯坦和德国数学家黎希特的著作《筛法》正在印刷厂校印,他们立即暂停付印,并在书里把陈景润的结果写为第十一章:陈氏定理,并誉之为筛法的顶峰! 陈景润的成就伴随徐迟的报告文学《哥德巴赫猜想》走入了 1978 年科学的春天,走进了千家万户! 陈景润成了家喻户晓的明星,成了科学家和年轻人攀登科学高峰的楷模!

哥德巴赫猜想尚未解决,目前最好的成果(陈氏定理)乃于 1966 年由中国数学家陈景润取得。由于陈景润的贡献,人类距离哥德巴赫猜想的最后结果"$1+1$"仅有一步之遥了。但为了实现这最后的一步,也许还要历经一个漫长的探索过程。有许多数学家认为,要想证明"$1+1$",必须通过创造新的数学方法,以往的路很可能都是走不通的。

由于哥德巴赫猜想通常被简写为"$1+1$"(一个素数加一个素数),这就让相当多的人误以为它要证明的是 $1+1=2$,就未免让人疑惑证明它有什么用。徐迟在其报告文学中回答说:"大凡科学成就有这样两种:一种是经济价值明显,可以用多少万、多少亿元人民币来精确地计算出价值来的,叫做'有价之宝';另一种成就是在宏观世界、微观世界、宇宙天体、基本粒子、经济建设、国防科研、自然科学、辩证唯物主义哲学等等之中有这种那种作用,其经济价值无从估计,无法估计,没有数字可能计算的,叫做'无价之宝',例如,这个陈氏定理就是。"

第四节　四色问题

一、四色问题的起源

四色问题也称"四色猜想"或"四色定理",它于 1852 年首先由一位英国大学生 F·古色利提出。他在为一张英国地图着色时发现,为了使任意两个具有公共边界的区域颜色不同,似乎只需要四种颜色就够了。但是他证明不了这一猜想。于是写信告诉他的弟弟弗雷德里克。弗雷德里克转而请教他的数学老师,杰出的英国数学家德·摩根,希望帮助给出证明。

二、四色问题的提出

德·摩根很容易地证明了三种颜色是不够的,至少要四种颜色。但德·摩根未能解决这个问题,就又把这个问题转给了其他数学家,其中包括著名数学家哈密顿。但这个问题当时没有引起数学家的重视。直到 1878 年,英国数学家凯莱对该问题进行了一番思考后,认为这不是一个可以轻易解决的问题,并于当年在《伦敦数学会文集》上发表了一篇《论地图着色》的文章,才引起了更大的注意。

四色问题用数学语言表示,即"将平面任意地细分为不相重叠的区域,每一个区域总可以用 1,2,3,4 这四个数字之一来标记,而不会使相邻的两个区域得到相同的数字。"(这里所指的相邻区域,是指有一整段边界是公共的。如果两个区域只相遇于一点或有限多点,就不叫相邻的。因为用相同的颜色给它们着色不会引起混淆。)

三、四色问题的证明

1879 年,一位英国律师肯泊在《美国数学杂志》上发表论文,宣布证明了"四色猜想"。但十一年后,一位叫希伍德的年轻人指出,肯泊的证明中有严重错误。一个看来简单,且似乎容易说清楚的问题,居然如此困难,这引起了许多数学家的兴趣,体现了该问题的魅力。实际上,对于地图着色来说,各个地区的形状和大小并不重要,重要的是它们的相互位置。

一百多年来许多数学家对四色问题进行了大量的研究,获得了一系列成果。

肯普的证明是这样的:

如果没有一个国家包围其他国家,或没有三个以上的国家相遇于一点,这种地图就说是"正规的"(见图 8-1)。如为正规地图,否则为非正规地图(见图 8-2)。

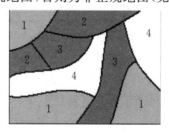

图 8-1 肯普证明正规地图

图 8-2 肯普证明非正规地图

一张地图往往是由正规地图和非正规地图联系在一起,但非正规地图所需颜色种数一般不超过正规地图所需的颜色,如果有一张需要五种颜色的地图,那就是指它的正规地图是五色的,要证明四色猜想成立,只要证明不存在一张正规五色地图就足够了。

肯普是用归谬法来证明的,大意是如果有一张正规的五色地图,就会存在一张国数最少的"极小正规五色地图",如果极小正规五色地图中有一个国家的邻国数少于六个,就会存在一张国数较少的正规地图仍为五色的,这样一来就不会有极小五色地图的国数,也就不存在正规五色地图了。

这样肯普就认为他已经证明了"四色问题",但是后来人们发现他错了。不过肯普的证明阐明了两个重要的概念,对以后问题的解决提供了途径。

第一个概念是"构形"。他证明了在每一张正规地图中至少有一国具有两个、三个、四个或五个邻国,不存在每个国家都有六个或更多邻国的正规地图,也就是说,由两个邻国,三个邻国、四个或五个邻国组成的一组"构形"是不可避免的,每张地图至少含有这四种构形中的一个。

另一个概念是"可约"性。"可约"这个词的使用是来自肯普的论证。

他证明了只要五色地图中有一国具有四个邻国,就会有国数减少的五色地图。自从引入"构形","可约"概念后,逐步发展了检查构形以决定是否可约的一些标准方法,能够寻求可约构形的不可避免组,是证明"四色问题"的重要依据。但要证明大的构形、可约,需要检查大量的细节,这是相当复杂的。

11年后,即1890年,在牛津大学就读的年仅29岁的希伍德以自己的精确计算指出了肯普在证明上的漏洞。他指出肯普说没有极小五色地图能有一国具有五个邻国的理由有破绽。人们发现他们实际上证明了一个较弱的命题——五色定理。就是说对地图着色,用五种颜色就够了。

后来,越来越多的数学家虽然对此绞尽脑汁,但一无所获。于是,人们开始认识到,这个貌似容易的题目,其实是一个可与费马猜想相媲美的难题。进入20世纪以来,科学家们对四色猜想的证明基本上是按照肯泊的想法在进行。1913年,美国著名数学家、哈佛大学的伯克霍夫利用肯泊的想法,结合自己新的设想证明了某些大的构形、可约。后来美国数学家富兰克林于1939年证明了22国以下的地图都可以用四色着色。1950年,有人从22国推进到35国。1960年,有人又证明了39国以下的地图可以只用四种颜色着色;随后又推进到了50国。看来这种推进仍然十分缓慢。

经过半个多世纪的徘徊,直到1969年,才有一位德国数学家希斯第一次提出具体可行的寻找不可避免可约图的算法,他成为"放电算法"。后来哈肯注意到希斯的算法可以大大改进,于是和阿佩尔合作,从1972年开始用简化了的希斯算法产生不可避免可约图集,他们采用新的计算机实验方法,并得到了计算机程序专家的帮助,到1976年6月终于获得了成功:一组不可避免可约图找到了,这组图共2000多个。他们在美国伊利诺斯大学的两台不同的电子计算机上,用了1200个小时,作了100亿次判断,终于完成了四色定理的证明,轰动了世界。

这是一个惊人之举!当这项成果在1977年发表时,当地邮局特地制作了纪念邮戳"四色足够"(Four Colors Suffice),加盖在当时的信件上。由于这是第一次用计算机证明数学定理,所以哈肯和阿佩尔的工作,不仅是解决了一个难题,而且从根本上拓展了人们对"证明"的理解,引发了数学家从数学及哲学方面对"证明"的思考。

"四色问题"的被证明不仅解决了一个历时100多年的难题,而且成为数学史上一系列新思维的起点。

在"四色问题"的研究过程中,不少新的数学理论随之产生,也发展了很多数学计算技巧。如将地图的着色问题化为图论问题,丰富了图论的内容。不仅如此,"四色问题"在有效地设计航空班机日程表,设计计算机的编码程序上都起到了推动作用。不过不少数学家并不满足于计算机取得的成就,他们认为应该有一种简捷明快的书面证明方法。直到现在,仍有不少数学家和数学爱好者在寻找更简洁的证明方法。

四、四色问题的局限性

虽然四色定理证明了任何地图可以只用四个颜色着色,但是这个结论对于现实上的应用却相当有限。现实中的地图常会出现飞地,即两个不连通的区域属于同一个国家的情况(例如美国的阿拉斯加州),而制作地图时我们仍会要求这两个区域被涂上同样的颜色,在这种情况下,四个颜色将会是不够用的。

第五节　千禧年大奖难题

千禧年大奖难题(Millennium Prize Problems),又称世界七大数学难题,是七个由美国克雷数学研究所(Clay Mathematics Institute,CMI)于 2000 年 5 月 24 日公布的数学难题。根据克雷数学研究所订定的规则,所有难题的解答必须发表在数学期刊上,并经过各方验证,只要通过两年验证期,每解破一题的解答者,会颁发奖金 1000000 美元。这些难题是呼应 1900 年德国数学家大卫·希尔伯特在巴黎提出的 23 个历史性数学难题,经过一百年,许多难题已获得解答。而千禧年大奖难题的破解,极有可能为密码学以及航天、通讯等领域带来突破性进展。

千禧年大奖难题之一:P＝NP?

尽管计算机极大地提高了人类的计算能力,仍有各种复杂的组合类或其他问题随规模的增大其复杂度也快速增大,通常我们认为计算机可以解决的问题只限于多项式时间内,即所需时间最多是问题规模的多项式函数。

有大量的问题,可以在确定型图灵机上用多项式时间求解;还有一些问题,虽然暂时没有能在确定型图灵机上用多项式时间求解的算法,但对于给定的可疑解可以在多项式时间内验证,那么,后者能否归并到前者内呢?

设想在一个周六的晚上,你参加了一个盛大的晚会。由于感到局促不安,你想知道这一大厅中是否有你已经认识的人。你的主人向你提议说,你一定认识那位正在甜点盘附近角落的女士罗丝。不费一秒钟,你就能向那里扫视,并且发现你的主人是正确的。然而,如果没有这样的暗示,你就必须环顾整个大厅,一个个地审视每一个人,看是否有你认识的人。生成问题的一个解通常比验证一个给定的解时间花费要多得多。这是这种一般现象的一个例子。与此类似的是,如果某人告诉你,数 13717421 可以写成两个较小的数的乘积,你可能不知道是否应该相信他,但是如果他告诉你他可以因子分解为 3607 乘上 3803,那么你就可以用一个袖珍计算器容易验证这是对的。

更经典的例子是流动推销员问题,假设你要去 3 个城市去推销,要是走过的路程最短,需要对这 3 个城市进行排序。很简单,这一共有 6 种路线,对比一下就可以找到最短的路线了。但很明显只有 3 个城市不现实,假设 10 个城市呢,这一共有 10! ＝3628800 种路线!假设你要算出每一条路线的长度,而计算一条路线花费 1 分钟,如果每天工作 8 小时,中间不休息,一星期工作 5 天,一年工作 52 个星期,这将要花费 20 多年!显然,这类计算会使用计算机。但由于阶乘数增长太快,连最先进的计算机也不堪重负。

P 是否等于 NP 的问题,即能用多项式时间验证解的问题是否能在多项式时间内找出解,是计算机与算法方面的重大问题,它是斯蒂文·考克(Stephen Cook)于 1971 年陈述的。

千禧年大奖难题之二:霍奇猜想

20 世纪的数学家们发现了研究复杂对象的形状的强有力的办法。基本想法是问在怎样的程度上,我们可以把给定对象的形状通过把维数不断增加的简单几何营造块粘合在一起来形成。这种技巧是变得如此有用,使得它可以用许多不同的方式来推广;最终导致一些强有力的工具,使数学家在对他们研究中所遇到的形形色色的对象进行分类时取得巨大的进展。不幸的是,在这一推广中,程序的几何出发点变得模糊起来。在某种意义下,必须加上某些没有任何几何解释的部件。霍奇猜想断言,对于所谓射影代数簇这种特别完美的空间类型来说,称作霍奇闭链的部件实际上是称作代数闭链的几何部件的(有理线性)组合。

千禧年大奖难题之三:庞加莱猜想

如果我们伸缩围绕一个苹果表面的橡皮带,那么我们可以既不扯断它,也不让它离开表面,使它慢慢移动收缩为一个点。另一方面,如果我们想象同样的橡皮带以适当的方向被伸缩在一个轮胎面上,那么不扯断橡皮带或者轮胎面,是没有办法把它收缩到一点的。我们说,苹果表面是"单连通的",而轮胎面不是。大约在一百年以前,庞加莱已经知道,二维球面本质上可由单连通性来刻画,他提出三维球面(四维空间中与原点有单位距离的点的全体)的对应问题。这个问题立即变得无比困难,从那时起,数学家们就在为此奋斗。

俄罗斯数学家佩雷尔曼最终解决了三维庞加莱猜想。Clay 数学研究所在 2010 年为此召开特别会议,为此猜想盖棺定论。

千禧年大奖难题之四:黎曼假设

有些数具有不能表示为两个更小的整数的乘积的特殊性质,例如,2,3,5,7 等等。这样的数称为素数;它们在纯数学及其应用中都起着重要作用。在所有自然数中,这种素数的分布并不遵循任何有规则的模式;然而,德国数学家黎曼观察到,素数的频率紧密相关于一个精心构造的所谓黎曼 zeta 函数 $\zeta(s)$ 的性态。著名的黎曼假设断言,方程 $\zeta(s) = 0$ 的所有有意义的解都在一条直线 $z = 1/2 + ib$ 上,其中 b 为实数,这条直线通常称为临界线。这点已经对于开始的 1500000000 个解验证过。证明它对于每一个有意义的解都成立将为围绕素数分布的许多奥秘带来光明。

弗里曼·戴森(Freeman Dyson)在《数学世纪——过去 100 年间 30 个重大问题》的前言里写道他钟爱的培根式的梦想,寻找一维拟晶理论以及黎曼 ζ 函数之间的可能联系。如果黎曼假设成立,则在临界线上的 ζ 函数的零点按照定义是一个拟晶。假如假设成立,ζ 函数的零点具有一个傅里叶变换,它由在所有素数幂的对数处的质点构成,而不含别处的质点。这就提供了证明黎曼假设的一个可能方法。

法国数学家孔涅从美国数学家蒙哥马利（Montgomery）描述临界线上 ζ 函数零点之间间距的公式中得到启发，用量子物理学的思想证明黎曼假设。他写出一组方程，规定一个假设的量子混沌系统，把所有的素数作为它的组成部分。他还证明，这个系统有着对应于临界线上所有 ζ 函数零点的能级。如果能证明这些与能级对应的零点外没有其他零点，也就证明了黎曼假设。

千禧年大奖难题之五：杨-米尔斯规范场存在性和质量缺口假设

量子物理的定律是以经典力学的牛顿定律对宏观世界的方式对基本粒子世界成立的。大约半个世纪以前，杨振宁和米尔斯发现，量子物理揭示了在基本粒子物理与几何对象的数学之间的令人注目的关系。基于杨—米尔斯方程的预言已经在如下的全世界范围内的实验室中所履行的高能实验中得到证实：布罗克哈文、斯坦福、欧洲粒子物理研究所和筑波。尽管如此，他们的既描述重粒子、又在数学上严格的方程没有已知的解。特别是，被大多数物理学家所确认、并且在他们的对于"夸克"的不可见性的解释中应用的"质量缺口"假设，从来没有得到一个数学上令人满意的证实。在这一问题上的进展需要在物理上和数学上两方面引进根本上的新观念。

千禧年大奖难题之六：NS 方程解的存在性与光滑性

起伏的波浪跟随着我们的正在湖中蜿蜒穿梭的小船，湍急的气流跟随着我们的现代喷气式飞机的飞行。数学家和物理学家深信，无论是微风还是湍流，都可以通过理解纳维叶—斯托克斯方程的解，来对它们进行解释和预言。虽然这些方程是 19 世纪写下的，我们对它们的理解仍然极少。挑战在于对数学理论作出实质性的进展，使我们能解开隐藏在纳维叶—斯托克斯方程中的奥秘。

千禧年大奖难题之七：贝赫和斯维讷通—戴尔猜想

数学家总是被诸如 $x^2 + y^2 = z^2$ 那样的代数方程的所有整数解的刻画问题着迷。欧几里德曾经对这一方程给出完全的解答，但是对于更为复杂的方程，这就变得极为困难。事实上，正如马蒂雅谢维奇（Yu. V. Matiyasevich）指出，希尔伯特第十问题是不可解的，即，不存在一般的方法来确定这样的方法是否有一个整数解。当解是一个阿贝尔簇的点时，贝赫和斯维讷通—戴尔猜想认为，有理点的群的大小与一个有关的蔡塔函数 $Z(s)$ 在点 $s = 1$ 附近的性态。特别是，这个有趣的猜想认为，如果 $Z(1)$ 等于 0，那么存在无限多个有理点（解），相反，如果 $Z(1)$ 不等于 0，那么只存在有限多个这样的点。

中国科学家究竟做出多大贡献？

"七大世纪数学难题"之一的庞加莱猜想，近日被科学家完全破解，中国科学家完成"最后封顶"工作——中山大学朱熹平教授和旅美数学家、清华大学讲席教授曹怀东以一篇长达 300 多页的论文，给出了庞加莱猜想的完全证明。

国际上知道哥德巴赫猜想人很少。丘成桐在接受采访时说，哥德巴赫猜想很重要，但是庞加莱猜想更重要，"国内研究哥德巴赫猜想的人很多，但国际上很少，知道的人也很少"。丘成桐指出，哥德巴赫猜想是数论中的难题，但是并未被列入"七大世纪数学难题"，"陈景润的工作很重要，也做到了极致，但是和庞加莱猜想比起来，还是要弱一些"。

丘成桐多次用"封顶"一词来形容中国科学家的作用。他反复强调，在这个过程，美国科学家和俄罗斯科学家都做出了重大贡献，尤其是美国数学家汉密尔顿，"他的贡献是开创性的"。

数学家杨乐说，如果按百分之百划分，美国数学家汉密尔顿的贡献在 50％以上，提出解决这一猜想要领的俄罗斯数学家佩雷尔曼的贡献在 25％左右。"中国科学家的贡献，包括丘成桐、朱熹平、曹怀东等，在 30％左右。"杨乐说，在这样一个世纪性、世界性的重大难题中，中国人能发挥三成的作用是很大的贡献。

丘成桐分析指出，剩余下的六大难题中，很多人攻关的黎曼假设还没有看到破解的希望；引起很多著名数学家兴趣的霍奇猜想"进展不大"；和流体有关的纳威厄—斯托克斯方程"离解决也相差很远"；P 与 NP 问题"没什么进展"；杨—米尔理论"太难，几乎没人做"。丘成桐认为，和数论有关的波奇和斯温纳顿—戴雅猜想是最有希望破解的一个。他透露，在这一领域，原本在国外取得一些进展的数论专家田野教授，最近已经回国到晨兴数学研究中心工作。"希望他能回来带动一下国内在这方面的工作。"

第九章　数学建模简介

这个世界太需要数学了！但我们却往往视而不见。自人类萌发了认识自然之念、幻想着改造自然之时，数学便一直成为人们手中的有力武器。牛顿的万有引力定律、伽利略发明的望远镜让世界震惊，其关键的理论工具却是数学。然而，社会的发展却使数学日益脱离自然的轨道，逐渐发展成为高深莫测的"专项技巧"。数学被神化，同时，又被束之高阁。近半个世纪以来，数学的形象有了很大变化。数学已不再单纯是数学家和少数物理学家、天文学家、力学家等人手中的神秘武器，它越来越深入地引用到各行各业之中，几乎在人类社会生活的每个角落都在展示它的无穷威力。这一点尤其表现在生物、政治、经济以及军事等数学应用的非传统领域。数学不再仅仅作为一种工具和手段，而日益成为一种"技术"参与实际问题中。近年来，随着计算机的不断发展，数学的应用更得到突飞猛进的发展。

一、什么是数学模型？

1. 什么是数学模型

数学模型是对于现实世界的一个特定对象，一个特定目的，根据特有的内在规律，做出一些必要的假设，运用适当的数学工具，得到一个数学结构。简单地说：就是系统的某种特征的本质的数学表达式（或是用数学术语对部分现实世界的描述），即用数学式子（如函数、图形、代数方程、微分方程、积分方程、差分方程等）来描述（表述、模拟）所研究的客观对象或系统在某一方面的存在规律。

随着社会的发展，生物、医学、社会、经济……，各学科、各行业都涌现现出大量的实际课题，急待人们去研究、去解决。但是，社会对数学的需求并不只是需要数学家和专门从事数学研究的人才，而更大量的是需要在各部门中从事实际工作的人善于运用数学知识及数学的思维方法来解决他们每天面临的大量的实际问题，取得经济效益和社会效益。他们不是为了应用数学知识而寻找实际问题（就像在学校里做数学应用题），而是为了解决实际问题而需要用到数学。而且不止是要用到数学，很可能还要用到别的学科、领域的知识，要用到工作经验和常识。特别是在现代社会，要真正解决一个实际问题几乎都离不开计算机。可以这样说，在实际工作中遇到的问题，完全纯粹的只用现成的数学知识就能解决的问题几乎是没有的。你所能遇到的都是数学和其他东西混杂在一起的问题，不是"干净的"数学，而是"脏"的数学。其中的数学奥妙不是明摆在那里等着你去解决，而是暗藏在深处等着你去发现。也就是说，你要对复杂的实际问题进行分析，发现其中的可以用数学语言来描述的关系或规律，把这个实际问题化成一个数学问题，这就称为数学模型。

2. 数学模型的特征

数学模型的一个重要特征就是高度的抽象性。通过数学模型能够将形象思维转化为抽象思维,从而可以突破实际系统的约束,运用已有的数学研究成果对研究对象进行深入的研究。数学模型的另一个特征是经济性。用数学模型研究不需要过多的专用设备和工具,可以节省大量的设备运行和维护费用,用数学模型可以大大加快研究工作的进度,缩短研究周期,特别是在电子计算机得到广泛应用的今天,这个优越性就更为突出。但是,数学模型具有局限性,在简化和抽象过程中必然造成某些失真。所谓"模型就是模型"(而不是原型),即是指该性质。

二、什么是数学建模?

数学建模是利用数学方法解决实际问题的一种实践。即通过抽象、简化、假设、引进变量等处理过程后,将实际问题用数学方式表达,建立起数学模型,然后运用先进的数学方法及计算机技术进行求解。简而言之,建立数学模型的这个过程就称为数学建模。

模型是客观实体有关属性的模拟。模型不一定是对实体的一种仿照,也可以是对实体的某些基本属性的抽象,例如,一张地质图并不需要用实物来模拟,它可以用抽象的符号、文字和数字来反映出该地区的地质结构。数学模型也是一种模拟,是用数学符号、数学式子、程序、图形等对实际课题本质属性的抽象而又简洁的刻画,它或能解释某些客观现象,或能预测未来的发展规律,或能为控制某一现象的发展提供某种意义下的最优策略或较好策略。数学模型一般并非现实问题的直接翻版,它的建立常常既需要人们对现实问题深入细微的观察和分析,又需要人们灵活巧妙地利用各种数学知识。这种应用知识从实际课题中抽象、提炼出数学模型的过程就称为数学建模。实际问题中有许多因素,在建立数学模型时你不可能、也没有必要把它们毫无遗漏地全部加以考虑,只能考虑其中的最主要的因素,舍弃其中的次要因素。

数学模型建立起来了,实际问题化成了数学问题,就可以用数学工具、数学方法去解答这个实际问题。如果有现成的数学工具当然好。如果没有现成的数学工具,就促使数学家们寻找和发展出新的数学工具去解决它,这又推动了数学本身的发展。例如,开普勒由行星运行的观测数据总结出开普勒三定律,牛顿试图用自己发现的力学定律去解释它,但当时已有的数学工具是不够用的,这促使了微积分的发明。求解数学模型,除了用到数学推理以外,通常还要处理大量数据,进行大量计算,这在电子计算机发明之前是很难实现的。因此,很多数学模型,尽管从数学理论上解决了,但由于计算量太大而没法得到有用的结果,还是只有束之高阁。而电子计算机的出现和迅速发展,给用数学模型解决实际问题打开了广阔的道路。而在现在,要真正解决一个实际问题,离了计算机几乎是不行的。

数学模型建立起来了,也用数学方法或数值方法求出了解答,是不是就万事大吉了呢?不是。既然数学模型只能近似地反映实际问题中的关系和规律,到底反映得好不好,还需要接受检验,如果数学模型建立得不好,没有正确地描述所给的实际问题,数学解答再正确也是没有用的。因此,在得出数学解答之后还要让所得的结论接受实际的检验,看它是否合理,是否可行,等等。如果不符合实际,还应设法找出原因,修改原来的模型,重新求解和检验,直到比较合理可行,才能算是得到了一个解答,可以先付诸实施。但是,十全十美的答案是没有的,已得到的解答仍有改进的余地,可以根据实际情况,或者继续研究和改进;或者暂时告一段落,待将来有新的情况和要求后再作改进。

应用数学知识去研究和和解决实际问题,遇到的第一项工作就是建立恰当的数学模型。从这一意义上讲,可以说数学建模是一切科学研究的基础。没有一个较好的数学模型就不可能得到较好的研究结果,所以,建立一个较好的数学模型乃是解决实际问题的关键之一。数学建模将各种知识综合应用于解决实际问题中,是培养和提高同学们应用所学知识分析问题、解决问题的能力的必备手段之一。

三、数学建模的一般方法

建立数学模型的方法并没有一定的模式,但一个理想的模型应能反映系统的全部重要特征:模型的可靠性和模型的使用性。

建模的一般方法:

1. 机理分析

机理分析就是根据对现实对象特性的认识,分析其因果关系,找出反映内部机理的规律,所建立的模型常有明确的物理或现实意义。

(1)比例分析法——建立变量之间函数关系的最基本最常用的方法。

(2)代数方法——求解离散问题(离散的数据、符号、图形)的主要方法。

(3)逻辑方法——是数学理论研究的重要方法,对社会学和经济学等领域的实际问题,在决策,对策等学科中得到广泛应用。

(4)常微分方程——解决两个变量之间的变化规律,关键是建立"瞬时变化率"的表达式。

(5)偏微分方程——解决因变量与两个以上自变量之间的变化规律。

2. 测试分析方法

测试分析方法就是将研究对象视为一个"黑箱"系统,内部机理无法直接寻求,通过测量系统的输入输出数据,并以此为基础运用统计分析方法,按照事先确定的准则在某一类模型中选出一个数据拟合得最佳的模型。

(1)回归分析法——用于对函数 $f(x)$ 的一组观测值 $(x_i, f_i), i = 1, 2, \cdots n$,确定函数的表达式,由于处理的是静态的独立数据,故称为数理统计方法。

(2)时序分析法——处理的是动态的相关数据,又称为过程统计方法。

将这两种方法结合起来使用,即用机理分析方法建立模型的结构,用系统测试方法来确定模型的参数,也是常用的建模方法,在实际过程中用那一种方法建模主要是根据我们对研究对象的了解程度和建模目的来决定。

3. 仿真和其他方法

(1)计算机仿真(模拟):实质上是统计估计方法,等效于抽样试验。

①离散系统仿真:有一组状态变量。

②连续系统仿真:有解析表达式或系统结构图。

(2)因子试验法:在系统上作局部试验,再根据试验结果进行不断分析修改,求得所需的模型结构。

(3)人工现实法:基于对系统过去行为的了解和对未来希望达到的目标,并考虑到系统有关因素的可能变化,人为地组成一个系统。

四、数学模型的分类

数学模型可以按照不同的方式分类,下面介绍常用的几种:

1. 按照模型的应用领域(或所属学科)分:如人口模型、交通模型、环境模型、生态模型、城镇规划模型、水资源模型、再生资源利用模型、污染模型等,范畴更大一些则形成许多边缘学科如生物数学、医学数学、地质数学、数量经济学、数学社会学等。

2.按照建立模型的数学方法(或所属数学分支)分:如初等数学模型、几何模型、微分方程模型、图论模型、马氏链模型、规划论模型等。

按第一种方法分类的数学模型,着重于某一专门领域中用不同方法建立模型,而按第二种方法分类的书里,是用属于不同领域的现成的数学模型来解释某种数学技巧的应用。

3.按照模型的表现特性又有几种分法:

确定性模型和随机性模型。取决于是否考虑随机因素的影响。近年来随着数学的发展,又有所谓突变性模型和模糊性模型。

静态模型和动态模型。取决于是否考虑时间因素引起的变化。

线性模型和非线性模型。取决于模型的基本关系,如微分方程是否是线性的。

离散模型和连续模型。指模型中的变量(主要是时间变量)取为离散还是连续的。

虽然从本质上讲大多数实际问题是随机性的、动态的、非线性的,但是由于确定性、静态、线性模型容易处理,并且往往可以作为初步的近似来解决问题,所以建模时常先考虑确定性、静态、线性模型。连续模型便于利用微积分方法求解,作理论分析,而离散模型便于在计算机上作数值计算,所以用哪种模型要看具体问题而定。在具体的建模过程中将连续模型离散化,或将离散变量视作连续,也是常采用的方法。

4.按照建模目的分:有描述模型、分析模型、预报模型、优化模型、决策模型、控制模型等。

5.按照对模型结构的了解程度分:有所谓白箱模型、灰箱模型、黑箱模型。这是把研究对象比喻成一只箱子里的机关,要通过建模来揭示它的奥妙。白箱主要包括用力学、热学、电学等一些机理相当清楚的学科描述的现象以及相应的工程技术问题,这方面的模型大多已经基本确定,还需深入研究的主要是优化设计和控制等问题了。灰箱主要指生态、气象、经济、交通等领域中机理尚不十分清楚的现象,在建立和改善模型方面都还不同程度地有许多工作要做。至于黑箱则主要指生命科学和社会科学等领域中一些机理(数量关系方面)很不清楚的现象。有些工程技术问题虽然主要基于物理、化学原理,但由于因素众多、关系复杂和观测困难等原因也常作为灰箱或黑箱模型处理。当然,白、灰、黑之间并没有明显的界限,而且随着科学技术的发展,箱子的"颜色"必然是逐渐由暗变亮的。

五、数学建模的一般步骤

建模的步骤一般分为下列几步。

1.模型准备。首先要了解问题的实际背景,明确题目的要求,搜集各种必要的信息。

2.模型假设。在明确建模目的,掌握必要资料的基础上,通过对资料的分析计算,找出起主要作用的因素,经必要的精炼、简化,提出若干符合客观实际的假设,使问题的主要特征凸现出来,忽略问题的次要方面。一般地说,一个实际问题不经过简化假设就很难翻译成数学问题,即使可能,也很难求解。不同的简化假设会得到不同的模型。假设作得不合理或过分简单,会导致模型失败或部分失败,于是应该修改和补充假设;假设作得过分详细,试图把复杂对象的各方面因素都考虑进去,可能使你很难甚至无法继续下一步的工作。通常,作假设的依据,一是出于对问题内在规律的认识,二是来自对数据或现象的分析,也可以是二者的综合。作假设时既要运用与问题相关的物理、化学、生物、经济等方面的知识,又要充分发挥想象力、洞察力和判断力,善于辨别问题的主次,果断地抓住主要因素,舍弃次要因素,尽量将问题线性化、均匀化。经验在这里也常起重要作用。写出假设时,语言要精确,就像做习题时写出已知条件那样。

3.模型构成。根据所作的假设以及事物之间的联系,利用适当的数学工具去刻画各变量之间的关系,建立相应的数学结构——即建立数学模型。把目标问题化为数学问题。要注意尽量采取简单的数学工具,因为简单的数学模型往往更能反映事物的本质,而且也容易使更多的人掌握和使用。

4.模型求解。利用已知的数学方法来求解上一步所得到的数学问题,这时往往还要作出进一步的简化或假设。在难以得出解析解时,也应当借助计算机求出数值解。

5.模型分析。对模型解答进行数学上的分析,有时要根据问题的性质分析变量间的依赖关系或稳定状况,有时是根据所得结果给出数学上的预报,有时则可能要给出数学上的最优决策或控制,不论哪种情况还常常需要进行误差分析、模型对数据的稳定性或灵敏性分析等。

6.模型检验。分析所得结果的实际意义,与实际情况进行比较,看是否符合实际,如果结果不够理想,应该修改、补充假设或重新建模,有些模型需要经过几次反复,不断完善。

7.模型应用。所建立的模型必须在实际中应用才能产生效益,在应用中不断改进和完善。应用的方式自然取决于问题的性质和建模的目的。

六、数学建模的基本特点

1.数学建模不一定有唯一正确的答案。这个特点是数学建模所独有的特点之一。事实上,我们对同一个问题的理解程度、所使用的工具、所在的研究领域、它的层次、所使用的方法等可以各不相同。因此,所建立的模型可以是千差万别,绝对不同。可以举个很单间的例子:

2003年全国大学生数学建模竞赛中的一个题目,叫做"非典"的传播,这是"非典"之后的一个数学建模题目,关于"非典"的传播问题,从全国范围来看,已经建立了十一种模型,而且都是相当不错的,这意味着什么呢?意味着数学建模无所谓对错,但是有优劣之分,这是数学建模的一个最大特点,它的答案可能不唯一,但不能说错,也不能说对,只能有优劣之分,只要我们去做了这就是结论。

2.模型的逼真性与可行性。很自然,人们都希望自己建立的模型能和原型基本一致,或说最好是一样,但实际中,一个非常逼真的模型在数学上处理是非常难的,或者说,一个非常逼真的模型用数学的方法去解它是不可能的。因此,在建立模型的过程中,千万不要过于追求模型的完美性,这是很智慧的一件事情。任何一个数学模型都永远不会与其原型绝对一致,只要误差在我们所能容许的范围之内即可考虑使用。

3.模型的渐进性。较为复杂一点的实际问题,通常一次建模是不能彻底解决问题的,而是通过反复几次建模过程,才能最后得到一个好的模型,这里包括由简到繁,也包括由繁到简的过程。

4.模型的可转移性。数学模型是对现实对象用数学的方法的抽象化和理想化的产物。因此,它往往不被所在领域所独有,而完全可以转移到其他领域中去加以应用,它具有广泛的应用性。

5.数学建模没有统一的方法。从大的范围来讲有两个产生的办法。一个是所谓的机理分析法,另一个就是测试分析法。假如我们对象的内部机理比较清楚,也比较容易识别的话,这个时候通常使用机理分析法来建模,否则用测试分析法。但由于测试分析法需要比较多的专业知识,比如:系统识别等。因此限于我们的学习范围,就不对它进行深入的研究,所以我们的多用机理分析法。

七、数学建模例子

以下介绍几个初等模型,椅子问题、席位分配问题、交通流量模型。体会数学建模的形式多样性和方法多样性,了解建模思想,着重理解理解由现实问题向数学问题的转化过程。

问题1 四条腿长度相等的方椅子放在不平的地面上,四条腿能否同时着地?

【分析】设椅子中心不动,四条腿的下端用 A,B,C,D 表示,中心为 O。用对角线 AC 与 x 轴的夹角 θ 来表示椅子的位置。A,B,C,D 四点距地面的距离分别设为 a,b,c,d 它们都是旋转角 θ 的函数。(见图 $9-1$)

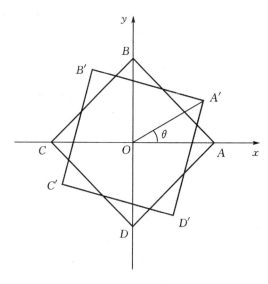

图 $9-1$ 椅子问题

【问题的转化】假设:地面凹凸变化是连续的,并且没有大的起伏。在此假设下 a,b,c,d 均为 θ 的连续函数,且

$$(a+b)(c+d)=0$$

令 $f(\theta)=a+b,g(\theta)=c+d$ 且 $\theta=0$ 时,不妨设 $g(0)=0,f(0)>0$,于是抽象成了如下数学问题:

已知:$f(\theta),g(\theta)$ 连续,$g(0)=0,f(0)>0,f(\theta)g(\theta)\equiv0$。

求证:$\exists\theta_0\in(0,2\pi),s.t.g(\theta_0)=f(\theta_0)=0$。

完美的抽象!

【模型求解】将椅子旋转 $90°$,对角线 AC 和 BD 互换,由 $g(0)=0,f(0)>0$ 可知 $g(\pi/2)>0,f(\pi/2)=0$。令 $h(\theta)=g(\theta)-f(\theta)$,则 $h(0)<0,h(\pi/2)>0$,由 f,g 的连续性知 h 也是连续函数,由零点定理,必存在 $\theta_0(0<\theta_0<\pi/2)$ 使 $h(\theta_0)=0,g(\theta_0)=f(\theta_0)$,由 $g(\theta_0)f(\theta_0)=0$,所以 $g(\theta_0)=f(\theta_0)=0$。

【结论】如果地面时连续变化的,则四条腿能够同时落地。

椅子问题的解决关键是引入变量 θ,一是可以用 θ 表示椅子的位置;二是椅子腿与地面的距离可以表示为 θ 的连续函数。最后利用函数的介值定理使这一问题解决得非常巧妙而简单。

【思考】1. 方形椅子改为长方形椅子,结论如何?

2. 地面为球面的一部分时,结论如何?

问题 2 某校有 200 名学生,甲系 100 名,乙系 60 名,丙系 40 名,若学生代表会议设 20 个席位,问三系各有多少个席位?

【问题的提出】按惯例分配席位方案,即按人数比例分配原则

$$m = q \times \frac{p}{N}$$

其中,m 表示某单位的席位数;p 表示某单位的人数;N 表示总人数;q 表示总席位数。见表 9-1。

表 9-1 20 个席位的分配结果

系别	人数	所占比例	分配方案	席位数
甲	100	100/200	(50/100)·20=10	10
乙	60	60/200	(30/100)·20=6	6
丙	40	40/200	(20/100)·20=4	4

现丙系有 6 名学生分别转到甲、乙系各 3 名。见表 9-2。

表 9-2 人数变动后座位分配结果

系别	人数	所占比例	分配方案	席位数
甲	103	103/200=51.5%	51.5%·20=10.3	10
乙	63	63/200=31.5%	31.5%·20=6.3	6
丙	34	34/200=17.0%	17.0%·20=3.4	4

现象 1 丙系虽少了 6 人,但席位仍为 4 个。(不公平!)为了在表决提案时可能出现 10:10 的平局,再设一个席位。见表 9-3。

表 9-3 21 个席位的分配结果

系别	人数	所占比例	分配方案	席位数
甲	103	103/200=51.5%	51.5%·21=10.815	11
乙	63	63/200=31.5%	31.5%·21=6.615	7
丙	34	34/200=17.0%	17.0%·21=3.570	3

现象 2 总席位增加一席,丙系反而减少一席。(不公平!)

惯例分配方法:按比例分配完取整数的名额后,剩下的名额按惯例分给小数部分较大者。存在不公平现象,能否给出更公平的分配席位的方案?

【模型分析】

目标:建立公平的分配方案。

反映公平分配的数量指标可用每席位代表的人数来衡量。问题分析详见表 9-4 至表 9-7。

表 9 - 4　席位分析 1

系别	人数	席位数	每席位代表的人数
甲	100	10	100/10＝10
乙	60	6	60/6＝10
丙	40	4	40/4＝10

表 9 - 5　席位分析 2

系别	人数	席位数	每席位代表的人数	公平程度
甲	103	10	103/10＝10.3	中
乙	63	6	63/6＝10.5	差
丙	34	4	34/4＝8.5	好

表 9 - 6　席位分析 3

系别	人数	席位数	每席位代表的人数	公平程度
甲	103	11	103/11＝9.36	中
乙	63	7	63/7＝9	好
丙	34	3	34/3＝11.33	差

一般地，

表 9 - 7　席位分析 4

单位	人数	席位数	每席位代表的人数
A	p_1	n_1	$\dfrac{p_1}{n_1}$
B	p_2	n_2	$\dfrac{p_2}{n_2}$

当 $\dfrac{p_1}{n_1}=\dfrac{p_2}{n_2}$ 席位分配公平。但通常不一定相等,席位分配的不公平程度用以下标准来判断。

1) $\left|\dfrac{p_1}{n_1}-\dfrac{p_2}{n_2}\right|$ 称为"绝对不公平"标准。此值越小分配越趋于公平,但这并不是一个好的衡量标准。C,D 的不公平程度大为改善！见表 9 - 8。

表 9 - 8　"绝对公平"标准表

单位	人数 p	席位数 n	每席位代表的人数	绝对不公平标准
A	120	10	12	12－10＝2
B	100	10	10	
C	1020	10	102	102－100＝2
D	1000	10	100	

2)相对不公平

$\frac{p}{n}$ 表示每个席位代表的人数,总人数一定时,此值越大,代表的人数就越多,分配的席位就越少。$\frac{p_1}{n_1} > \frac{p_2}{n_2}$ 则 A 吃亏,或对 A 是不公平的。

若 $\frac{p_1}{n_1} > \frac{p_2}{n_2}$,则称 $r_A(n_1,n_2) = \frac{p_1/n_1 - p_2/n_2}{p_2/n_2} = \frac{p_1 n_2}{p_2 n_1} - 1$ 对 A 的相对不公平值;若 $\frac{p_1}{n_1} < \frac{p_2}{n_2}$,则称 $r_B(n_1,n_2) = \frac{p_2/n_2 - p_1/n_1}{p_1/n_1} = \frac{p_2 n_1}{p_1 n_2} - 1$ 对 B 的相对不公平值。

建立了衡量分配不公平程度的数量指标 r_A,r_B,制定席位分配方案的原则是使它们的尽可能的小。

【建模】若 A,B 两方已占有席位数为 n_1,n_2,用相对不公平值讨论当席位增加 1 个时,应该给 A 还是 B 方。

不失一般性,若 $\frac{p_1}{n_1} > \frac{p_2}{n_2}$,有下面三种情形。

情形1:$\frac{p_1}{n_1+1} > \frac{p_2}{n_2}$,说明即使给 A 单位增加 1 席,仍对 A 不公平,所增这一席必须给 A 单位。

情形2:$\frac{p_1}{n_1+1} < \frac{p_2}{n_2}$,说明当对 A 不公平时,给 A 单位增加 1 席,对 B 又不公平。计算对 B 的相对不公平值

$$r_B(n_1+1,n_2) = \frac{p_2/n_2 - p_1/(n_1+1)}{p_1/(n_1+1)} = \frac{p_2(n_1+1)}{p_1 n_2} - 1。$$

情形3:$\frac{p_1}{n_1} > \frac{p_2}{n_2+1}$,说明当对 A 不公平时,给 B 单位增加 1 席,对 A 不公平。计算对 A 的相对不公平值

$$r_A(n_1,n_2+1) = \frac{p_1/n_1 - p_2/(n_2+1)}{p_2/(n_2+1)} = \frac{p_1(n_2+1)}{p_2 n_1} - 1$$

若 $r_B(n_1+1,n_2) < r_A(n_1,n_2+1)$,则这一席位给 A 单位,否则给 B 单位。因为

$r_B(n_1+1,n_2) = \frac{p_2(n_1+1)}{p_1 n_2} - 1$,而 $r_A(n_1,n_2+1) = \frac{p_1(n_2+1)}{p_2 n_1} - 1$。所以,$r_B(n_1+1,n_2) <$

$r_A(n_1,n_2+1) \Leftrightarrow \frac{p_2(n_1+1)}{p_1 n_2} < \frac{p_1(n_2+1)}{p_2 n_1} \Leftrightarrow \frac{p_2^2}{n_2(n_2+1)} < \frac{p_1^2}{n_1(n_1+1)}$ （＊）

【结论】当（＊）成立时,增加的一个席位应分配给 A 单位,反之,应分配给 B 单位。若 A、B 两方已占有席位数为 n_1,n_2,记

$$Q_i = \frac{p_i^2}{n_i(n_i+1)} \quad i = 1,2,$$

则增加的一个席位应分配给 Q 值较大的一方。这样的分配席位的方法称为 Q 值方法。

问题3　交通流量问题

生活背景:由于人口的增加,人们生活水平的提高,社会拥有车辆的数量在快速增加,许多大中城市都车满为患,塞车现象处处可见,所以每一位司机和乘客,都会共同关心交通流量的问题。

交通流量的定义：设某一辆车的车头与随后的车相隔的距离为 d，而行驶的车速为 v，定义单位时间内通过的车辆数为交通流量，则交通流量 f 有以下关系式：$f = \dfrac{v}{d}$。

定义车距：前车车尾至后车车头间的距离，记为 d'，L 表示车长。则

$$f = \frac{v}{L + d'}$$

(1)在交通拥挤的情况下，由于 $d' < L$，故 $f = \dfrac{v}{L}$。

(2)在交通畅通的情况(如高速公路)下，由于 $d' > L$，故 $f = \dfrac{v}{d'}$，由于 $d' = kvt$，其中 t 为煞车前的反应时间，所以

$$f = \frac{v}{kvt} = \frac{1}{kt}$$

故 $f = \begin{cases} \dfrac{v}{L}, & (交通拥挤时) \\[2mm] \dfrac{1}{kt}, & (交通畅通时) \end{cases}$

评价：遇上交通拥挤时，影响交通流量的主要是车速与车长，在这种情况下，车速自然要放慢，否则只会发生意外。因此，影响最大的因素就是车长，在马路上排队的短身车辆，明显地对交通流量增加有不小的"贡献"。至于在高速公路上，影响交通流量的最主要因素不是速度而是驾车者的反应。

八、全国大学生数模竞赛简介

1. 数模竞赛的起源与历史

数模竞赛是由美国工业与应用数学学会在 1985 年发起的一项大学生竞赛活动，目的是促进数模的教学，培养学生应用数学的能力。我国在 1992 年起开展这项竞赛，现已形成一项全国性的竞赛活动。

2. 数模竞赛题指导原则、题型

竞赛宗旨：

创新意识 团队精神 重在参与 公平竞争。

指导原则：

扩大受益面，保证公平性，推动教学改革，提高竞赛质量，扩大国际交流，促进科学研究。

赛题题型结构形式有三个基本组成部分：

(1)实际问题背景

①涉及面宽：有社会，经济，管理，生活，环境，自然现象，工程技术，现代科学中出现的新问题等。

②一般都有一个比较确切的现实问题。

(2)若干假设条件 有如下几种情况：

①只有过程、规则等定性假设，无具体定量数据；

②给出若干实测或统计数据；

③给出若干参数或图形;

④蕴涵着某些机动、可发挥的补充假设条件,或参赛者可以根据自己收集或模拟产生数据。

(3)要求回答的问题 往往有几个问题(一般不是唯一答案)

①比较确定性的答案(基本答案);

②更细致或更高层次的讨论结果(往往是讨论最优方案的提法和结果)。

3. 全国大学生数模竞赛是如何进行的呢?

全国大学生数学建模竞赛是全国高校规模最大的课外科技活动之一。该竞赛每年9月(一般在上旬某个周末的星期五至下周星期一共3天,72小时)举行,竞赛面向全国大专院校的学生,不分专业(但竞赛分本科、专科两组,本科组竞赛所有大学生均可参加,专科组竞赛只有专科生(包括高职、高专生)可以参加)。

采取通讯方式比赛,比赛地点在各个高校。比赛时间全国统一的,不可以与老师交流,可以在互联网查阅资料。

4. 参加数模竞赛通常需要哪些方面的知识呢?

第一方面:数学知识的应用能力。归结起来大体上有以下几类:①概率与数理统计;②统筹与线性规划;③微分方程还有与计算机知识相交叉的知识;④计算机模拟,上述的内容有些同学完全没有学过,也有些同学只学过一点概率与数理统计,微分方程的知识怎么办呢? 一个词"自学",其实对老师而言也不可能样样精通。

第二方面:计算机的运用能力,一般来说凡参加过数模竞赛的同学都能熟练地应用字处理软件"Word",掌握电子表格"Excel"的使用;"Mathematical"软件的使用,最好还具备语言能力。这些知识大部分都是学生自己利用课余时间学习的。

第三方面:论文的写作能力,考卷的全文是论文式的,文章的书写有比较严格的格式。

5. 数学建模实现了什么

(1)提高学生综合素质

数学建模竞赛的题目由工程技术、经济管理、社会生活等领域中的实际问题简化加工而成,没有事先设定的标准答案,但留有充分余地供参赛者发挥其聪明才智和创造精神。从下面一些题目的标题可以看出其实用性和挑战性:"DNA序列分类"、"血管的三维重建"、"公交车调度"、"SARS的传播"、"奥运会临时超市网点设计"、"长江水质的评价和预测"等等。

竞赛以通讯形式进行,三名大学生组成一队,在三天时间内可以自由地收集资料、调查研究,使用计算机、软件和互联网,但不得与队外任何人包括指导教师讨论。要求每个队完成一篇包括模型的假设、建立和求解,计算方法的设计和计算机实现,结果的分析和检验,模型的改进等方面的论文。竞赛评奖以假设的合理性、建模的创造性、结果的正确性和文字表述的清晰程度为主要标准。可以看出,这项竞赛从内容到形式与传统的数学竞赛不同,既丰富、活跃了广大同学的课外生活,也为优秀学生脱颖而出创造了条件。

竞赛让学生面对一个从未接触过的实际问题,运用数学方法和计算机技术加以分析、解决,他们必须开动脑筋、拓宽思路,充分发挥创造力和想象力,培养了学生的创新意识及主动学习、独立研究的能力。

竞赛紧密结合社会热点问题,富有挑战性,吸引着学生关心、投身国家的各项建设事业,培养他们理论联系实际的学风。

竞赛需要学生在很短时间内获取与赛题有关的知识,锻炼了他们从互联网和图书馆查阅文献、收集资料的能力,也提高了他们撰写科技论文的文字表达水平。

竞赛要三个同学共同完成一篇论文,他们在竞赛中要分工合作、取长补短、求同存异,既有相互启发、相互学习,也有相互争论,培养了学生们同舟共济的团队精神和进行协调的组织能力。

竞赛是开放型的,三天中没有或者很少有外部的强制约束,同学们要自觉地遵守竞赛纪律,公平地开展竞争。诚信意识和自律精神是建设和谐社会的基本要素之一,同学们能在竞赛中得到这种品格锻炼对他们的一生是非常有益的。

(2)推动高校教育改革

竞赛虽然发展得如此迅速,但是参加者毕竟还是很少一部分学生,要使它具有强大的生命力,必须与日常的教学活动和教育改革相结合。十几年来在竞赛的推动下许多高校相继开设了数学建模课程以及与此密切相关的数学实验课程,一些教师正在进行将数学建模的思想和方法融入数学主干课程的研究和试验。

数学教育本质上是一种素质教育。通过数学的训练,可以使学生树立明确的数量观念,提高逻辑思维能力,有助于培养认真细致、一丝不苟的作风,形成精益求精的风格,提高运用数学知识处理现实世界中各种复杂问题的意识、信念和能力,调动学生的探索精神和创造力。

要体现素质教育的要求,数学的教学不能完全和外部世界隔离开来,关起门来在数学的概念、方法和理论中打圈子,处于自我封闭状态,以致学生在学了许多据说是非常重要、十分有用的数学知识以后,却不怎么会应用或无法应用。开设数学建模和数学实验课程,举办数学建模竞赛,为数学与外部世界的联系打开了一个通道,提供了一种有效的方式,对提高同学的数学素质起了显著的效果,提高了学生学习数学的积极性和主动性,是对数学教学体系和内容改革的一个成功的尝试。

数学建模教学和竞赛活动中经常用到计算机和数学软件,普遍采取案例教学和课堂讨论,丰富了数学教学的形式和方法。

大学生数学建模竞赛是我国高等教育改革的一次成功的实践,为高等学校应该培养什么人、怎样培养人,做出了重要的探索,为提高学生综合素质提供了一个范例。多位中国科学院和中国工程院院士以及教育界的专家参加过为数学建模竞赛举办的活动,对这项竞赛给予热情关心和很高的评价。

(3)数学建模竞赛的国际效应

从 1989 年起我国同学参加美国大学生数学建模竞赛的积极性越来越高,近几年参赛校数、队数占到相当大的比例。复旦大学、中国科技大学、华东理工大学、清华大学、浙江大学、国防科技大学、北京大学、东南大学、东华大学、电子科技大学等相继获得最高奖。可以说,数学建模竞赛是在美国发芽,而在中国开花、结果的。

从 1983 年开始,国际上有一个"数学建模教学和应用"的系列会议,每两年一次。从 1997 年起我国几乎每届会议都有代表参加,并且在北京成功地举办了第 10 届会议,在这些会议上多次介绍我国数学建模教学和竞赛的发展情况,怎样把数学建模的思想和方法融入到大学的主干数学课程中去的进展,得到国际同行们的关注和好评。有些国家的专家正在研究和评估我国的大学生数学建模竞赛及其对教学改革的推动。

　　我国大学生数学建模竞赛经过十几年迅速、健康的发展,已经在国内外产生了很大的影响,树立起了自己的品牌。这项活动必将在培养创新人才、提高学生素质、推动教育改革中取得更大的成绩。

参考文献

[1] 郑隆炘. 数学方法论与数学文化专题探析[M]. 武汉：华中科技大学出版社. 2013.

[2] 葛斌华. 数学文化漫谈[M]. 北京：经济科学出版社. 2009.

[3] 易南轩. 数学美拾趣[M]. 北京：科学出版社. 2002.

[4] 谈祥柏. 数学与文史[M]. 上海：上海教育出版社. 2002.

[5] 王青建. 数学开心辞典[M]. 北京：科学出版社. 2008.

[6] 张顺燕. 数学的美与理[M]. 北京：北京大学出版社. 2004.

[7] 吴文俊. 九章算术与刘徽[M]. 北京：北京师范大学出版社. 1982.

[8] 徐迟. 哥德巴赫猜想[M]. 北京：人民文学出版社. 2005.

[9] 张维忠. 文化视野中的数学与数学教育[M]. 北京：人民教育出版社. 2005.

[10] [美] R·柯朗（Richard Courant），[美] H·罗宾（Herbert Robbins）著；左平，张饴慈译. 什么是数学：对思想和方法的基本研究（第3版）[M]. 上海：复旦大学出版社. 2012.

[11] [美] 莫里斯·克莱因 著；张理京，张锦炎，江泽涵 等 译. 古今数学思想（新版·典藏本）（套装1～3册）[M]. 上海：上海科技出版社. 2013.

[12] [美] 齐斯·德福林著；洪万生，洪赞天，苏意雯，英家铭 译. 数学的语言化无形为可见[M]. 广西：广西师范大学出版社. 2013.

[13] 顾沛. 数学文化[M]. 北京：高等教育出版社. 2008.

[14] 邹庭荣. 数学文化赏析（第2版）[M]. 武汉：武汉大学出版社. 2013.

[15] 马锐，罗兆富. 数学文化与数学欣赏 [M]. 北京：科学出版社. 2015.

[16] 庹克平. 数学抽象维度[J]. 吉首大学学报（自然科学版）. 1989(01)

[17] 蔡菊苏. 数学抽象能力的培养[J]. 绍兴师专学报（自然科学版）. 1994(05)

[18] 徐利治，张鸿庆. 数学抽象度概念与抽象度分析法[J]. 数学研究与评论. 1985(02)

[19] 傅夕联，包芳勋，张玉峰，张召生. 高等数学的抽象度分析及其教改建议[J]. 曲阜师范大学学报（自然科学版）. 1994(S1)

[20] 骆洪才，廖六生. 数学抽象性的研究与思考[J]. 数学教育学报. 2001(02)

[21] 郑正亚. 数学抽象概念教学随笔[J]. 数学教育学报. 1999(01) [22] 胡世华. 递归标法论[J]. 科学通报. 1959(20)

[23] 陈建强. 数学抽象性与师范院校数学教学研究[J]. 井冈山学院学报（自然科学版）. 2006(02)

[24] 徐晓东. 对培养高职学生数学抽象思想的研究[J]. 统计与管理. 2015(03)

[25] 谭佩贞. 数学抽象难度的模糊数学量化[J]. 贺州学院学报. 2009(01)